Betriebsprogramme in Rechenanlagen

Von H. KUNSEMÜLLER

1973. Mit 66 Bildern, 25 Beispielen
und 17 Übungsaufgaben

B. G. Teubner Stuttgart

Verfasser Dr. phil. Horst KUNSEMÜLLER
Dozent an der Fachhochschule Hamburg

ISBN 978-3-519-06514-2   ISBN 978-3-322-96742-8 (eBook)
DOI 10.1007/978-3-322-96742-8

Satz: H. Aschenbroich, Stuttgart

Umschlaggestaltung: W. Koch, Stuttgart

Vorwort

Das vorliegende Buch soll über die in einer elektronischen Rechenanlage vorhandenen und vom normalen Benutzer kaum bemerkten Betriebsprogramme informieren. Es beschäftigt sich mit den für sie charakteristischen Methoden und Verfahren, die ein Arbeiten mit modernen Anlagen ermöglichen und angenehm machen.

Der Text ist gedacht als vorlesungsbegleitendes Lehrbuch an Fachhochschulen und Universitäten sowie für das Selbststudium. Er bietet eine Einführung für Informatiker, Ingenieure und alle interessierten Benutzer, die sich über die Hintergründe des üblichen Rechenbetriebs unterrichten wollen

Die Behandlung erfolgt in zwei Teilen. Im ersten (Kapitel 1 bis 4) werden sog. Assemblersprachen vorgeführt und für sie typische Programmierverfahren betrachtet; im zweiten folgen ausführliche Darstellungen der wichtigsten Betriebsprogramme, die mit Hilfe dieser Assemblersprachen erstellt werden.

Vorkenntnisse sind nicht erforderlich, die Kenntnis einer höheren Programmiersprache wie ALGOL 60 oder FORTRAN ist aber vorteilhaft. Im übrigen stellt dieses Buch ein Gegenstück zu dem Band „Digitale Rechenanlagen" des Verfassers dar, in dem die Hardware der Computer beschrieben wurde.

Um der Allgemeinheit und Allgemeinverständlichkeit willen wurde auf Programme in konkreten Assemblersprachen verzichtet; die Darstellung ist aber so detailliert gehalten, daß ein Codieren ohne Schwierigkeiten möglich sein sollte. Wer wegen vorhandener Vorkenntnisse oder für einen ersten Überblick einige Abschnitte überschlagen möchte, findet am Anfang der neun Kapitel jeweils eine kurze Zusammenfassung. Aus Platzgründen konnten nur relativ wenige Übungsaufgaben aufgenommen werden; ihre Zahl läßt sich aber durch Codieren und Ausprüfen der angegebenen Beispiele und Verfahren nach Belieben vermehren.

Der Text ist entstanden einerseits aus den konkreten Programmierarbeiten für eine neue Anlage, andererseits aus langjährigen Vorlesungserfahrungen auf diesem Gebiet.

Herrn Dr.-Ing. Gerhard L e d i g verdanke ich viele Anregungen, die sich an der Fachhochschule Hamburg aus dem gemeinsamen Bau einer Anlage ergaben, in die er sehr viel Mühe und Können investierte. – Einige Teilgebiete wurden dort in Studienarbeiten behandelt; insbesondere hat Herr Ing. grad. Jörg P r i g g e Rechenmethoden für Funktionen zusammengestellt.

Dem Verlag B. G. Teubner danke ich wiederum für die gute Zusammenarbeit.

Hamburg, im Herbst 1972　　　　　　　　　　　　　　　　　　　　　H. Kunsemüller

Inhalt

1. Einleitung

    1.1. Betriebsprogramme 1
    1.2. Rechnerstrukturen 3
    1.3. Informationsdarstellungen 8
    1.4. Befehle 15
    1.5. Ein Programm 20

2. Maschinenoperationen

    2.1. Laden, Speichern, Rechnen 25
    2.2. Verschieben und Splitten 31
    2.3. Sprünge und Bedingungen 43
    2.4. Indizes 50
    2.5. Unterprogramme 60

3. Einige Verfahren

    3.1. Schleifen 69
    3.2. Speicherzuordnung bei Matrizen 75
    3.3. Tabellenverfahren 79
    3.4. Sortieren 86

4. Hilfsmittel und Methodik

    4.1. Hardware-Hilfsmittel 91
    4.2. Assemblersprachen 93
    4.3. Problemorientierte Sprachen 98
    4.4. Methodik des Programmierens 106
    4.5. Dokumentation 110

5. Gleitpunktrechnung

    5.1. Genauigkeit und Rundung 117
    5.2. Mehrfache Wortlänge 121
    5.3. Gleitpunktdarstellung 128
    5.4. Lesen und Drucken 132
    5.5. Grundrechenarten 136

6. Funktionen

    6.1. Wurzelziehen 140
    6.2. Logarithmus und Arcustangens 143

6.3. Exponential- und Winkelfunktionen 148
6.4. Tschebyscheff-Approximationen 151

7. Assembler und Compiler

7.1. Assembler 157
7.2. Zerlegung algebraischer Ausdrücke 164
7.3. Das Übersetzen 170
7.4. Syntaxanalyse 177
7.5. Weitere Compilerprobleme 181

8. Programmunterbrechung

8.1. Anlässe und Auslösung 185
8.2. Unterbrechungsprogramm 189
8.3. Time-sharing 193
8.4. Betriebssysteme 197

9. Ergänzungen und Anwendungen

9.1. Ur- und Prüfprogramme 202
9.2. Simulation 203
9.3. Lernende Programme 209
9.4. Prozeßsteuerung 214
9.5. Information retrieval 215

Anhang

Lösungen zu den Übungsaufgaben 217

Literaturverzeichnis 220

Sachverzeichnis 221

Formelzeichen und Bezeichnungen

Als Mitteilungssprache für Rechenanweisungen dienen ALGOL 60-Symbole:

:= „ergibt sich aus", Wertzuweisung
x „mal", Multiplikationszeichen
$_{10}$ „mal Zehn hoch", Basiszehn
. Dezimalpunkt

Dualzahlen werden zur Unterscheidung mit den „Ziffern" L und O sowie als Gleitpunktzahlen mit der „Basiszwei" $_2$ geschrieben (mit der Bedeutung „mal Zwei hoch", vgl. S. 129). Für negative Zahlen steht meistens das B-Komplement (vgl. S. 12).

Maschinenbefehle der Assemblersprachen werden umgangssprachlich umschrieben als „Lade von (x)" o.ä. (vgl. Kapitel 2). Buchstabengrößen wie x bezeichnen dabei Speicherinhalte, die zugehörige Adresse wird durch denselben Buchstaben (x) in Klammern angegeben. Einander entsprechende Groß- und Kleinbuchstaben gelten als identisch. Fast alle Betrachtungen beziehen sich auf Einadreßmaschinen.

Schaltzeichen und Symbole

Ablaufpläne:

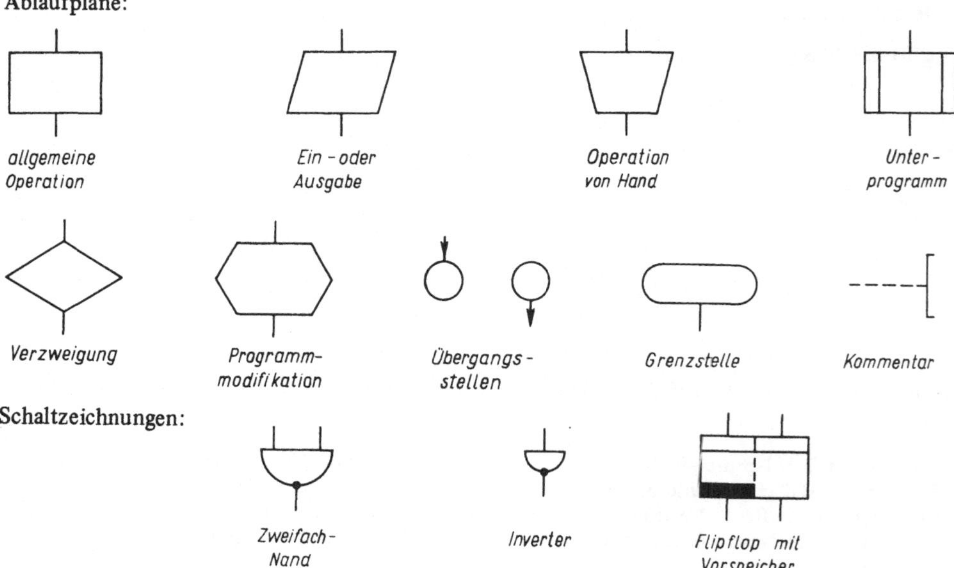

Schaltzeichnungen:

1. Einleitung

Abschn. 1.1 umreißt die Aufgabestellung des Buches. Die nächsten Abschnitte enthalten eine Zusammenstellung elementarer Grundlagen, die später vorausgesetzt werden. Insbesondere bereitet Abschn. 1.5 die Behandlung der „Maschinenoperationen" in Kapitel 2 vor.

1.1. Betriebsprogramme

Mit Entwurf und Programmierung sowie der Diskussion von Einsatzmöglichkeiten elektronischer digitaler Rechenanlagen beschäftigen sich bisher hauptsächlich Mathematiker und Elektroingenieure. Nach der außerordentlich starken Ausdehnung dieses Gebietes, die unvermindert anhält, hat sich hierfür jedoch als neuer Wissenschaftszweig die I n f o r m a t i k (engl. C o m p u t e r S c i e n c e) herausgebildet.

Eine exakte Abgrenzung gegenüber den Nachbargebieten ist noch nicht möglich und auch nicht sehr sinnvoll, da die Problemstellungen ineinander übergehen. Ein grober Rahmen soll jedoch hier skizziert werden.

Informatik ist einerseits abzugrenzen gegen die Elektrotechnik. Eine natürliche Trennstelle sind sog. integrierte Bauteile wie Flipflops, Nands, Konjunktionen usw., deren innerer Aufbau meistens aus Transistorschaltungen besteht, für deren Verständnis Kenntnisse aus der Impulstechnik nötig sind. Für ihre Zusammenstellung zu Rechenschaltungen hingegen sind fast keine elektronischen Kenntnisse nötig; diese wird man der Informatik zuordnen.

Eine andere Abgrenzung ist dadurch möglich, daß (mit Hilfe moderner Programmiersprachen) Anwender wie Mathematiker, Ingenieure und Betriebswirte ohne Schwierigkeiten in der Lage sind, ihre Probleme eigenhändig für den Rechner vollständig vorzubereiten. Die Informatik hat hier lediglich die Aufgabe, die nötigen Hilfsmittel bereitzustellen; die Anwendungen selbst gehören nicht in ihren Rahmen.

Informatik umfaßt also den weiten Bereich zwischen den von der Elektronik gelieferten Einzelteilen und den Benutzerprogrammen. Natürlich sollte der Informatiker auch über diese Nachbargebiete Kenntnisse besitzen; sie werden jedoch im allgemeinen nicht sein eigentliches Arbeitsgebiet sein.

Aus der Grenzziehung zwischen Elektrotechnik und Mathematik stammt die Unterscheidung zwischen Gerätetechnik (H a r d w a r e) und externer Programmierung (S o f t w a r e), die jedoch beide über den Rahmen der Informatik hinausgehen (Hardware umfaßt auch Elektronik und Feinwerktechnik, Software auch Anwenderprogramme). Die Unterscheidung ist problematisch, da weite Teile von Hardware und Software nach einheitlichen Gesichtspunkten und ähnlichen Methoden geplant werden müssen.

Das vorliegende Buch berücksichtigt diese etwas unglückliche Einteilung und betrachtet die Software, soweit sie nicht Anwenderprogramme betrifft. Die Hardware wurde vom Verfasser in einem anderen Band [12] dargestellt. – Die Entwicklungskosten der Software sind heute schon größer als die der Hardware und wachsen noch stärker an.

Da die Teile einer Rechenanlage außerordentlich schnell sind, können die meisten Operationen nacheinander in demselben Rechenwerk durchgeführt werden. Programmieren bedeutet daher fast immer die Festlegung der zeitlichen Reihenfolge von Einzeloperationen. Auch in der Hardware sind bereits Programme (A b l a u f s t e u e r u n g e n oder M i k r o p r o g r a m m e) als „Verdrahtung" enthalten.

Die kleinsten Einzelschritte, die Mikrooperationen, erfordern nur Nanosekunden, umfangreiche Programme Stunden oder Tage. Ein so großer Bereich läßt sich nur mit B a u s t e i n t e c h n i k bearbeiten: Aus M i k r o o p e r a t i o n e n werden M i k r o p r o g r a m m e zusammengestellt, die jeweils durch einen M a s c h i n e n b e f e h l ausgelöst werden können; Maschinenbefehle und die ihnen zugeordneten M a s c h i n e n o p e r a t i o n e n sind dann Bausteine der nächsten Stufe. Es handelt sich bei ihnen also um scheinbar elementare Rechenprozesse (Addition, Subtraktion usw.), die in Wirklichkeit aus einem Dutzend oder mehr Mikrooperationen zusammengesetzt sind. Viele Anlagen „können" 50, 100 oder mehr verschiedene Maschinenoperationen.

Aus diesen lassen sich wieder B e t r i e b s p r o g r a m m e (auch Basisprogramme, Grundprogramme usw. genannt) bilden, die dem Benutzer als fertige Bausteine zur Verfügung stehen. Er kann selbst „Unterprogramme" oder „Prozeduren" als größere Bausteine erstellen, aus denen er sein Programm zusammenfügt.

Mikroprogrammtechnik wird hier nicht betrachtet, weil sie Hardware-Konstruktionen erfordert. Aufgabe dieses Buches sind die B e t r i e b s p r o g r a m m e, also die zweite der angegebenen Stufen.

Außer den dem Benutzer zu liefernden Bausteinen (Gleitpunktrechnung, Funktionen, Ein- und Ausgabeprogramme) gehören dazu ferner sehr umfangreiche Hilfsprogramme für Arbeitserleichterungen beim Programmieren (Assembler und Compiler), Ausprüfen (dumps und Kontrollen) und bei der Gerätebedienung (Interruptbearbeitung, time-sharing). Sie alle müssen vom Hersteller einer Anlage mitgeliefert werden.

Die Hauptaufgabe der Betriebsprogramme besteht somit gar nicht in den eigentlichen Rechenvorgängen, sondern in ihrer Vorbereitung und Organisation: Sie müssen in erster Linie dafür sorgen, daß die richtigen Informationen im richtigen Augenblick in der richtigen Gestalt verfügbar sind. Zu ihrer Entwicklung sind daher z.T. Programmiermethoden nötig, die im normalen Benutzer-Rechenbetrieb kaum verwendet werden. Wir betrachten sie in den ersten Kapiteln.

Das in diesem Buch betrachtete maschinennahe Programmieren in maschinenorientierten oder Assemblersprachen gestattet ein Eingehen auf die Besonderheiten der betreffenden Rechenanlage, das schnellere Programme ermöglicht. Es wird daher gelegentlich auch für Benutzerprogramme verwendet, wenn bei diesen die Rechengeschwindigkeit stark ins Gewicht fällt. Normalerweise lohnt der zusätzliche Arbeitsaufwand aber nicht, denn dieses Arbeiten ist natürlich mühsamer und fehleranfälliger als das mit h ö h e r e n oder p r o b l e m o r i e n t i e r t e n Programmiersprachen, die auf Bausteine der zu betrachtenden Art schon zurückgreifen können und daher sehr viel eleganter sind. Lediglich bei Betriebsprogrammen muß man unter allen Umständen den „maschinennahen" Weg gehen, weil in ihnen ja gerade erst diese Hilfsmittel bereitgestellt werden sollen.

Unsere Betrachtungen orientieren sich an einer kleineren oder mittleren Anlage. Bei Großgeräten ist eine Reihe von hier betrachteten Programmen „verdrahtet" als Hardware eingebaut. Das ändert aber nicht die Problematik, denn die Rechenmethoden sind fast die gleichen, und nur ihre Auslösung erfolgt technisch durch eine andere Art von Programmsteuerung.

1.2. Rechnerstrukturen

Über den Geräte-Aufbau einer elektronischen Rechenanlage soll nur ein globaler Überblick gegeben werden, da die Betrachtung der Hardware nicht Aufgabe dieses Buches ist. Sie wurde vom Verfasser in [12] ausführlich beschrieben.

Für eine grobe Einteilung kann man unterscheiden zwischen der CPU (central processing unit), den H i n t e r g r u n d s p e i c h e r n und den EA-G e r ä t e n (Ein- und Ausgabe). Ihre Aufgaben sind das Verarbeiten, das Aufbewahren und das Hinein- und Herausschleusen von Information.

Ein- und Ausgabegeräte

E A - G e r ä t e stellen die Verbindung zur Umwelt her, denn durch sie kann der Benutzer Informationen eingeben und erhalten. In der einfachsten Form sind dies a l p h a n u m e r i s c h e I n f o r m a t i o n e n: Texte, die aus Buchstaben (alpha-) oder aus Ziffern (numerisch) zusammengesetzt sind.

Ihre Eingabe erfolgt heute noch meistens durch Tastaturen, auf denen der entsprechende Text geschrieben wird. Für die Ausgabe setzt sich neben dem auf Papier gedruckten Text zunehmend die Anzeige auf Sichtgeräten (ähnlich Fernsehbildschirmen) durch. Ein- und Ausgabe können on-line oder off-line erfolgen. Bei ersterem sind die entsprechenden Geräte unmittelbar an die Rechenmaschine angeschlossen, so daß die Information direkt in den Speicher der Maschine gelangt bzw. von dort geholt wird. Die Informationsvermittlung off-line besagt, daß zur Entlastung der Maschine bestimmte Medien zwischengeschaltet werden. So bringt man oft die Daten zunächst auf ein Magnetband und von dort später erst in die Maschine. Hierbei muß das Magnetband durch das Bedienungspersonal „von Hand" von einem Gerät in ein anderes transportiert werden. Entsprechendes gilt für Lochkarten oder evtl. Lochstreifen als „Medium". Dieser off-line-Betrieb verliert neuerdings an Bedeutung, sofern man nicht die Ausgabedaten vor dem endgültigen Ausdrucken längere Zeit aufbewahren will.

Für Eingabetastaturen werden normalerweise Schreibmaschinen, Fernschreiber oder ähnliche Geräte verwendet. Große Bedeutung ist Tastaturen in Verbindung mit Sichtgeräten zuzumessen, bei denen der geschriebene Text (nach kurzer Bearbeitung durch die Maschine) auf einem Bildschirm erscheint und dort nachgelesen werden kann.

Die Ausgabe von Information aus der Maschine kann über dieselben Geräte erfolgen. Da jedoch oft große Datenmengen ausgeliefert werden müssen, haben sich spezielle Druckwerke durchgesetzt, die mit außerordentlich hoher Geschwindigkeit arbeiten. Langsame Ausgabegeräte (wie Schreibmaschinen) haben eine Geschwindigkeit von ≈ 10 Zeichen pro Sekunde, die der einer sehr schnellen Maschinenschreiberin entspricht. Eine on-line-Dateneingabe braucht nicht wesentlich schneller zu sein. Zeilendrucker hingegen kommen auf viele Zeilen (zu je 100 oder mehr Zeichen) je Sekunde.

Viele Benutzer sind zunehmend an graphischen Ein- und Ausgabemöglichkeiten interessiert, da Kurvendarstellungen dem Ingenieur und dem Naturwissenschaftler eine gewohnte Hilfe sind. Insbesondere die Kurvenausgabe mittels P l o t t e r (Zeichengerät) erhält wachsende Bedeutung. Auch auf Sichtgeräten können Kurven sehr gut dargestellt werden.

Für den Verkehr von Rechenanlagen mit anderen Maschinen, der insbesondere für die automatische Prozeßsteuerung wichtig ist, müssen Spezialgeräte vorhanden sein, z.B. Digital- Analog- und Analog-Digital-Wandler, die in der Größe variable elektrische Spannungen an äußere Geräte weitergeben bzw. von dort empfangen und umschlüsseln. Die P r o z e ß p e r i p h e r i e, also die an

Rechnern vorhandenen Sondergeräte für das Ansteuern von Fertigungsmaschinen, kann eine große Auswahl anderer Umwandlungsgeräte umfassen.

Besondere Bedeutung gewinnt die Datenfernübertragung von Rechner zu Rechner. Auch hierzu werden Spezialgeräte an die Anlage angeschlossen, die eine Umformung der Information und das Übertragen auf die Leitung übernehmen.

Speicher

Viele Informationen müssen innerhalb der Rechenanlage eine mehr oder weniger lange Zeit aufbewahrt werden. Im einfachsten Fall sind dies Zwischenergebnisse, die bald wieder in Rechenprozesse einbezogen werden müssen. Im weiteren Sinne stellen alle z.B. in Gestalt einer größeren Bibliothek aufbewahrten Daten Zwischenergebnisse dar. Man denke an das Inventarverzeichnis eines großen Kaufhauses oder an die Kontenführung einer Bank. Da die Maschine in der Lage sein muß, auf die einzelnen Teile solcher Informationsbanken jederzeit zurückzugreifen, müssen diese in S p e i c h e r n aufbewahrt werden.

Diese spielen also die Rolle von Notizzetteln, Formelsammlungen, Nachschlagewerken und Karteien. Sie sind im allgemeinen unterteilt in S p e i c h e r p l ä t z e oder W o r t e, die jeweils eine Zahl oder ähnliche Information aufnehmen können. Eine Gruppe von 1024 (= 2^{10}) Worten bezeichnet man als 1 K (in Anlehnung an Kilo = 1000).

Neben den oben zitierten Hintergrundspeichern existiert innerhalb der CPU ein (oder mehrere) A r b e i t s s p e i c h e r (der je nach Anlagengröße z.B. 16 K oder 256 K umfassen kann). Wir betrachten beide Arten.

Weil Programme eine häufige Wiederholung der gleichen Schritte verlangen, müssen auch sie im Speicher aufbewahrt werden und kurzfristig verfügbar sein, wo sie oft viele Tausende von Speicherplätzen beanspruchen.

S p e i c h e r m e d i e n kann man nach ihrem technologischen Aufbau einordnen. Am schnellsten zugriffsfähig, aber auch am teuersten, sind Flipflop-Speicher, die aus den gleichen elektronischen Bauteilen wie das Rechenwerk aufgebaut sind. Wenn sie für Spezialzwecke besonders ausgerüstet sind, führen sie die Bezeichnung R e g i s t e r .

Ähnliche Eigenschaften haben die neueren integrierten Speicher, die ebenfalls aus Flipflops bestehen und durch die moderne Bausteintechnik der „LSI" (large scale integration) billig hergestellt werden können. Sie dürften für Arbeitsspeicher in der nächsten Zukunft das geeignete Mittel darstellen.

Bisher wurden dafür in erster Linie M a g n e t k e r n s p e i c h e r verwendet, in denen kleine Ringe aus einem magnetisierbaren Material, von Drähten durchzogen, durch ihre Magnetisierung die Information aufbewahren.

Für große Datenmengen werden meistens M a g n e t b a n d s p e i c h e r verwendet. Sie ähneln dem Tonbandgerät, bei dem ja auch elektrische Impulse als magnetische Eigenschaften des Tonbandes aufbewahrt und zu einem späteren Zeitpunkt „abgespielt" werden können. Nachteil der Magnetbänder ist der Zeitaufwand, der erforderlich ist, um ein Band bis zu der Stelle durchzuspulen, an der sich die gewünschte Information befindet.

Diese Schwierigkeiten werden umgangen durch T r o m m e l s p e i c h e r . Sie enthalten einen durch einen Motor angetriebenen Zylinder, dessen Oberfläche wie das Magnetband mit einer magnetisierbaren Schicht überzogen ist. Diese Oberfläche rotiert unter Köpfen, die ähnlich den Tonbandköpfen zum Aufschreiben und Ablesen von Information geeignet sind. Durch die große Anzahl der benötigten Köpfe sind Trommelspeicher u.U. teuer und schwierig anzusteuern. Wegen der begrenzten Rotationsgeschwindigkeit sind sie relativ langsam. Sie stellen aber einen brauchbaren Kompromiß dar, wenn mittlere Informationsmengen benötigt werden.

Den Nachteil der großen Anzahl benötigter Schreib- und Leseköpfe vermeidet man bei P l a t t e n - s p e i c h e r n. Sie arbeiten nach dem gleichen Magnetisierungsprinzip, besitzen aber nur einen einzigen Kopf oder wenige Köpfe, die wie bei einem Plattenspieler an einem Arm über eine Platte hinweg bewegt werden können. Dabei muß der Arm stets genau über der richtigen „Spur" stehen (die einer Rille bei Schallplatten entspricht). Das Umschalten auf eine andere Spur erfordert mechanische Bewegung und ist relativ langsam. Plattenspeicher werden besonders zur Aufnahme von Masseninformationen viel benutzt.

Die eben aufgezeigten Speichermedien können unter dem Aspekt der Benutzung in zwei Gruppen eingeteilt werden: In die r a n d o m - a c c e s s - S p e i c h e r und die s e r i e l l e n Speicher. Die Gruppe der seriellen Speicher umfaßt insbesondere die Bandgeräte. Bei ihnen muß der Anwender darauf achten, daß er die Informationen von vornherein möglichst in der Reihenfolge einbringt, in der sie später benötigt werden, da sie sonst nur mit Zeitverlust (durch Vor- und Zurückspulen) herbeigeholt werden können.

Anders die random-access-Speicher (statistischer Zugriff): Hier ist die Reihenfolge der Unterbringung im Speicher beliebig. Alle Informationen können gleich gut (oder gleich schlecht) durch Umschalten auf die gewünschte Adresse entnommen werden. Hierzu gehören vor allem Flipflop- und Magnetkernspeicher.

Streng genommen stellen Platten- und Trommelspeicher eine dritte Klasse dar: Wollte man einzelne Zahlen aus ihnen entnehmen, so würde es durchaus auf ihre räumliche Anordnung und damit auf die Adresse ankommen. Platte bzw. Trommel müssen sich ja während der Wartezeit so weit drehen, daß die gewünschte Zahl unter dem Kopf erscheint. Stehen mehrere gewünschte Zahlen unmittelbar hintereinander, so entfällt das Warten. Im allgemeinen werden von diesen Geräten aber größere Blöcke von hintereinander stehenden Zahlen (oder anderen Informationen) entnommen und in den Arbeitsspeicher gebracht: Sie dienen nur als Hintergrundspeicher für langfristig nicht benötigte Zwischenergebnisse. Bei der Ansteuerung eines neuen Blocks kann man sie daher praktisch als random-access-Speicher ansehen: Die Unterschiede der Wartezeiten sind klein gegenüber der Übertragungszeit eines Blocks, alle Plätze sind faktisch gleichberechtigt.

Es gibt innerhalb der Rechenanlage eine große Zahl von Informationen, die niemals oder sehr selten geändert werden. Zu ihnen gehören u.a. die im folgenden betrachteten Betriebsprogramme. Hier sind spezielle, billigere und u.U. schnellere Speichermethoden möglich in Form von F e s t - w e r t s p e i c h e r n. Sie stellen einen Zwischenzustand zwischen Software und Hardware dar. Ihre Programmierung muß durch Verdrahtung oder andere handwerkliche Arbeiten geschehen, ihr Inhalt sind aber Programme üblicher Art.

In der Technologie haben sich die Abkürzungen RAM (random-access-memory) für beschreibbare integrierte Speicher und ROM (read-only-memory) für Festwertspeicher eingebürgert.

Bild 1.1 zeigt tabellarisch einige Speichermedien mit groben Angaben über Kapazität und Preis.

Die Central Processing Unit

In der z e n t r a l e n R e c h e n e i n h e i t (CPU) werden die eigentlichen Rechenoperationen ausgeführt, sie ist in gewissem Sinne das „Herz" der Anlage. Alle ihre Teile arbeiten mit einer sehr engen zeitlichen Verschachtelung „Hand in Hand", und zwar jeweils an einem einzigen Programm.

Speicherart	Kapazität Bit	Preis DM/Bit	mittl. Zugriffszeit Sekunden
Flipflopspeicher	1 500	3	10^{-8}
Integrierte Speicher	200 000	?	10^{-7}
Kernspeicher	200 000	0.5	$3 \cdot 10^{-6}$
Plattenspeicher	$8 \cdot 10^6$	0.01	10^{-1}
Bandspeicher	$3 \cdot 10^7$	0.005	

1.1   Beispiele für Speichermedien (ungefähre Werte)

Allerdings widmet sie sich bei modernen Anlagen nicht nur diesem einen Programm. Wenn Zugriffe zu langsameren EA-Geräten oder peripheren Speichern erfolgen, sind Wartezeiten nötig. Diese können von der CPU durch das Behandeln anderer Programme ausgefüllt werden, wodurch erst ein rentabler Einsatz einer Großanlage ermöglicht wird. Die Rechendauer eines Programms hängt also nicht unmittelbar mit der CPU-Z e i t zusammen, die erst die wirkliche Belastung der CPU durch das Programm ergibt.

Im inneren Aufbau einer CPU unterscheidet man Rechenwerk, Arbeitsspeicher und Schnittstellen zur Verbindung mit den anderen Teilen. Zu ihnen treten ein Mikroprogrammwerk und u.U. spezielle Befehls- und andere Rechenwerke.

Das Rechenwerk wird durch (dem Programmierer nicht zugängliche) Mikrobefehle zu einzelnen Schritten veranlaßt. Es kann durch sie zu einer Umschaltung zwischen einer gewissen Zahl von Mikrooperationen veranlaßt werden und erhält und liefert also nicht nur Zahlen (oder andere zu verarbeitende Informationen), sondern in Gestalt der Mikrobefehle auch Steuersignale.

Auch das Rechenwerk enthält in seinem Innern wieder einige (sehr wenige und spezielle) Speicherplätze, die vorübergehend Zwischenergebnisse aufbewahren können. Man nennt sie Register. Das wichtigste unter ihnen ist der A k k u m u l a t o r (Akku). Er kann im allgemeinen eine einzelne Zahl aufnehmen. Bei den heute üblichen Maschinentypen ist dies das letzte Rechenergebnis, das in die nächste Rechenoperation gleich wieder als Operand einbezogen werden kann. Wird der Akkumulator für andere Zahlen benötigt, so muß sein bisheriger Inhalt in einen Platz des Arbeitsspeichers transportiert werden, sofern er noch wichtig ist.

Größere Anlagen haben, um unnötige Zahlentransporte zu vermeiden, oft mehrere Akkumulatoren. Außerdem müssen für Sonderzwecke noch weitere Register vorhanden sein. Auch diese können in der Regel jeweils eine Zahl aufnehmen.

Soll bei Großanlagen die Rechengeschwindigkeit mit allen Mitteln gesteigert werden, können mehrere Rechenwerke oder gar mehrere CPU eingebaut sein. Es ist dann eine kompliziertere Ablaufsteuerung nötig, um in jeder von diesen die richtige Operation mit den richtigen Operanden zu veranlassen. Man nennt ein derartiges Arbeiten das M u l t i p r o c e s s i n g .

Neben den betrachteten Registern verfügt die CPU (wie bereits gesagt) über einen — gelegentlich recht umfangreichen — Arbeitsspeicher. Er unterscheidet sich von den Hintergrundspeichern in erster Linie durch seine Geschwindigkeit (und damit seine Kosten), da er dauernd benutzt wird und damit wesentlich den Zeitbedarf der Rechenvorgänge mitbestimmt.

Nur langfristig nicht benötigte Daten (und Programme) werden von der CPU auf die Hintergrundspeicher gebracht, an die also nicht so hohe Geschwindigkeits-, aber dafür umso größere Volumenanforderungen gestellt werden. Der Weg in den Hintergrundspeicher führt meistens über den Arbeitsspeicher: Die Informationen werden erst in diesem abgelegt und dann auf besondere Anweisungen hin gleichzeitig zu anderen laufenden Rechenprozessen weitertransportiert, ohne diese zu verzögern.

Die Verbindung der CPU mit den anderen Teilen geschieht in Gestalt von S c h n i t t s t e l l e n, mehr oder weniger einheitlichen Anschlußmöglichkeiten für verschiedene Geräte. Gelegentlich werden sie dargestellt durch spezielle umfangreichere Baugruppen, die als K a n ä l e Aufgaben der Datenumformung und Datenverteilung übernehmen und selbst den Charakter kleinerer selbständiger Rechenanlagen haben.

Ablaufsteuerung

Das Hauptproblem beim Einsatz einer Rechenanlage ist die zeitliche Steuerung der verschiedenen Teile. In der CPU wird sie durch eine A b l a u f s t e u e r u n g durchgeführt. Modernere und flexiblere Formen werden als M i k r o p r o g r a m m w e r k bezeichnet.

Die von uns später betrachteten kleinsten Schritte der Programme sind die M a s c h i n e n o p e r a t i o n e n, die durch M a s c h i n e n b e f e h l e ausgelöst werden, die der Programmierer festlegen kann. Die Bearbeitung eines solchen Maschinenbefehls durch die Ablaufsteuerung erfolgt in Gestalt des B e f e h l s z y k l u s. Es ist dies ein immer (mit Variationen) wiederholter Kreislauf, in dem zuerst der Maschinenbefehl aus dem Speicher geholt (und evtl. dort regeneriert) und analysiert wird. Je nachdem, um welchen Befehl es sich handelt, welche Rechenoperation also vom Programmierer gewünscht wurde, werden dann die Einzelschritte ausgeführt. Anschließend holt die Ablaufsteuerung den nächsten Befehl, um ihn ebenso zu behandeln. Die Bearbeitung eines Maschinenbefehls kann zehn oder mehr Einzelschritte (Mikrooperationen) umfassen.

Um die verschiedenen Teile einer Rechenanlage gut auszunutzen, können diese teilweise gleichzeitig arbeiten. Dabei muß natürlich die schnellere Baugruppe oft auf die langsamere warten. Ein derartiger S i m u l t a n b e t r i e b ist in begrenztem Rahmen zwischen Arbeitsspeicher und Rechenwerk üblich, die jedoch sehr eng zusammenarbeiten müssen. Stärker ist die Trennung zwischen CPU und externen Geräten (Drucker und Leser), aber auch zwischen CPU und Hintergrundspeichern. Oft besitzen diese eine weitgehend selbständige eigene Ablaufsteuerung, die nur von Zeit zu Zeit auslösende Anweisungen von der CPU erhält.

Bauelemente

Als kleinste Bauelemente der eigentlichen Recheneinheiten werden heute IC (engl. integrated circuits = integrierte Schaltkreise) verwendet, die in großen Serien billig hergestellt werden können und insbesondere l o g i s c h e B a u t e i l e (Nands, Konjunktionen und Disjunktionen) und Flipflops enthalten. Es ist gelungen, selbst komplizierte Transistorschaltungen, die noch vor wenigen Jahren großen Aufwand erforderten, innerhalb dieser Bausteine auf wenigen Quadratmillimetern unterzubringen. Die übliche Betriebsspannung derartiger Bausteine ist 5 Volt.

Es ist zu vermuten, daß die technische Entwicklung bald die Unterbringung immer größerer Baugruppen in einem einzigen kleinen Baustein erlaubt, so daß der elektronische Teil der Rechenanlagen in absehbarer Zeit noch sehr viel kleiner (und auch billiger) werden wird. Als Folge der Serienfertigung verlagern sich dabei die Kosten mehr und mehr von den Bausteinen fort zu den zwischen ihnen nötigen Verbindungen.

Das gilt allerdings nur für die elektronischen Teile, in erster Linie also für die CPU. Mechanische Teile (EA-Geräte und Hintergrundspeicher) lassen keine so extreme Verbilligung erwarten.

1.3. Informationsdarstellungen

Fast alle digitalen Rechenanlagen arbeiten mit z w e i w e r t i g e r L o g i k: Alle Informationen werden in Bits zerlegt. Ein Bit ist eine mathematische Veränderliche, die einen von zwei verschiedenen Werten annehmen kann, die man üblicherweise mit L und O bezeichnet. In der Maschine ist ein Bit gewissermaßen eine „Leerstelle", in die eines dieser beiden Zeichen eingetragen werden kann.

Die Bezeichnung Bit ist entstanden durch Zusammenziehen von binary digit (Binärziffer). Man benutzt diese Bezeichnung aber neuerdings meist in der Bedeutung B i n ä r s t e l l e , und auch wir wollen diesem Gebrauch folgen (die „Ziffern" sind L und O, die „Stelle" ist der Platz, der eine dieser Ziffern aufnehmen kann).

Will man andere Informationen, z.B. Buchstaben, durch zweiwertige Logik charakterisieren, so ist das mit einem Bit nicht möglich, da dies ja nur eine Unterscheidung von zwei Möglichkeiten gestattet. Man muß daher jedem Buchstaben eine Gruppe von mehreren Bits zuordnen. Deren Anzahl ergibt sich aus der Zahl der zu unterscheidenden Fälle. So sind z.B. bei Buchstaben 26 Möglichkeiten (A bis Z) voneinander zu unterscheiden. Die Kombinatorik zeigt, daß n Bits, d. h. n Leerstellen für das Eintragen von L bzw. O, insgesamt 2^n Kombinationen erlauben. Einige von diesen sind bei 4-Bit-Darstellung OOOO, OOOL, OOLO, . . . LLLL. Vier Bits reichen wegen der 16 vorhandenen Kombinationsmöglichkeiten von L und O nicht für die Darstellung des Alphabets aus. Dies ist erst bei fünf Bits der Fall ($2^5 = 32$). Die Zuordnung einer Bedeutung (oben also eines bestimmten Buchstaben) zu einer Bitkombination nennt man einen Code. Die Wahl eines Codes ist willkürlich. Jedoch wird man immer eine gewisse Regelmäßigkeit anstreben, um die Zuordnung möglichst einfach und durchsichtig zu gestalten.

Außerordentlich wichtig ist auch eine durch betriebsinterne, nationale oder internationale Normung anzustrebende Einheitlichkeit.

Es hat sich als zweckmäßig erwiesen, innerhalb der Rechenmaschinen von vornherein Bits in Gruppen anzuordnen, den sog. Worten. Für die Anzahl der Bits in einem Wort, d. h. für die W o r t l ä n g e , sind die verschiedensten Möglichkeiten im Laufe der Zeit probiert worden. Es existieren Rechenanlagen mit recht unterschiedlichen Wortlängen, die jeweils besondere Vor- und Nachteile haben. (Beispiele sind 6 Bits, 16 Bits, 24 Bits, 32 Bits oder 48 Bits). Angestrebt wird oft eine Zweierpotenz (insbesondere $2^4 = 16$ und $2^5 = 32$), um eine günstige Adressierung der Einzelteile zu erreichen. Soweit wir uns im folgenden auf spezielle Konstruktionen einlassen, werden wir uns meistens an einer Wortlänge von 24 Bits orientieren. Durch die im nächsten Kapitel betrachteten Maschinenoperationen ist es aber möglich, eine kleinere Anzahl von Bits aus einer solchen Gruppe zu entnehmen oder in sie einzufügen, also scheinbar mit kürzeren Worten zu arbeiten. (Besonders beliebt sind Gruppen von 8 Bits, die man als ein Byte bezeichnet.)

Umgekehrt ist es möglich, längere Informationen in einzelne Stücke zu zerschneiden und diese Teile getrennt, aber nach demselben Schema, zu verarbeiten. Dieses Verfahren der m e h r f a c h e n W o r t l ä n g e werden wir insbesondere beim Arbeiten mit Gleitpunktzahlen anzuwenden haben.

Bei 24 Dualstellen (24 Bits) können wir 2^{24} ($\approx$ 16 Millionen) verschiedene Kombinationen von

L und O unterscheiden. Da nun jeder darzustellenden Zahl eine andere Kombination zugeordnet werden muß, sind wir also nur in der Lage, Zahlen kleiner als etwa 16 Millionen unterzubringen. Diese Grenze wird noch verkleinert, wenn wir außer den positiven Zahlen auch negative bearbeiten wollen.

Dualzahlen

Die Wahl des Codes ist beliebig, sie muß aber schon bei der Konstruktion einer Rechenanlage berücksichtigt werden.

Damit ist nicht zwingend die Codierung für alle Programme vorgeschrieben, denn die Flexibilität des Rechenwerkes erlaubt durchaus den Übergang zu einem anderen Code, jedoch wird die Arbeit dann umständlicher.

Die festeingebauten d. h. verdrahteten Rechenoperationen beziehen sich im allgemeinen auf die duale Zahlendarstellung. Sie entsteht, wenn man einer Gruppe von Bits, von rechts beginnend, die Wertigkeiten 1, 2, 4, 8, 16 usw. zuordnet. Die n-te Stelle von rechts (wenn wir bei 0 zu zählen beginnen) erhält die Wertigkeit 2^n. Wir können jede natürliche (d. h. positive ganze) Zahl unterhalb einer bestimmten Grenze durch ein solches Wort codieren, denn diese Zahlen lassen sich eineindeutig in eine Summe von Zweierpotenzen zerlegen.

Diese Umwandlung geschieht innerhalb von Rechenanlagen normalerweise automatisch durch die später betrachteten Programme. Sie kann aber auch schriftlich oder im Kopf ohne weiteres durchgeführt werden. Am zweckmäßigsten benutzt man eine Tabelle der Zweierpotenzen und entnimmt aus dieser, welche Potenz als höchste in der gewünschten Zahl enthalten ist. An die entsprechende Position innerhalb des Wortes setzt man nun den Wert L ($\hat{=}$ 1) und subtrahiert die Potenz von der gewünschten Zahl. Der Rest dieser Subtraktion muß wieder nach der nächsten Zweierpotenz abgesucht werden usw. Bild 1.2 zeigt eine Tabelle der positiven Zweierpotenzen und Bild 1.3 ein Beispiel für die Umwandlung der Zahl 3000.

n	2^n	n	2^n
0	1	10	1 024
1	2	11	2 048
2	4	12	4 096
3	8	13	8 192
4	16	14	16 384
5	32	15	32 768
6	64	16	65 536
7	128	17	131 072
8	256	18	262 144
9	512	19	524 288

1.2
Positive Zweierpotenzen

$$3000 = \text{LOLL LOLL LOOO}$$

$$
\begin{array}{r}
-2048 \\ \hline 952 \\ -512 \\ \hline 440 \\ -256 \\ \hline 184 \\ -128 \\ \hline 56 \\ -32 \\ \hline 24 \\ -16 \\ \hline 8 \\ -8 \\ \hline 0
\end{array}
$$

1.3
Umwandlung „dezimal – dual" durch Suchen der enthaltenen Zweierpotenzen

	Rest
3 000	
1 500	O
750	O
375	O
187	L
93	L
46	L
23	O
11	L
5	L
2	L
1	O
0	L

1.4
Umwandlung „dezimal – dual" durch wiederholtes Halbieren

Ein kleiner Trick zur Vereinfachung dieses Umwandlungsprozesses: Man halbiert die Dezimalzahl fortlaufend. Dabei entsteht bei jedem Schritt ein Rest 0 oder 1. Interpretiert man diese als L bzw. O und liest sie „von unten nach oben", so ergeben sie unmittelbar die Dualzahl. Unser Beispiel wurde in Bild 1.4 so behandelt.

Dazu die Erklärung: Die 1, die als Rest bei der letzten Division auftrat, ist durch zwölfmaliges Halbieren entstanden. Der Wert, den sie zur ursprünglichen Zahl beitrug, ist diese 1 mit 12 Zweierpotenzen multipliziert, also $2^{12} = 2048$. In der früheren Umwandlung war dieses L in der Tat durch die Subtraktion von 2048 zustandegekommen. Entsprechendes gilt für die übrigen Stellen.

Die eben angegebene Dualschreibweise entspricht als Stellenwertschreibung weitgehend der Notation der Dezimalzahlen. Die einzelnen Ziffern (0, 1, 2, 3 bis 9) einer Dezimalzahl erhalten ja einen nach Zehnerpotenzen abgestuften Wert je nach der Stelle, in der sie angeschrieben werden. Bei Dualzahlen existieren die „Ziffern" L und O, deren Stellenwert von Stelle zu Stelle um den Faktor 2 variiert. So kann man die Bedeutung einer Dezimalzahl interpretieren als

$$3000 = 3 \cdot 10^3 + 0 \cdot 10^2 + 0 \cdot 10^1 + 0 \cdot 10^0$$

und entsprechend die einer Dualzahl als

$$\text{LOLL LOLL LOOO} =$$
$$L \cdot 2048 + O \cdot 1024 + L \cdot 512 + L \cdot 256 + L \cdot 128 + O \cdot 64 + L \cdot 32 + L \cdot 16 +$$
$$L \cdot 8 + O \cdot 4 + O \cdot 2 + O \cdot 1$$

Aus dem analogen Aufbau von Dezimal- und Dualzahlen folgt die fast genau entsprechende Handhabung bei den Rechenoperationen. Die Addition zweier Dualzahlen ergibt sich aus dem „kleinen Eins-und-eins":

```
  O    O    L    L
 +O   +L   +O   +L
 ───  ───  ───  ───
  O    L    L    LO
```

Interessant ist der letzte Fall, in dem zwei L addiert werden müssen und das Ergebnis eigentlich „zwei" lauten würde, hier also LO bzw. „O mit einem Übertrag L auf die nächste Stelle".

Ein Beispiel für die Addition:

```
            L L O L L O
        +     L O L L L
Übertrag:   L L   L L
            ───────────
            L O O L L O L
```

Da der Übertrag mitbearbeitet werden muß, stehen hier gelegentlich drei L untereinander. Ihre Summe ist natürlich LL ($\hat{=}$ 3) oder „L mit einem Übertrag L auf die nächste Stelle".

Entsprechendes gilt für die Subtraktion. Will man ein L von einem O (oder zwei L von einem L) abziehen, so ergibt sich wie im Dezimalen ein negativer Übertrag, man muß „Eins borgen". Dieser negative Übertrag muß von der nächsthöheren Stelle abgezogen werden. Ein Beispiel:

```
            L L O L L O
        −       L L L
Übertrag:   L L L L
            ───────────
            L O L L L L
```

Die Multiplikation von Dualzahlen ist besonders einfach, da nur mit L und O, d. h. mit Eins oder Null, multipliziert zu werden braucht. Das „kleine Einmaleins" stellt sich so dar:

$$O \times O = O \qquad O \times L = O \qquad L \times O = O \qquad L \times L = L$$

Bei der Ausführung einer mehrstelligen Multiplikation existiert wie im Dezimalen das Problem der Addition einer großen Anzahl von Teilprodukten. Ein Beispiel:

```
          L O L L x L L O L
              L O L L
                L O L L
                  O O O O
                    L O L L
Übertrag:   L L L L
            L O O O L L L L
```

Das Addieren vieler untereinander stehender Zahlen im dualen System erfordert Übung. Innerhalb der Maschine behebt man diese Schwierigkeit durch Addition in einzelnen Schritten. Auf die technische Durchführung werden wir später eingehen, soweit sie durch ein Programm erfolgt. In vielen Anlagen ist sie als verdrahtete Ablaufsteuerung vorgesehen.

Auch die Division von Dualzahlen bietet nichts wesentlich Neues. Ein Beispiel:

```
L O O O L L L L : L O L L = L L O L
 L O L L
   L L O L
   L O L L
     L O L L
     L O L L
         O
```

Negative Dualzahlen

Die in der Mathematik übliche Schreibweise negativer Zahlen durch Betrag und Minuszeichen ist in Rechenanlagen ungünstig. Die Addition zweier positiver Zahlen müßte dann anders verlaufen als die einer positiven und einer negativen Zahl. Man müßte im Rechenwerk eine Umschaltung vornehmen und einen vollständig anderen Arbeitsablauf auslösen. Aus Gründen der Arbeitsvereinfachung werden daher negative Zahlen in der Regel durch das B-Komplement dargestellt. Dies setzt eine feste Wortlänge voraus, die in Rechenmaschinen zwangsläufig vorhanden ist. (Wir werden in unseren Beispielen der Übersichtlichkeit halber meistens nur 8 Dualstellen als Wortlänge nehmen.)

Die Bedeutung des B-Komplements wollen wir zuerst an Dezimalzahlen vorführen. Wenn wir die negative Zahl −58317 darstellen als 999 41683, so erhalten wir bei der Addition von Zahlen gemischten Vorzeichens das richtige Ergebnis:

```
  0 1 4 2 6 3 8 1               1 4 2 6 3 8 1
+ 9 9 9 4 1 6 8 3   entspricht  + (−   5 8 3 1 7)
1 0 1 3 6 8 0 6 4               1 3 6 8 0 6 4
```

Natürlich ist das Ergebnis nur richtig bis auf den Übertrag auf die (nicht vorhandene) neunte Stelle. Die meisten Rechenwerke sind so eingerichtet, daß dieser Übertrag ersatzlos verschwindet. Für Sonderzwecke kann es vorteilhaft sein, ihn in einem speziellen Speicher zu registrieren. Im Augenblick interessiert uns dies nicht.

Wie wurde das B-Komplement gebildet? Negative Zahlen erhalten wir, wenn wir von Null aus „rückwärts zählen“, also fortlaufend Eins subtrahieren. Führen wir dies schrittweise aus, so erhalten wir bei einem achtstelligen Dezimal-Rechenwerk nacheinander die folgenden Ergebnisse:

$$
\begin{array}{lll}
0000\ 0003 & \text{entspricht} & 3 \\
0000\ 0002 & \text{entspricht} & 2 \\
0000\ 0001 & \text{entspricht} & 1 \\
0000\ 0000 & \text{entspricht} & 0 \\
9999\ 9999 & \text{entspricht} & -1 \\
9999\ 9998 & \text{entspricht} & -2 \\
9999\ 9997 & \text{entspricht} & -3
\end{array}
$$

Nach 0000 0000 ergab sich ein negativer Übertrag auf die neunte Stelle, der von dort vergebens „Eins borgen“ wollte. Auch er soll wie der frühere positive Übertrag dieser Stelle unterdrückt werden. Wollen wir schematisch die negativen Zahlen ermitteln, so müssen wir sie mit den hier erhaltenen achtstelligen Zahlen identifizieren, die links eine Neun (oder mehrere Neunen) haben. Damit keine Verwechslung mit sehr großen positiven Zahlen vorkommen kann, müssen wir festlegen, daß letztere an der obersten Stelle nur die Ziffern 0 bis 4 haben dürfen. Steht dort eine Ziffer 5, 6, 7, 8 oder 9, so ist dies ein Hinweis auf das B-Komplement, die Zahl ist in Wirklichkeit negativ.

Wir übertragen das Betrachtete auf achtstellige Dualzahlen:

$$
\begin{array}{lll}
OOOO\ OOLL & \text{entspricht} & 3 \\
OOOO\ OOLO & \text{entspricht} & 2 \\
OOOO\ OOOL & \text{entspricht} & 1 \\
OOOO\ OOOO & \text{entspricht} & 0 \\
LLLL\ LLLL & \text{entspricht} & -1 \\
LLLL\ LLLO & \text{entspricht} & -2
\end{array}
$$

Die meisten modernen Rechenanlagen arbeiten mit Dualzahlen der eben beschriebenen Art. Durch Maschinenbefehle können Rechenprozesse ausgelöst werden, die die betrachteten Operationen durchführen.

In manchen Maschinen wird abweichend davon ein (B-1)-Komplement verwendet, bei dem die Darstellung der negativen Zahlen etwas anders ist. Man erhält das (B-1)- aus dem B-Komplement, wenn man Eins subtrahiert (daher auch die Bezeichnung). Die Zuordnung bei Verwendung des (B-1)-Komplementes stellt sich so dar:

$$
\begin{array}{lll}
OOOO\ OOLL & \text{bedeutet} & 3 \\
OOOO\ OOLO & \text{bedeutet} & 2 \\
OOOO\ OOOL & \text{bedeutet} & 1 \\
OOOO\ OOOO & \text{bedeutet} & 0 \\
LLLL\ LLLL & \text{bedeutet} & 0 \\
LLLL\ LLLO & \text{bedeutet} & -1 \\
LLLL\ LLOL & \text{bedeutet} & -2
\end{array}
$$

Eigenartig ist, daß die Null hier in zwei verschiedenen Darstellungen vorkommt, die beide zu berücksichtigen sind. Die Verarbeitung im Rechenwerk wird etwas komplizierter. Einfacher wird das Bilden einer negativen Zahl: Um z.B. von 2 auf -2 zu kommen, braucht man nur alle L in O und umgekehrt zu verwandeln, dann wird OOOO OOLO zu LLLL LLOL. Wir benutzen diese Zahlendarstellung nicht.

Auch bei Vorhandensein eines dualen Rechenwerks sind Dualzahlen nicht bindend vorgeschrieben. Alle heutigen Maschinen sind so flexibel, daß man in anderen Darstellungen arbeiten kann. Allerdings kann man dann die Bequemlichkeiten und die Geschwindigkeit des Rechenwerkes nicht ausnutzen, sondern muß Additionen usw. in Gestalt von Unterprogrammen aus kleineren Bausteinen selbst zusammensetzen. Wir kommen darauf zurück. Insbesondere ist man bei kleineren Geräten bei der Behandlung von Gleitpunktzahlen auf diesen Weg angewiesen. Größere Anlagen haben häufig Rechenwerke, die auf verschiedene Zahlendarstellungen umschaltbar sind (für Gleitpunkt- und Dezimalrechnen usw.).

Information und Position

Der Informationsgehalt der von uns betrachteten Dualzahlen und anderer Informationen besteht nicht nur in ihrem „Wert", also der Reihenfolge der L und O. Mindestens ebenso wesentlich ist die Stelle (Position), wo die Information untergebracht ist. (So sind zwei „richtige" Telefonnummern falsch, wenn sie in einem Verzeichnis vertauscht wurden, also an falscher Stelle stehen.) Das Festlegen der richtigen bzw. gewünschten Position einer Information gehört im weiteren Sinne zum Code, wird aber meistens getrennt vorgenommen. Es ist nötig bei Teilinformationen innerhalb eines Wortes (wie in den nächsten Beispielen) und bei Worten innerhalb eines Speichers. Letzteres führt insbesondere bei Matrizen- und Tabellenverfahren oft zu umfangreichen A d r e s s e n - r e c h n u n g e n (vgl. Abschn. 2.4 und 3.2).

Dezimales Arbeiten

Will man in einer Rechenanlage dezimal arbeiten, so muß man die einzelnen Dezimalziffern einer Zahl getrennt darstellen (während sie bei Dualzahlen „gemischt" in den verschiedenen Dualstellen enthalten sind). Dazu sind je Ziffer mindestens vier Bits nötig ($2^4 = 16 > 10$). Wir können in einem 24-Bit-Wort sechs derartiger Ziffern unterbringen. Wie nun die Ziffern wiederum codiert werden, ist willkürlich. Beliebt ist die BCD-Darstellung (binär codierte Dezimalen), die jede Ziffer wie eine kleine Dualzahl wiedergibt:

OOOO = 0	OLOL = 5
OOOL = 1	OLLO = 6
OOLO = 2	OLLL = 7
OOLL = 3	LOOO = 8
OLOO = 4	LOOL = 9

Wir schreiben die Zahl 25487 dann so:

```
| 0 | 2 | 5 | 4 | 8 | 7 |
OOOOOOLOOLOLOLOOLOOOOLLL
```

Aus programmiertechnischen Gründen werden wir in einem späteren Beispiel zwischen den einzelnen Dezimalen jeweils eine Dualstelle freilassen. Dann können wir nur fünf Dezimalen unterbringen:

```
|  2  | |  5  | |  4  | |  8  | |  7  |
O O L O O O L O L O O L O O O L O O O O O L L L
```

Viele andere Schreibweisen können von Fall zu Fall günstig sein. Arbeitsrationalisierung und Vermeidung von Verwirrung zwingen aber zu einer Beschränkung.

Darstellungen für Ein- und Ausgabe

Der Verkehr mit den fest an eine Rechenanlage angeschlossenen Ein- und Ausgabegeräten erfordert oft eine vom Dualen abweichende Zahlendarstellung, die durch spezielle Programme erstellt bzw. ausgewertet werden muß. (Der Benutzer bemerkt dies nicht, da Betriebsprogramme dies automatisch tun.)

Erstes Beispiel sei eine Analogausgabe, die auf einem Zeichengerät einen Schreibstift an eine bestimmte Stelle bewegen soll. Zwei Zahlenangaben sind nötig: Die x- und die y-Koordinate („Höhe‘ und „Seite"). Eine weitere Angabe soll sagen, ob bei der Bewegung des Schreibstiftes zu diesem neuen Punkt geschrieben (also ein Strich gezogen) werden soll oder nicht (also Anheben des Schreibstiftes). Die Ansteuerelektronik der Analogausgabe legt die Einteilung der erforderlichen Informationen im Wort ein für allemal fest. Wir nehmen an, daß je eine ganze Zahl die beiden Koordinaten in Zehntelmillimetern angeben soll. Ein bestimmtes Bit soll den Wert L haben, wenn ein Strich gezogen werden soll. Die Aufteilung des Wortes sei so vorgeschrieben:

$$\text{Schreibstift} \quad\quad x\left[\frac{mm}{10}\right] \quad\quad\quad y\left[\frac{mm}{10}\right]$$
```
| ↓ |          x              |              y            |
O O O O O O O O O O O O O O O O O O O O O O O O O O O O
```

Soll nun (ohne Schreiben) der Punkt x = 85,3 mm und y = 27,5 mm erreicht werden, muß die Information so aussehen:

```
─| s |──────── x ───────|──────── y ───────|
O O O L L O L O L O L O L O L O O L O O O L O O L L
```

(da 853 = LL OLOL OLOL und 275 = L OOOL OOLL).

Meistens erfordert die Vorschrift, daß diese Zahl in den Akkumulator gebracht werden und dann ein Spezialbefehl erfolgen muß, um das angeschlossene Gerät zu betätigen. Die weiteren Schritte werden dem Programmierer durch eine verdrahtete Ablaufsteuerung abgenommen.

Ähnliche Verhältnisse treten bei der Ansteuerung von Schreibmaschinen, Fernschreibern o.ä. auf. Bei Anschluß eines Lochstreifenlesers für Fernschreibcode werden die in den Lochstreifen gestanzten Löcher üblicherweise als Wert L an einer Dualstelle des Wortes registriert, die der Lochposition zugeordnet ist. Ein kleines Transportloch in der Streifenmitte ist immer vorhanden und zählt nicht mit. Außer ihm können fünf Löcher gestanzt sein, denen also fünf Bits im Wort zugeordnet sind. Hat man hierfür zufällig die zweite Fünfergruppe von rechts gewählt (und dort die elektronische Ansteuerung angeschlossen), so würde die Lochung

durch einen besonderen Befehl in die Maschine in dieser Form hereingeholt werden:

|◄——————►|

O O O O O O O O O O O O O O O L L L O L O O O O O

(Dieser Lochung entspricht der Buchstabe x)

Auch hier bemerkt der normale Programmierer wieder nichts von Umwandlung und Verarbeitung des Buchstaben, weil ein Betriebsprogramm diese Aufgaben automatisch ausführt.

Schneller arbeitende Geräte haben oft Ansteuerungen, die mehrere derartige Zeichen in verschiedenen Gruppen von Dualstellen eines Wortes erfordern oder gar verlangen, daß in einer größeren Zahl von ganz bestimmten Speicherplätzen eine ganze Druckzeile in ähnlicher Darstellung abgelegt ist. Dann ist nur ein einziger Befehl für das Drucken aller Zeichen nötig.

Codes für Lochstreifen, Lochkarten und andere Datenträger sind genormt u.a. in DIN 66006, DIN 66024, DIN 66004 und DIN 44300.

Felder

Stehen viele Zahlen oder andere Informationen mit gleichartiger Bedeutung in aufeinanderfolgenden Speicherplätzen, so spricht man von einer L i s t e oder von einem F e l d (engl. array). Je nach der Reihenfolge der Benutzung der Zahlen werden wir später in Ergänzung hierzu K e l l e r , W a r t e s c h l a n g e n u.ä. definieren.

Unter einem D a t e n s a t z versteht man eine Anzahl von zusammengehörigen Informationen. Diese können insbesondere bürotechnischen „Akten" oder „Vorgängen" entsprechen, also wie diese in einem „Kopf" Angaben enthalten, die den Aktenzeichen, Namen usw. sowie einem Inhaltsverzeichnis entsprechen. Dem können dann größere Mengen von Informationen folgen. Nach einer einheitlich vorgeplanten Gesetzmäßigkeit sind sie also u.U. aus sehr verschiedenen Informationen (in verschiedenen Darstellungen) zusammengesetzt.

Eine große Anzahl von Datensätzen kann zu einem f i l e (engl. Aktenbündel) zusammengefaßt werden.

Übungsaufgaben. 1. Wandeln Sie mit Hilfe der beiden angegebenen Methoden die Zahl 5000 in eine Dualzahl um und überprüfen Sie die Übereinstimmung. Bilden Sie das B-Komplement dazu (also den Dualwert von -5000) und addieren Sie beide. Das Ergebnis muß Null (= 5000−5000) sein.

2. Lassen sich in 24-Bit-Worten je eine komplexe Zahl $a + b \times j$ unterbringen, wenn a und b ganzzahlig sind und immer $-5000 \leqslant a \leqslant 5000$ und $-300 \leqslant b \leqslant 300$ gilt? Wenn ja, geben Sie eine mögliche Darstellung an. ($j = \sqrt{-1} =$ imaginäre Einheit). j wird nicht abgespeichert, es sind also im 24-Bit-Wort an zwei festzulegenden Stellen die Zahlen a und b unterzubringen. (Denken Sie dabei an einen Vordruck mit 24 Kästchen, in die jeweils ein O oder L eingetragen werden kann. Sie sollen festlegen, wo und wie die Zahlen a und b einzutragen sind.) Wie lautet die Zahl $1033 − 34 \times j$ in Ihrer Darstellung?

1.4. Befehle

Die in die Rechenanlage eingebauten Rechenoperationen werden ausgelöst durch M a s c h i n e n b e f e h l e (auch Instruktionen oder einfach Befehle genannt). Sie stellen die Verbindung zwischen der Software und der Hardware dar. Die Durchführung der ihnen entsprechenden Maschinenoperationen wird durch eine verdrahtete Ablaufsteuerung in einer größeren Anzahl von Schritten durchgeführt. Diese Ebene ist dem Programmierer aber nicht zugänglich.

Normalerweise entspricht jeder möglichen Maschinenoperation ein Befehl. Jedoch kann man oft Befehle durch spezielle Angaben variieren, d.h. die Ausführung geringfügig verändern. Die verfügbaren Maschinenbefehle werden in einer B e f e h l s l i s t e zusammengefaßt, die etwa 50 bis 200 verschiedene Befehle enthalten kann. Einzelne von ihnen können z.B. Addition, Subtraktion oder Multiplikation auslösen. Aber auch notwendige organisatorische Anweisungen werden als Rechenoperationen ausgeführt.

Welche Maschinenoperationen meistens vorhanden sind, wozu sie gebraucht werden und wie man die zugehörigen Befehle üblicherweise bezeichnet, werden wir im nächsten Kapitel ausführlich besprechen.

Für die durchzuführenden Rechenoperationen sind Zahlen oder andere Informationen nötig, die meistens als Zwischenergebnis vorhergehender Rechnungen entstanden sind. Im Rahmen eines Befehls ist anzugeben, welche Zwischenergebnisse der jeweiligen Operation unterworfen werden sollen.

Die heute üblichen Konstruktionen von Rechenanlagen sehen für eine dieser Zahlen einen speziellen Speicherplatz in der Maschine, ein spezielles Register, vor: den Akkumulator. Er ist in der Lage, ein Wort, also normalerweise eine Zahl, aufzunehmen (wir denken hier an z.B. 24 Dualstellen). Der Akkumulator ist technisch für seine Aufgabe besonders vorbereitet: Er arbeitet sehr schnell und ist mit dem Rechenwerk eng verknüpft.

Adressen

Die elementaren Zahlenoperationen haben zwei Operanden. So werden bei der Addition zwei Zahlen zusammengezählt und liefern ein Ergebnis. Es wäre möglich, für den zweiten Operanden einen zweiten Akkumulator einzubauen. Günstiger ist es, ihn aus einem großen Speicher entnehmen zu können. Dazu ist aber die Angabe des Speicherplatzes nötig, in dem sich die Zahl befindet. Zu diesem Zweck hat man die A d r e s s i e r u n g des Speichers eingeführt.

Der Arbeitsspeicher wird normalerweise Tausende von Zahlen aufnehmen können. Er muß also technisch in ebensoviele Worte gegliedert sein. Die C h a r a k t e r i s i e r u n g eines Wortes, d.h. die Angabe des S p e i c h e r p l a t z e s , geschieht durch fortlaufende Numerierung. Im allgemeinen erhält der erste Platz dabei die Nummer Null, von der an aufwärts gezählt wird. Diese Nummer ist seine A d r e s s e .

Soll nun zu der im Akkumulator befindlichen Zahl eine zweite addiert werden, so ist ein Additionsbefehl und in ihm zusätzlich eine Adresse erforderlich: Letztere charakterisiert die zu addierende Zahl, die ja zum Zeitpunkt der Programmierung noch nicht bekannt ist, sondern erst später als Zwischenergebnis in einem bestimmten Speicherplatz anfällt. Nur dessen Adresse ist dem Programmierer von vornherein bekannt bzw. wird von ihm festgelegt. In der Regel arbeitet der Programmierer also mit Adressen (allerdings gibt es Ausnahmen, die wir im nächsten Kapitel kennenlernen werden).

Befehle enthalten somit den O p e r a t i o n s t e i l , der angibt, welche Rechenoperation durchgeführt werden soll, und außerdem den A d r e ß t e i l , der die Adresse eines Speicherplatzes enthält, in dem die zweite der zu bearbeitenden Zahlen steht. Es ist üblich, das Ergebnis der Rechenoperationen in den meisten Fällen wieder im Akkumulator abzulegen. Allerdings ist bei einigen

Befehlen auch vorgesehen, daß es sofort wieder in den durch den Adreßteil genkennzeichneten Speicherplatz zurückgebracht wird.

Ein Befehl kann in Ausnahmefällen um weitere Teile vergrößert werden. Sie gestatten es, die eben beschriebenen Rechenoperationen zu variieren. Eine sehr praktische Variationsmöglichkeit liegt vor, wenn man der Rechenanlage zwei Akkumulatoren zuordnet, die wahlweise benutzt werden können. Man wird dann eine Rechenoperation im einen Akkumulator durchführen können, während eine andere Zahl vorübergehend den zweiten Akkumulator blockiert. Hier ist allerdings ein dritter Befehlsteil erforderlich, nämlich die Angabe, welcher von beiden Akkumulatoren benutzt wird. Wir müssen daher zum Operations- und Adreßteil einen V a r i a t i o n s t e i l hinzufügen. Es gibt eine Anzahl von anderen Befehlsvarianten, die ebenfalls dort gekennzeichnet werden.

Interne Darstellung

Nach Möglichkeit bringen Rechenanlagen die Befehle in einem einzigen Wort unter. Dies ist nicht zwingend, hat aber für die Verarbeitung in der Maschine erhebliche Vorteile. Überlegen wir, wieviel Bits wir für die einzelnen Teile benötigen.

Jeder Rechenoperation muß ein anderer Operationsteil entsprechen, da sonst Verwechslungen möglich sind. Natürlich sind auch diese Operationsteile als Kombinationen von L und O in einer genügenden Anzahl von Dualstellen darzustellen. (Dies gilt für die interne Form der Darstellung in der Rechenanlage; dem Benutzer stehen bequemere Möglichkeiten zur Verfügung, die wir später betrachten wollen.) Wir betrachten als Beispiel eine Rechenanlage mit maximal 64 verschiedenen Befehlen. 64 verschiedene Kombinationen von L und O erfordern 6 Bits ($2^6 = 64$).

Der Adreßteil muß soviele Bits umfassen, daß jedem der anzusteuernden Speicherplätze eine andere Kombination von L und O entspricht. Für einen Speicher mit 8192 Speicherplätzen sind z.B. 13 Bits nötig.

Beim Adreßteil sind Einsparungen möglich. Insbesondere braucht nicht jeder Befehl sämtliche Arbeitsspeicherplätze direkt erreichen zu können. Durch spezielle Befehle lassen sich einzelne Speicherbereiche auswählen; man gibt den Anfang des Bereichs als B a s i s a d r e s s e an. Die dann folgenden Befehle brauchen nur noch die Adresse innerhalb des Bereichs anzugeben. Zu ihr wird automatisch die Basisadresse addiert. Durch eine neue Basisadresse können andere Speicherbereiche und damit jeder beliebige Speicherplatz erreicht werden. Allerdings läßt sich der Adreßteil nicht beliebig verkleinern, da jeder Befehl zu einer gewissen Anzahl von Speicherplätzen (und damit Zwischenergebnissen) bequemen und schnellen Zugriff haben muß. Praktikable Werte liegen bei mindestens 128 Speicherplätzen für jeden Bereich. Der eigentliche Adreßteil braucht jetzt nur noch eine Zahl zwischen 0 und 127 zu umfassen, er benötigt 7 Bits.

Durch das beschriebene Verfahren wird der Adreßteil abgekürzt, aber natürlich die Arbeit des Programmierers umständlicher und das Programm etwas langwieriger, denn es sind zusätzliche Befehle nötig. Bei manchen Rechenanlagen ist jedoch die Einsparung von Dualstellen wesentlich: Alle Befehle werden kürzer, die Wortlänge kann kleiner gehalten werden. Da der größte Teil des Speichers bei vielen Arbeiten mit Programmen gefüllt ist, kann die finanzielle Entlastung bedeutsam sein.

In den folgenden Beispielen setzen wir gelegentlich voraus, daß bei einer Wortlänge von 24 Dualstellen 16 für die Adresse bereitstehen. Zu den 6 Bits des Operationsteils wollen wir ein weiteres Bit hinzufügen für die Unterscheidung zwischen zwei Akkumulatoren. Ein weiteres Bit für Variationszwecke werden wir reservieren, aber hier nicht näher betrachten.

Befehlsumrechnung

Unsere Befehle sind somit Kombinationen von 24 Dualstellen, die die Werte L und O enthalten. Auf den ersten Blick sind sie von Dualzahlen nicht zu unterscheiden. In der Tat können sie wie Zahlen Rechenoperationen unterworfen werden. Es ist z.B. möglich, zu einem Befehl eine Zahl hinzuzuzählen und dadurch den Adreßteil zu verändern. Danach wird sich derselbe Befehl auf einen anderen Speicherplatz beziehen. Dies ist wichtig, wenn man große Datenmangen verarbeiten will. Hier wird man die Befehle nur ein einziges Mal (bezogen auf die erste der Datenzahlen) anschreiben und nach der Ausführung der ersten Rechenoperation ihren Adreßteil so verändern, daß sie sich jetzt auf die zweite zu bearbeitende Zahl beziehen. Wird das Programm ein zweites Mal durchlaufen, so wird der zweite Datensatz bearbeitet.

Wesentlich ist, daß Programme sich so selbst abändern können. Ein Programm kann auch ein anderes Programm ändern oder überhaupt erst herstellen, da ja auch die Befehle durch Rechenoperationen als Zwischenergebnisse „ausgerechnet" werden können.

Es gibt keine prinzipielle Unterscheidungsmöglichkeit zwischen Befehlen und Zahlen. Wird ein Befehl in den Akkumulator gebracht, so unterliegt er dort wie eine Zahl den Rechenoperationen: Der Akkumulator interpretiert und behandelt das B i t m u s t e r (die Folge von L bzw. O) als eine Zahl. Anders ist es, wenn Befehle a u s g e f ü h r t werden sollen. Dazu müssen sie in aufeinanderfolgenden Speicherplätzen innerhalb der Maschine abgelegt sein. Durch besondere Anweisungen (Starttasten o.ä.) wird die Maschine dazu gebracht, einen dieser Befehle nach dem andern auszuführen. Die Charakterisierung als Befehl ist also durch die Reihenfolge im Speicher gegeben. Die Einteilung in Befehle und Zahlen besteht demnach in der Einordnung der Informationen in ganz bestimmte Speicherplätze.

Dabei ist jedoch nicht ein bestimmter Speicherbereich nur für Befehle reserviert und ein anderer nur für Zahlen. Beide können gemischt untergebracht sein. Ist die Folge von Befehlen beendet oder soll sie an einer anderen Stelle des Speichers fortgesetzt werden, so kann die Maschine einen Spezialbefehl erhalten (im Programm gekennzeichnet durch „go to"), der die Bedeutung besitzt: „Fortsetzung siehe Speicher Nr. . . .". Beim Durchrechnen des Programms erfolgt hier ein Sprung an die neue Stelle, im übersprungenen Bereich können Zahlen stehen. Es bleibt dem Programmierer überlassen, mit Hilfe der Sprungbefehle den Speicher nach seinen Wünschen in Programmteile und Datenteile aufzuteilen. Als Daten können auch wieder Befehle benutzt werden, wenn diese verändert werden sollen.

Externe Schreibweise

Für den Programmierer ist es nicht zumutbar, Befehle als Kombination von 24 Dualstellen zu formulieren. Statt dessen benutzt man wie bei den Zahlen außerhalb der Maschine spezielle, dem menschlichen Bedarf angepaßte Schreibweisen. Innerhalb der Anlage stellt ein Programm beim Einlesen (dem Ü b e r s e t z e n) des Benutzerprogramms bzw. der Zahlen automatisch die duale Darstellung her. Diese Funktion wird von A s s e m b l e r n und C o m p i l e r n wahrgenommen, die wir in Kapitel 7 betrachten werden.

Die äußere Schreibweise der Befehle ist leider nicht genormt und soll deshalb hier wenig verwendet werden. Wir benutzen für die Angabe des Operationsteils in erster Linie Worte der Umgangssprache wie „Addiere", „Subtrahiere" o.ä.

Operationen beziehen sich in der Mathematik meistens auf Größen, die mit x, y oder anderen

Buchstaben bezeichnet werden. Jeder dieser Größen wird innerhalb der Rechenanlage ein bestimmter Speicherplatz durch den Programmierer zugeordnet. In das Programm müßten wir nun zum Operationsteil als Adreßteil die Nummer dieses Speicherplatzes anfügen. Auch diese Arbeit kann durch Assembler und Compiler wesentlich vereinfacht werden. Wenn wir die Arbeitsweise der einzelnen Befehle beschreiben, wollen wir statt konkreter Adressen an dieser Stelle Buchstabenbezeichnungen wie die in der Mathematik üblichen angeben und diese in den Text einsetzen. Ein Befehl kann dann lauten: „Addiere aus (x)".

Die Schreibweise, die der Programmierer benutzt, um diesen Befehl in die Maschine einzugeben, lautet bei manchen Anlagen „A(x)".

Sie wird in der Rechenanlage automatisch durch das Assemblerprogramm umgewandelt und erhält z. B. die folgende Gestalt:

Variations- teil	Operations- teil („Addiere")	Adreßteil (1207 = Adresse von x)
O O	L O L O O O	O O O O O L O O L O L L O L L

sofern der Programmierer vorher für die Unterbringung von x den Platz 1207 gewählt hat.

Bei der späteren Ausführung dieses Befehls wird zum Akkumulatorinhalt die Zahl aus Speicherplatz Nr. 1207 addiert werden. Das Ergebnis wird im Akkumulator stehen.

Es muß nochmals darauf hingewiesen werden, daß hier der Inhalt des Speicherplatzes Nr. 1207 zu addieren ist. Daher unsere Schreibweise: Wir hatten (x) in Klammern gesetzt und werden darunter in Zukunft die Adresse verstehen, in der sich die mit diesem Buchstaben bezeichnete Zahl befindet. Statt „Addiere x" sagen wir dann lieber „Addiere die Zahl aus Speicher Nr. (x)" oder „Addiere aus (x)". Die Maschine macht daraus „Addiere aus Speicher 1207". Das eingeklammerte (x) und 1207 sind in unserem Beispiel gleichbedeutend.

Der Adreßteil kann gelegentlich eine andere Bedeutung haben, wenn Spezialbefehle vorliegen. Es kann sich hierbei z.B. um Befehle handeln, die dann Zahlen an ein Druckgerät herausgeben oder von einer Tastatur in die Rechenanlage hineinholen.

Ausführung der Befehle

Das übliche Arbeiten an einer Rechenanlage erfolgt s p e i c h e r p r o g r a m m i e r t . Das bedeutet, daß zu Anfang in einem Lese- oder Übersetzungsprozeß die Befehle in die Maschine eingegeben und in die (interne) duale Darstellung umgeformt werden. Dabei finden die entsprechenden Rechenoperationen aber noch nicht statt. Erst nach Beendigung des Umwandlungsprozesses beginnt der eigentliche Rechengang. Er wird durch spezielle Anweisungen ausgelöst, und nun wird von einer ganz bestimmten Stelle an ein Befehl nach dem anderen ausgeführt. Dies geschieht entweder bis ein spezieller Stop-Befehl auftaucht, der den Rechengang abbricht, oder bis von außen eine Bedienungstaste betätigt wird, die dieselbe Wirkung hat. Alle in der Zwischenzeit nötigen Schritte, also auch die Anzeigeoperationen für Ergebnisse, das Unterbrechen des Rechenganges, das Warten auf Eingabezahlen usw. werden durch Befehle ausgelöst, deren Kennzeichnung durch spezielle Operationsteile aus der Befehlsliste zu entnehmen ist.

Die Befehle sind das „Handwerkszeug" des Programmierers. Die durch sie ausgelösten Operationen werden wir in Kapitel 2 detailliert betrachten. Nicht alle Rechenanlagen enthalten sämtliche aufgeführte Befehle, denn viele von diesen können durch eine Kombination einfacherer Befehle ersetzt werden. Dieser Weg ist zwar umständlicher, erlaubt aber einen einfacheren Aufbau der Rechenanlage. Umfassendere Befehle werden dann ersetzt durch Betriebsprogramme, die fast ebenso bequem benutzt werden können, aber mehr Rechenzeit erfordern.

Unsere obigen Angaben bezogen sich auf E i n - A d r e ß - B e f e h l e. Es hat natürlich gelegentlich auch Vorteile, wenn man innerhalb eines Befehls die Adressen von zwei oder mehr Speicherplätzen angeben kann. Es lassen sich dann kompliziertere Rechenoperationen mit einem einzigen Befehl ausführen: Z.B. können bei einer Addition beide Operanden gleichzeitig aus verschiedenen Speicherplätzen geholt werden, es braucht also nicht vorher einer von beiden schon im Akkumulator zu stehen. M e h r - A d r e ß - M a s c h i n e n werden ebenfalls verwendet; die meisten Anlagen arbeiten aber mit nur einem Adreßteil.

Da Adressen (und Befehle) wie Zahlen Umrechnungen unterliegen, können auch sie in Speicherplätzen stehen, die ihrerseits wieder eine Adresse haben. Wenn diese z.B. als „Adresse der Adresse von x" bezeichnet wird, so ist sie also die Nummer eines Speicherplatzes, dessen Inhalt erst die Adresse des wirklich gemeinten Speicherplatzes (mit der Zahl x) ist. Wir bezeichnen dies als A d r e s s e n s u b s t i t u t i o n.

1.5. Ein Programm

An einem kleinen Programm wollen wir die einzelnen Arbeitsschritte vorführen und besprechen. Wir wählen bewußt eine triviale Aufgabestellung. Bei den von uns zu betrachtenden Betriebsprogrammen spielen gerade die scheinbar einfachen Datentransporte eine größere Rolle als die eigentlichen Rechenaufgaben, so daß das Beispiel berechtigt ist.

Die Aufgabe

Zwei Speicherinhalte (z.B. die Inhalte der Speicher Nr. 2000 und 2001) sind zu vertauschen, so daß die Zahl, die vorher im ersten war, nachher im zweiten steht und umgekehrt.

Die Operationen

Als „Handwerkszeug" dienen die in der betreffenden Anlage vorhandenen Maschinenoperationen, die wir durch Befehle auslösen können. Die beiden wichtigsten sind die Transportoperationen, nämlich das L a d e n einer Zahl von einem Speicher in den Akkumulator und das S p e i c h e r n einer Zahl vom Akkumulator nach einem Speicherplatz.

Der Ablauf

Wir setzen voraus, daß nur ein einzelner Akkumulator vorhanden ist. Dann befinden wir uns in der Rolle eines Menschen, der mit nur einer Hand (dem Akku) zwei Gegenstände austauschen will. Er benötigt noch einen dritten Platz, hier also einen H i l f s s p e i c h e r h (in Gestalt eines normalen Speicherplatzes) als A u s w e i c h s t e l l e für eine Zahl. Bild 1.5 zeigt in verschiedenen Darstellungen den Vorgang. Zuerst muß die eine Zahl (auf dem Wege über den Akku) in den Hilfsspeicher gebracht werden, dann kann die zweite (auf dem gleichen Wege) an die Stelle der ersten treten, und nun kann die erste ihren neuen Platz einnehmen.

a)	b)	c)				d)	e)	f)
		Akk	x	y	h			
			5	7				
Transport	Lade von (x)	5				Akk := x	LD2000	LD(X)
x nach h	Speichere nach (h)				5	h := Akk	SP1999	SP(H)
Transport	Lade von (y)	7				Akk := y	LD2001	LD(Y)
y nach x	Speichere nach (x)		7			x := Akk	SP2000	SP(X)
Transport	Lade von (h)	5				Akk := h	LD1999	LD(H)
h nach y	Speichere nach (y)			5		y := Akk	SP2001	SP(Y)

1.5   Darstellungsweisen für ein Programm. Von links nach rechts: a) Ablaufplan, b) Maschinenoperationen (in der von uns benutzten Schreibweise), c) Inhalte der Speicherplätze nach den einzelnen Schritten, d) Wirkungsweise der Operationen in Formelschreibweise, e) abgekürzte Schreibweise einer Assemblersprache, f) eine Assemblersprache mit symbolischen Adressen

Links in Bild 1.5 haben wir einen A b l a u f p l a n wiedergegeben, der obige Beschreibung noch einmal anschaulich enthält. Normen für derartige Diagramme werden wir in Abschn. 4.3 besprechen. Die Einzelschritte stehen detailliert in der zweiten Spalte in der Form, wie wir sie insbesondere in den nächsten beiden Kapiteln angeben werden.

Bezeichnungen

Wir bezeichnen in diesem Buch Speicherinhalte mit Buchstaben oder Buchstabengruppen, an die u.U. auch Ziffern angehängt sein können. Wichtig ist, daß mit ihnen wirklich der Inhalt des Speichers und nicht die Zahl selbst gemeint ist: x und y sollen durch unser Programm ihren Wert ändern. (Im unten angegebenen Beispiel ist vorher x = 5 und y = 7 und nach dem Ablauf umgekehrt x = 7 und y = 5.) Nicht x und y, sondern nur die Zahlenwerte werden transportiert! Dies entspricht der üblichen programmiertechnischen Gewohnheit, x und y durch die Adressen der Speicherplätze zu kennzeichnen, da meistens nur diese dem Programmierer vorher bekannt sind.

Zur Unterscheidung schreiben wir wie in Abschn. 1.4 schon angedeutet „Adresse von x" oder „Adr(x)" oder meistens „(x)", wenn wir die Adresse des Speicherplatzes meinen, und x (ohne Klammern), wenn der Inhalt gemeint ist. In unserem Beispiel also: (x) = 2000 = Adresse, x = 5 = Inhalt. (x) bleibt; x kann sich ändern.

Die Operationen sind hier umschrieben mit z.B. „Lade von (x)" oder „Lade von 2000". (Die gelegentlich anzutreffende Sprechweise „Lade x" oder gar „Lade 2000" ist mißverständlich.)

Veranschaulichungen

Der Überblick über ein Programm kann durch Veranschaulichungen verbessert werden. Das in Bild 1.5 links wiedergegebene Ablaufdiagramm ist eine erste Möglichkeit. Eine andere besteht darin, wie in der dritten Spalte die wechselnden Speicherinhalte für ein Beispiel explizit anzugeben. Waagerechte Trennstriche in den Teilspalten für Akk, x usw. zeigen eine Änderung des Inhalts an. Die eingetragenen Zahlen bleiben jeweils im Speicher bzw. Akku erhalten, bis eine neue Füllung erfolgt. Nach der Operation „Lade von (x)" ist die Zahl 5 also zweimal vorhanden, einmal in Speicher Nr. (x) und ein zweites Exemplar im Akku.

In der nächsten Spalte ist die jeweilige Operation in ihrer Wirkungsweise in der Mitteilungssprache ALGOL 60 beschrieben. Das Zeichen := ist zu lesen als „ergibt sich aus" oder „erhält den Wert von", der Transport der Zahlen erfolgt also gewissermaßen „von rechts nach links". (Anschaulich kann man den Doppelpunkt als Pfeilspitze ansehen: h := x meint h $\Leftarrow$ x.) Mit Akk bezeichnen wir grundsätzlich den A k k u m u l a t o r i n h a l t (Akkuinhalt).

Codieren

Für die Eingabe in die Rechenanlage müssen die Operationen „Lade von (x)" usw. in eine Kurzform überführt werden. Der geübte Programmierer arbeitet nur mit dieser; wir weichen um der Verständlichkeit willen davon ab.

Die für die Operationen zu wählenden Buchstabengruppen sind für den jeweiligen Maschinentyp einer tabellarischen Aufstellung bzw. Beschreibung (der „Befehlsliste") zu entnehmen. Wir schreiben (im Rahmen des auch sonst üblichen) LD für „Lade von" und SP für „Speichere nach".

Angefügt werden die Adressen der angesprochenen Speicher, hier also 2000 = (x) und 2001 = (y). Einen Hilfsspeicher (h) können wir im Rahmen der verfügbaren Speicherplätze frei wählen; z.B. (h) = 1999. Es entsteht so das Programm in der vorletzten Spalte des Bildes 1.5.

Bei vielen Geräten besteht keine Unterscheidungsmöglichkeit zwischen Groß- und Kleinbuchstaben. So wollen auch wir Groß- und Kleinbuchstaben wie X und x immer als gleichbedeutend ansehen.

Vereinfachungen

Bei vielen Maschinentypen läßt sich unser Programm einfacher schreiben, weil praktischere Operationen eingebaut und verfügbar sind. Steht z.B. noch ein zweiter Akku (mit entsprechenden Lade- und Speicherbefehlen) zur Verfügung, können der Hilfsspeicher Nr. (h) und zwei Befehle eingespart werden. Das Programm läuft dann schneller. Wir gehen darauf um der Allgemeinheit willen nicht ein.

Symbolische Adressen

Mühsam und fehleranfällig ist das Einfügen der Adressen in die Befehle. Die meisten Assemblersprachen gestatten wie in 1.4 gesagt eine wesentliche Arbeitserleichterung: Man kann in ihnen das Eintragen der expliziten Adressen einem in der Maschine vorhandenen Hilfsprogramm, dem A s s e m b l e r , überlassen und in die Befehle Buchstaben wie (x) und (y) einfügen. Das Programm erhält dann die in der letzten Spalte in Bild 1.5 wiedergegebene Gestalt.

Vervollständigen des Programms

Das betrachtete Beispiel ist (wie fast alle in den folgenden beiden Kapiteln) ein Programmstück, das nur als Bestandteil eines größeren Programms sinnvoll ist.

Wir wollen trotzdem angeben, welche Teile noch zu einem selbständigen (und hier natürlich nicht sehr nützlichen) Programm „Tauschen" fehlen würden. Das Programm ist in Bild 1.6 wiedergegeben

Als erstes sind E i n - u n d A u s g a b e o p e r a t i o n e n hinzuzufügen. Wir wollen uns hier durch D r u c k b e f e h l e von der Richtigkeit des durchgeführten Tausches überzeugen und führen eine Operation „Drucke die Zahl aus (x)" ein mit der Kurzbezeichnung „PR(X)" (print(x)). Am Schluß des Programms muß außerdem ein „Stop" stehen, der die Maschine am Ende der Arbeit zum Stillstand bringt (Kurzbezeichnung hier „STP"). In der Praxis kann noch eine Reihe von anderen Operationen nötig sein.

```
ANFANG
ADRESSE 1000
(A) LD(X)  SP(H)  LD(Y)  SP(X)  LD(H)  SP(Y)
PR(X)  PR(Y)  STP
ADRESSE 1999
(H) 0  (X) 0  (Y) 0
LESESTOP
—————————————————————————————————————————
ADRESSE(X)  5  7
START(A)
```

1.6   Vervollständigtes Programm in einer Assembler-
        sprache (Beispiel)

Dateneingabe

Vor Beginn der Rechnung müssen die Zahlen 5 und 7 (oder andere zu vertauschende Inhalte) in die Maschine eingebracht werden. Es gibt zwei Wege. Der erste sieht eine Eingabe während des Rechenganges vor. Wir haben in das Programm dazu noch Befehle einzufügen wie „Lies eine Zahl und bringe sie nach (x)", kurz „RD(X)" (read(x)).

Der andere Weg, den wir hier vorziehen, besteht darin, die Zahlen zwar getrennt vom Programm, aber in derselben Art wie dieses vor Beginn des Rechenganges einzulesen. Dies zeigt Bild 1.6. Das eigentliche Programm, das oberhalb der gestrichelten Linie wiedergegeben ist, füllt provisorisch die Speicher (x) und (y) mit Nullen. Der (austauschbare) zweite Teil ändert nachträglich um in die gewünschten Zahlenwerte. Er kann durch einen entsprechenden Teil mit anderen Zahlenwerten ersetzt werden.

Bei den Eingabeinformationen unterscheidet man allgemein zwischen dem Programm, das die Rechenanweisungen enthält, und den Daten, die bearbeitet werden sollen. Meistens schreibt man beide getrennt, da dasselbe Programm mehrfach auf verschiedene Datensätze angewandt werden soll. Die Unterscheidung zwischen Programm und Daten ist allerdings nicht ganz eindeutig, da jedes Programm durch den Assembler bearbeitet wird, in Bezug auf diesen also einen Datensatz darstellt.

Steueranweisungen

Die Maschine muß Mitteilung erhalten, wann ein neues Programm beginnt. Insbesondere könnte ein vorheriges Programm ebenfalls Größen x und y enthalten haben, was Mißverständnisse hervorrufen würde. Zu Anfang des Programms sind also S t e u e r a n w e i s u n g e n nötig, die diese Mitteilung enthalten (hier ANFANG).

Sowohl das Programm als auch die Zahlen 5 und 7 beanspruchen im Innern der Maschine Speicherplätze. Es muß angegeben werden, welche Plätze die entsprechenden Informationen aufnehmen sollen (hier „ADRESSE 1000" bzw. „ADRESSE 1999"). Der erste Befehl bzw. die erste Zahl wird im angegebenen Speicherplatz (z.B. 1000) untergebracht; die folgenden kommen dann fortlaufend automatisch in den nächsten. (Bei uns kommt also z.B. der Befehl „SP(X)" in Speicher Nr. 1003.)

Das Wort „LESESTOP" soll ein vorübergehendes Anhalten des Lesevorganges auslösen, damit Lochkarten, Lochstreifen o.ä. neu aufgelegt werden können. „START(A)" löst schließlich den Rechenbeginn aus, wobei der Befehl in Speicher Nr. (A) = 1000 als erster ausgeführt wird.

Wir schreiben „LD(X)" und meinen „LD 2000". Die Maschine muß erfahren, welche Adresse sie überall für (x) einzusetzen hat. Dies geschieht durch Vorsetzen eines einfachen (x) (ohne vorherige Buchstabengruppe) vor den entsprechenden Speicherinhalt. Ist dieser noch nicht bekannt, muß erst einmal ein beliebiger Inhalt (meistens z.B. „Null") eingesetzt werden.

Alle diese Steueranweisungen sind in Bild 1.6 wiedergegeben. Sie sind natürlich s y s t e m g e - b u n d e n , also nur als Beispiel zu verstehen, und lauten bei anderen Maschinentypen anders. Wir benutzen sie im folgenden nicht. Bei Lochkarten-Verwendung werden die Steueranweisungen oft in Gestalt fertig vorbereiteter S t e u e r k a r t e n in das Programm eingelegt.

Übungsaufgabe 3. Wenn Ihnen eine in Assemblersprache programmierbare Rechenanlage zugänglich ist, sollten Sie sich über deren Sprache, Steueranweisungen usw. informieren. Die beste Übung besteht dann darin, alle in den folgenden Abschnitten angegebenen Beispiele dort zu rechnen. Dazu gehören: Das Codieren der Programme nach der betreffenden Befehlsliste, das Vervollständigen (wie eben beschrieben), das Bereitstellen von Prüfdaten, das Durchrechnen der Prüfdaten von Hand, das technische Vorbereiten (Ablochen), das Durchrechnen an der Anlage und ggf. die Fehlersuche.

2. Maschinenoperationen

Die in (mittleren) Rechenanlagen üblicherweise verfügbaren Maschinenoperationen werden besprochen und an Beispielen illustriert. Sowohl auf die Operationen als auch insbesondere auf die Beispiele wird später oft Bezug genommen. Die Unterteilung erfolgt nach den fünf wichtigsten Problembereichen des elementaren Programmierens: Transporte und arithmetische Operationen (Abschn. 2.1), Arbeiten mit Wortteilen (Abschn. 2.2), Ablauforganisation (Abschn. 2.3), Adressenrechnung (Abschn. 2.4) und Unterprogrammtechnik (Abschn. 2.5).

2.1. Laden, Speichern, Rechnen

Wir betrachten wie gesagt eine E i n - A d r e s s - M a s c h i n e mit einem Akkumulator. Sie soll mit Dualzahlen rechnen. Numerische Beispiele werden wir mit möglichst wenigen Stellen angeben, um sie übersichtlicher zu gestalten. Soweit wir auf realistische Wortlängen Bezug nehmen müssen, werden wir uns an einer Maschine mit 24 Dualstellen orientieren. Die hier betrachteten Operationen beziehen sich (vorläufig) auf ganzzahlige Operanden.

Größere (und oft auch kleinere) Rechenanlagen werden außer den aufgeführten eine Reihe weiterer Befehle sowie gelegentlich mehrere Akkumulatoren und mehr Dualstellen besitzen. Dann werden sich die Beispiele oft einfacher programmieren lassen. Wir können darauf nur andeutungsweise eingehen, da bei den Herstellerfirmen wenig Übereinstimmung in diesen Details besteht. Darüber hinaus ist das Arbeiten mit einer einfachen Maschine lehrreich und bietet eine gute Einführung.

Die Operationen

Als erste Maschinenoperationen sollen die folgenden betrachtet werden:

Operation	Wirkung	Kurzbezeichnungen
Lade von (x)	Akk := x	LD, B, TEP
Speichere nach (x)	x := Akk	SP, STO, TAS
Addiere aus (x)	Akk := Akk + x	A, ADD
Subtrahiere aus (x)	Akk := Akk − x	S, SUB
Multipliziere aus (x)	Akk := Akk × x	M, MLT, MPY
Dividiere aus (x)	Akk := Akk/x	D, DIV

Die erste Spalte gibt (wie auch in den späteren Abschnitten) die umgangssprachliche Bezeichnung der Operation. Sie ist abgekürzt wiedergegeben, der volle Wortlaut wäre „Lade in den Akku die Zahl von Speicher Nr. (x)" oder „Dividiere die im Akku enthaltene Zahl durch die Zahl aus Speicher Nr. (x)". An die Stelle von x kann dabei eine beliebige Buchstabenbezeichnung gesetzt werden, wobei der Maschine nur einzugeben ist, welcher Speicherplatz der entsprechenden Größe zugeordnet wurde (vgl. dazu Abschn. 1.5 und 4.2). Das x (oder die entsprechenden Buchstaben) werden in Klammern gesetzt, da nicht die Zahl selbst, sondern ihre Adresse Bestandteil des Befehls ist.

In der zweiten Spalte ist die Wirkungsweise in Formelzeichen wiedergegeben. Akk bedeutet „Akkumulatorinhalt", x meint den Inhalt des im Befehl bezeichneten Speicherplatzes. Die letzte Spalte schließlich gibt übliche Kurzbezeichnungen bei verschiedenen Maschinentypen an. An diese muß wieder zur Kennzeichnung des gewählten Speicherplatzes wie in Abschn. 1.5 der Adreßteil angefügt werden.

Nun die Operationen im einzelnen:

„Laden" (engl. to load) bedeutet in der Informatik-Fachsprache den Transport einer Information in den Akkumulator (oder evtl. in ein anderes Register). Dabei bleibt sie normalerweise (wenn keine anderen Angaben erfolgen) auch im Speicher erhalten, ist also nachher zweimal vorhanden. Es braucht sich bei der Information nicht um eine Dualzahl zu handeln, die Folge von (z.B. 24) Werten L bzw. O kann auch andere Bedeutungen haben. — Andere Bezeichnungen: „Bringen", „Transfer (hin-)ein", „Transfer ein positiv".

Unter „Speichern" (engl. to store) versteht man den Transport in umgekehrter Richtung. Hier bleibt die Information normalerweise im Akku erhalten und wird außerdem in den betroffenen Speicher gebracht (auch „Transfer (hin-)aus" genannt).

Bei den Rechenoperationen steht der eine der beiden Operanden vorher und das Ergebnis nachher im Akku. Der Speicherinhalt bleibt wieder unverändert. Multiplikation und Division sind nicht in allen Maschinentypen explizit vorhanden, sie müssen evtl. nach den jeweiligen Vorschriften durch U n t e r p r o g r a m m s p r ü n g e ersetzt werden. Dies wird in Abschn. 2.5. beschrieben. — Alle vier Rechenoperationen sollen sich hier ausschließlich auf (positive oder negative) ganze Dualzahlen beziehen.

Weitere Operationen

In manchen Maschinen sind zur Vereinfachung der Programme weitere ähnliche Operationen vorhanden, von denen wir einige angeben wollen. Wir benutzen sie im folgenden nur in Ausnahmefällen.

Operation	Wirkung	Kurzbezeichnungen
Lade die Zahl n	Akk := n	LDC, BC
Addiere die Zahl n	Akk := Akk + n	AC, AA
Subtrahiere die Zahl n	Akk := Akk − n	SC, SA
Vorzeichenumkehr	Akk := − Akk	K, KPL
Umgekehrte Subtraktion aus (x)	Akk := x − Akk	US
Umgekehrte Division aus (x)	Akk := x/Akk	UD
Addition im Speicher (x)	x := Akk + x	SA
Lade von (x) in ein Register	Reg := x	LDH, LDX
Speichere aus einem Register nach (x)	x := Reg	SPH, STX

Die ersten drei von ihnen dürfen nur bei hinreichend kleinen Konstanten benutzt werden. Wenn man z.B. LDC5 schreibt, so wird die Zahl 5 unmittelbar in den Akku gebracht (in der zweiten Spalte durch Akk := n angedeutet), während bei den früheren Befehlen im Gegensatz dazu der

Inhalt des Speichers Nr. 5 in den Akku käme. Dies bedeutet gelegentlich eine nützliche Vereinfachung. Hat man diesen Befehl nicht, so muß man die Zahl 5 erst in einem Speicher ablegen und dessen Adresse in den früheren Befehl „Lade von . . ." einfügen. Auch die übrigen Befehle können in Ausnahmefällen recht praktisch sein, lassen sich aber fast alle durch die früher genannten ersetzen.

Die letzten beiden Befehle stehen repräsentativ für je zwei entsprechende Befehle für jedes benötigte Register. Deren Zahl und Bezeichnung kann sehr verschieden sein.

In Großanlagen kann noch eine große Zahl weiterer ähnlicher Operationen eingebaut sein. Man denke an Rechenoperationen für die Gleitpunktzahlen (Abschn. 5.3) oder für Dezimalzahlen. Oft existieren auch Operationen für „mehrfache Wortlänge", also für sehr lange Zahlen, die nur in Teilstücken im Speicher untergebracht werden können.

Beispiel: Formelzerlegung. Die Formel

$$y := a + (b + c) \times (d \times e + f \times g) + h$$

soll programmiert werden.

Wir können nicht von links nach rechts vorgehen, sondern müssen wegen der Klammersetzung und des Vorrangs der Multiplikation die Reihenfolge umstellen. Darüber hinaus benötigen wir für Zwischenergebnisse $k1$ und $k2$ zwei Zwischenspeicher. Die Schritte sind:

Operationen	Wirkung
Lade von (b)	
Addiere aus (c)	
Speichere nach (k1)	$k1 := b + c$
Lade von (d)	
Multipliziere aus (e)	
Speichere nach (k2)	$k2 := d \times e$
Lade von (f)	
Multipliziere aus (g)	
Addiere aus (k2)	$Akk := d \times e + f \times g$
Multipliziere aus (k1)	
Addiere aus (a)	
Addiere aus (h)	
Speichere nach (y)	

Höhere (problemorientierte) Programmiersprachen können die angegebene Formel direkt „verstehen" und stellen sie automatisch in diese (oder eine gleichwertige) Reihenfolge um. Beim maschinennahen Programmieren muß man offenbar in der i n n e r s t e n Klammer anfangen. Wenn man von links nach rechts arbeitet, soweit das möglich ist, folgt außerdem eine interessante Beobachtung für die beiden Hilfsspeicher (k1) und (k2). Derjenige von ihnen, der als letzter gefüllt worden ist, wird als erster wieder geleert (und steht für anderweitige Verwendung zur Verfügung): l a s t i n — f i r s t o u t . Man bezeichnet einen Satz von Speicherplätzen, die nur nach diesem Schema benutzt werden, als einen K e l l e r (engl. stack = Stapel). Keller sind bei der automatischen Formelübersetzung in Compilern üblich, die wir später betrachten.

Beispiel: Polynomberechnung (Horner-Schema). Programmiert werden soll die Formel

$$y := a \times x^3 + b \times x^2 + c \times x + d$$

Eigentlich müßten wir zuerst die Potenzen von x durch Multiplikationen herstellen und in jeweils einem Hilfsspeicher aufbewahren. Einfacher ist es, wenn wir von links nach rechts die rechte Seite folgender Formel programmieren:

$$y := ((a \times x + b) \times x + c) \times x + d$$

Sie stimmt mit der obigen im Ergebnis überein, wie man durch Ausmultiplizieren erkennt.

Diese Umstellung eines Polynoms wird oft benutzt und erspart viel Arbeit. Sie ist benannt nach dem Horner-Schema, in dem sie ursprünglich allerdings nur für das Handrechnen und für das Suchen von Nullstellen von Polynomen verwendet wurde. Das Programm dazu:

Operation	Akkuinhalt = Zahlenwert von
Lade von (a)	a
Multipliziere aus (x)	$a \times x$
Addiere aus (b)	$a \times x + b$
Multipliziere aus (x)	$a \times x^2 + b \times x$
Addiere aus (c)	$a \times x^2 + b \times x + c$
Multipliziere aus (x)	$a \times x^3 + b \times x^2 + c \times x$
Addiere aus (d)	$a \times x^3 + b \times x^2 + c \times x + d$
Speichere nach (y)	

Beispiel: Das Aufbauen einer Dualzahl. Beim Einlesen von Zahlen werden diese von Tastatur, Lochkarte oder Lochstreifen als Dezimalzahl angeliefert und müssen in der Maschine automatisch in Dualzahlen umgewandelt werden. Natürlich kann diese Umwandlung nur wieder im dualen Zahlensystem erfolgen. Wir besprechen später Methoden, die die einzelnen Dezimalziffern dual umcodieren. Sie liegen dann in BCD-Darstellung vor. Wir setzen hier voraus, daß die Ziffern in dieser Form in verschiedenen Speicherplätzen abgelegt sind.

Für die dezimal eingegebene Zahl 1643 sollen hierfür vier Speicher a, b, c und d benutzt sein:

$$a = OO...OOL \quad (= 1)$$
$$b = OO..OLLO \quad (= 6)$$
$$c = OO..OLOO \quad (= 4)$$
$$d = OO...OLL \quad (= 3)$$

Das Zusammenstellen der Dualzahl mit dem Wert 1643 erfordert die Interpretation dieser Zahl als „1 Tausender + 6 Hunderter + 4 Zehner + 3" und damit die (duale) Berechnung von

$$y := a \times 10^3 + b \times 10^2 + c \times 10 + d$$

Die Ausrechnung (mit den dualen Werten für die Zehnerpotenzen!) erfolgt am besten wieder nach dem Horner-Schema:

$$y := ((a \times 10 + b) \times 10 + c) \times 10 + d$$

Das Programm geben wir zusammen mit den für unser Zahlenbeispiel auftretenden Dualzahlen wieder, wobei wir zur Deutung auch die dezimalen Zwischenergebnisse anfügen:

Operation	Akkuinhalt	entspricht
Lade von (a)	L	1
Multipliziere mit der Zahl 10	LOLO	10
Addiere aus (b)	L OOOO	16
Multipliziere mit der Zahl 10	LOLO OOOO	160
Addiere aus (c)	LOLO OLOO	164
Multipliziere mit der Zahl 10	LLO OLLO LOOO	1640
Addiere aus (d)	LLO OLLO LOLL	1643
Speichere nach (y)		

Für „Multipliziere mit der Zahl 10" wird man bei den meisten Anlagen z.B. in einem Speicher mit der Adresse (z) die Zahl 10 (d.h. LOLO) ablegen und dann „Multipliziere aus (z)" schreiben. Eine andere Methode wird in Abschn. 2.2 beschrieben.

Komplexe Zahlen

Wir haben uns auf ganze reelle Zahlen beschränkt. Komplexe Zahlen müssen durch Programme in Real- und Imaginärteile zerlegt werden. Dazu schreiben wir (mit j als imaginärer Einheit):

$$a = re\ a + j \times im\ a$$
$$b = re\ b + j \times im\ b$$
$$z = re\ z + j \times im\ z$$

Da j nicht maschinell dargestellt werden kann, können wir nur mit den re a, im a usw. als getrennten Zahlen rechnen.

Wir geben die Formeln an, wie sie unmittelbar aus den Rechenregeln für komplexe Zahlen folgen. Die Programmierung sei eine Übungsaufgabe für den Leser.

Die Addition bzw. Subtraktion

$$z := a \pm b$$

wird ausgeführt durch

$$re\ z := re\ a \pm re\ b;$$
$$im\ z := im\ a \pm im\ b$$

Die Multiplikation

$$z := a \times b$$

wird ausgeführt durch

$$re\ z := re\ a \times re\ b - im\ a \times im\ b;$$
$$im\ z := re\ a \times im\ b + im\ a \times re\ b$$

Die Division

$$z := a/b$$

wird (wenn der Nenner nicht Null ist) durchgeführt durch:

$$
\begin{aligned}
\text{ne} \quad &:= \text{re b} \times \text{re b} + \text{im b} \times \text{im b;} \\
\text{re z} \quad &:= (\text{re a} \times \text{re b} + \text{im a} \times \text{im b}) \, / \, \text{ne;} \\
\text{im z} \quad &:= (- \text{re a} \times \text{im b} + \text{im a} \times \text{re b}) \, / \, \text{ne}
\end{aligned}
$$

(ne ist eine Hilfsgröße).

Ein- und Ausgabe

Die oben angegebenen Transportoperationen (Laden und Speichern) müssen ergänzt werden durch Spezialoperationen für die Ein- und Ausgabe von Daten an bzw. von externen Geräten. Eine umfassende Behandlung ist hier nicht möglich, weil die Unterschiede zwischen verschiedenen Rechnertypen recht groß sind. Bei Schreibmaschinenausgabe o.ä. ist die Information oft in den Akkumulator zu laden und wird dann durch einen speziellen Maschinenbefehl in das betreffende Gerät transportiert, das automatisch den eigentlichen Druckvorgang ausführt. Schnellere Geräte wie Zeilendrucker erfordern das Bereitstellen der auszugebenden Informationen in einer Anzahl von bestimmten Speicherplätzen. Auslösung erfolgt durch einen einzigen Befehl, der automatisch alle diese Informationen, die einer ganzen Druckzeile entsprechen können, an den Drukker weiterleitet.

Die Ausgabe erfolgt also durch spezielle Transportoperationen, die etwa dem S p e i c h e r n entsprechen. Entsprechendes gilt für die Eingabe, d.h. für das L a d e n von Informationen mittels Lesern, Tastaturen, Bandgeräten usw.

Zu beachten ist bei allen diesen Vorgängen, daß (insbesondere bei kleineren und mittleren Geräten) nicht etwa komplette Dualzahlen dem Transport unterworfen werden, sondern einzelne Zeichen (Schreibmaschinenanschläge) in dem durch das betreffende Gerät vorgegebenen Code. Das Zerlegen einer Dualzahl in einzelne Dezimalen, das Umcodieren, das Einfügen von Zwischenräumen usw. muß von Betriebsprogrammen vorgenommen werden. Wir betrachten die dabei vorzunehmenden Schritte später im einzelnen (z.B. in Abschn. 5.4). Entsprechende Vorgänge beim Einlesen haben wir schon im dritten Beispiel dieses Abschnitts angedeutet, kommen aber noch öfter darauf zurück.

Der Benutzer merkt von diesen Einzelheiten nichts, da sie von den Betriebsprogrammen bei Bedarf automatisch ausgeführt werden. Das gilt auch für die entsprechenden Operationen für den Verkehr mit Hintergrundspeichern.

Technische Operationen

Für die technisch-organisatorischen Arbeiten in einer Rechenanlage sind besondere Operationen nötig. Meistens werden sie formal als Transportoperationen durchgeführt: Spezielle in die Maschine eingebaute Register können (wie der Akku) aus dem Speicher mit Kennzahlen geladen werden; diese Kennzahlen steuern dann automatisch den technischen Ablauf. Das Ermitteln der jeweils benötigten Kennzahl erfolgt wieder mit den üblichen Rechenoperationen. Die erforderlichen Schritte betrachten wir später.

Das Gesagte gilt insbesondere für die Programmunterbrechungen, die im Vorrangregister registriert werden (vgl. Abschn. 8.1), ferner für die Sperre derartiger Interrupts (Maskenregister, vgl. Abschn. 8.1), für den S p e i c h e r s c h u t z (vgl. Abschn. 8.4) usw.

Zusammenfassung. Erstes Element des Programmierens ist das Arbeiten mit Datentransporten und arithmetischen Rechenoperationen. Transporte bewirken auch den Verkehr mit anderen Geräteteilen. Zur Vorbereitung und Beschreibung hat sich die Formelschreibweise von ALGOL 60 bewährt (mit deutlicher Unterscheidung der Wertzuweisung := von der später betrachteten Gleichheitsabfrage =).

Übungsaufgabe 4. Wir verweisen auf die Bemerkung am Schluß von Abschn. 1.5.

Eine gute weitere Übung vermittelt das Zerlegen der komplexen Arithmetik in Einzelschritte, wie oben empfohlen wurde.

2.2. Verschieben und Splitten

In der Programmiertechnik treten nicht nur Dualzahlen, sondern auch vielfältige sonstige Informationen auf, die andere Rechenoperationen erfordern. Da sie für unsere späteren Kapitel sehr wichtig sind, sollte man ihnen besondere Aufmerksamkeit schenken. Ein Wort wird hier nicht oder nur in Ausnahmefällen als eine z.B. 24-stellige Dualzahl, sondern meistens als eine Menge von 24 zweiwertigen Variablen betrachtet, die durch ihre Bedeutung allerdings gruppenweise zusammengehören können. Man nennt ein solches Wort auch ein B i t m u s t e r oder eine B i t k e t t e .

Die Operationen

Operation	Wirkung	Kurzbezeichnungen
Verschiebe n-mal nach links	$Akk := LV(Akk) = Akk \times 2^n$	LV, SLA, VLL
Verschiebe n-mal nach rechts	$Akk := RV(Akk) = Akk/2^n$	RV, SRA, VLR
Intersektion aus (x)	$Akk := Akk \wedge x$	I, AND, UND

Die Verschiebungen nehmen eine Zwischenstellung zwischen Rechenoperationen und Transportoperationen ein: Die Dualstellen eines Wortes werden z.B. 5mal, d.h. um 5 Dualstellen, linksverschoben, wenn aus

OLOOLL OOOLLO LOLOLO OOLLLL

der neue Akkuinhalt

LOOOLL OLOLOL OOOLLL LOOOOO

wird. Jedes L bzw. O ist hier um 5 Stellen nach links gebracht worden, wie die Unterstreichung andeutet.

Faßt man das Wort als eine Dualzahl auf, so bedeutet eine Verschiebung eines L um eine Stelle eine Verdoppelung des Wertes, da die Stellenwertigkeit nach Zweierpotenzen abgestuft ist. Unsere 5fache Verschiebung bedeutet also eine Multiplikation mit 32 (bis auf den Wert derjenigen Stellen, die links aus dem Wort hinausgeschoben wurden und nun natürlich fehlen).

Betrachtet man das Wort hingegen als eine Menge von verschiedenen Größen mit den Werten L bzw. O, so haben wir einen Transport vorgenommen, der diese L bzw. O an eine andere Stelle brachte. Beide Deutungen sind wichtig. Im Englischen bezeichnet man eine Verschiebung als shift (z.B. SLA = shift left accumulator).

Die Intersektion ist dadurch definiert, daß für jede Dualstelle getrennt gleichzeitig das l o g i s c h e U n d gebildet wird. Das bedeutet: Wenn beide Operanden (der Akku- und der Speicherinhalt) an einer Dualstelle je ein L haben, dann und n u r dann hat das Ergebnis auch an dieser Stelle ein L. Ein Beispiel:

Akk vorher	= 1. Operand =	OLOOLL OOOLLO LOLOLO OOLLLL
Speicherinhalt	= 2. Operand =	LLLOOO LOLOLO OOLLLO LLLOOO
Akk nachher	= Ergebnis =	OLOOOO OOOOLO OOLOLO OOLOOO

Mit Hilfe der Intersektion kann man Worte „in Stücke zerschneiden" (engl. to intersect = durchschneiden): Wenn der Speicherinhalt den Wert

OOOOOO OOOOOO LLLLLL LLLLLL

hat, so werden bei einer Intersektion vom vorherigen Akku-Inhalt nur diejenigen L übrigbleiben, die sich in den rechts liegenden 12 Dualstellen befanden. Links muß überall O erscheinen.

Weitere Operationen

Es soll wieder eine Reihe von ähnlichen Operationen erwähnt werden, die oft anzutreffen sind und das Arbeiten erleichtern.

Operation	Wirkung	Kurz-bezeichnung
Verschiebe n-mal arithmetisch nach rechts	$Akk := RV(Akk)$	VAR
Verschiebe n-mal doppeltlang nach links bzw. rechts	$(Akk,H) := \dfrac{LV}{RV}\,(Akk,H)$	SLT, VDL
Bilde logisches Oder mit der Zahl aus (x)	$Akk := Akk \vee x$	OR, ODR
Bilde Antivalenz mit der Zahl aus (x)	$Akk := Akk \not\equiv x$	EOR, UGL
Komplementiere	$Akk := \overline{Akk} = -(Akk{-}1)$	K, KPL

Eine einfache Rechtsverschiebung bedeutet ein Halbieren der Dualzahl. Das gilt direkt nur für positive Zahlen und nicht für B-Komplemente. Oft hat man aber (z.B. beim Normieren der später zu betrachtenden Gleitpunktzahlen) den Wunsch, auch negative Zahlen zu halbieren. Das Verfahren dazu erkennen wir an dem Beispiel

$$- 10 \quad = \quad \underline{LLLL\ OLLO}$$

dessen Hälfte

$$- 5 \quad = \quad \underline{LLLL\ LOLL}$$

wir durch Verschieben erzeugen können, wenn wir nur am linken Ende der Zahl ein L „nachschieben". Man führt daher die a r i t h m e t i s c h e R e c h t s v e r s c h i e b u n g ein: Bei ihr wird in den links im Wort freiwerdenden Stellen wahlweise ein L oder O nachgeschoben;

der ursprünglich dort stehende Wert wird dupliziert bzw. bei mehrfachen Verschiebungen entsprechend vervielfacht.

Manche Anlagen verfügen nur über diese Art der Rechtsverschiebung. Bei Linksverschiebungen tritt ein entsprechendes Problem nicht auf, am rechten Ende der Zahl werden immer O nachgeschoben.

Bei doppelt-langen Verschiebungen wird neben dem Akku noch ein weiteres Register benötigt, das hier als H (H i l f s r e g i s t e r) bezeichnet wurde. Beide zusammen werden wie ein Akku von doppelter Länge (hier also 2 x 24 = 48 Dualstellen) verschoben. Das bedeutet eine gleichzeitige Verschiebung und eine Übernahme der Werte L bzw. O von dem einen Wort in das andere an der Schnittstelle.

Das l o g i s c h e O d e r und die Antivalenz werden wie die Intersektion stellenweise ausgeführt. Beim logischen Oder (engl. or, lat. vel) erscheint im Ergebnis ein L, sobald mindestens einer der Operanden ein L hatte. Bei der Antivalenz erscheint L, wenn die Werte der beiden Operanden an dieser Stelle verschieden (antivalent) waren.

In Tabellenform bedeutet das für jede Dualstelle getrennt:

Akkuinhalt	Speicherinhalt	Intersektion	logisches Oder	Antivalenz
O	O	O	O	O
O	L	O	L	L
L	O	O	L	L
L	L	L	L	O

Die Antivalenz wird in formaler Logik, Mathematik und Programmiertechnik auch oft als aut, als e x k l u s i v e s O d e r , als exor oder als Ungleichheit bezeichnet.

Das Komplement soll hier verstanden werden als das (B−1)-Komplement (andere Definitionen kommen gelegentlich vor). Hier soll also in jeder Dualstelle getrennt gleichzeitig aus jedem L ein O und aus jedem O ein L gemacht werden.

Beispiel: Gesplittete Speicher. Die bei diesen Operationen zu betrachtenden Beispiele beschäftigen sich weniger mit dem Zahlenrechnen als mit der allgemeinen Datenverarbeitung.

Wir wollen (in Vorbereitung auf Späteres) eine Möglichkeit betrachten, wie man in die Maschine eingegebene nichtnumerische Informationen aufbewahren kann. Dabei betrachten wir die Buchstabengruppe xmax, wie sie in ALGOL 60- oder FORTRAN-Programmen gelegentlich als Bezeichnung auftritt. Die einzelnen Buchstaben seien in diesem Fall mit einem Fernschreiber abgelocht und mit einem geeigneten Lesegerät in die Maschine eingegeben worden. Daß wir dabei gerade die reichlich unglückliche Fernschreibcodierung betrachten, hat den Vorteil, schwierigere Beispiele untersuchen zu können, bei denen Methoden am besten erkennbar sind.

Bild 2.1 illustriert den Eingabevorgang, der durch Spezialbefehle ausgelöst und hier vorausgesetzt
wird. Wiedergegeben sind die Buchstaben xmax und ihre Darstellung durch Lochkombinationen
auf einem Lochstreifen. Die Aufnahme dieser Information durch das Gerät erfolgt, indem Löcher
in einen Dualwert L und ungelochte Stellen in einen Dualwert O eines Wortes umgeformt werden,
das dann mit Hilfe der üblichen Befehle in den Speicher gebracht wird. Nachher enthalten also
die Speicher (b1) bis (b4) den in der Abbildung angegebenen Inhalt. Man kann diese Speicherinhalte interpretieren als (scheinbare) Dualzahlen. Dies ist für uns zur Zeit jedoch bedeutungslos.

X	LLLOL	b1 = OO . . . OOLLLOL
M	LLLOO	b2 = OO . . . OOLLLOO
A	OOOLL	b3 = OO . . . OOOOOLL
X	LLLOL	b4 = OO . . . OOLLLOL

2.1   Informationseingabe in eine Rechenanlage. Von links nach rechts:
a) auf einem Fernschreiber angeschlagene Tasten, b) der durch den
Fernschreiber gestanzte Lochstreifen (im CCIT2-Code), c) in die Anlage einlaufende Signale, d) vier Speicherinhalte nach dem Speichern
der Signale

Wir wollen jetzt diese vier Informationen, die jeweils nur 5 Dualstellen beanspruchen, in einem
einzigen Wort unterbringen. Wir sparen dadurch Speicherplatz; zugleich ermöglichen wir eine
Weiterverarbeitung, bei der die Bezeichnung xmax z.B. eine mathematische Größe charakterisieren kann, die bearbeitet werden soll. Dafür benötigen wir ein Kennwort kw, das möglichst aus
nur einem einzigen Wort besteht, für jede Buchstabenkombination anders aussieht und sich aus
der Eingabeinformation einfach herstellen läßt. Wir müssen aus den vier Speicherinhalten b1 bis
b4 also ein einziges Wort kw herstellen. Am einfachsten wird das durch Aneinanderfügen der Informationen erreichbar sein. Wir stellen dies so dar:

kw = OLLLOL OLLLOO OOOOLL OLLLOL

Für jeden Buchstaben haben wir statt der erforderlichen 5 Bits hier 6 reserviert, was Vorteile in
der Symmetrie des Aufbaus, aber auch in später vorzunehmenden Unterscheidungen bietet. Das
Kennwort kw enthält scheinbar die Zahl 7 717 085, deren Wert aber nicht interessiert. — Speicherinhalte, die mehrere Informationen enthalten, welche getrennt zu deuten sind, nennt man
g e s p l i t t e t (aufgespalten).

Wie kann nun kw aus b1 bis b4 hergestellt werden? Dazu müssen wir b1 linksverschieben. Ebenso muß b2 linksverschoben und hinzugefügt werden. Letzteres kann man als (scheinbare) Addition auffassen:

<pre>
          OLLLOL 000000 000000 000000
plus   000000 OLLLOO 000000 000000
ergibt   OLLLOL OLLLOO 000000 000000
</pre>

Nun müssen die nächsten Stellen angefügt werden.

Systematischer ist ein schrittweiser Aufbau, der an die Multiplikationen im Horner-Schema erinnert und Vorteile bietet:

Operation	Akkuinhalt
Lade von (b1)	OOOOOO OOOOOO OOOOOO OLLLOL
Verschiebe 6mal nach links	OOOOOO OOOOOO OLLLOL OOOOOO
Addiere aus (b2)	OOOOOO OOOOOO OLLLOL OLLLOO
Verschiebe 6mal nach links	OOOOOO OLLLOL OLLLOO OOOOOO
Addiere aus (b3)	OOOOOO OLLLOL OLLLOO OOOOLL
Verschiebe 6mal nach links	OLLLOL OLLLOO OOOOLL OOOOOO
Addiere aus (b4)	OLLLOL OLLLOO OOOOLL OLLLOL
Speichere nach (kw)	

(Zur Verdeutlichung wurde der erste Buchstabe x unterstrichen.)

Beispiel: Zerlegung einer Information. Soll die Information zu einem späteren Zeitpunkt (nachdem die Speicher (b1) bis (b4) anderweitig verwendet wurden) wieder in ihre Einzelteile zerlegt werden, so ist der umgekehrte Weg zu beschreiten. Dabei benötigt man, um die Einzelinformationen zu trennen („herauszuschneiden"), die Intersektion. Wir müssen in einem anderen Speicherplatz ein sog. I n t e r s e k t i o n s m u s t e r m bereitstellen mit der Gestalt

$$m = OOOOOO\ OOOOOO\ OOOOOO\ LLLLLL$$

Es hat an den gewünschten Stellen den Wert L und überall dort Nullen, wo das Ergebnis gelöscht sein soll. (Scheinbar ist es die Dualzahl LLLLLL mit dem Wert 63.) Die Ausführung kann wie folgt geschehen:

Operation	Akkuinhalt
Lade von (kw)	OLLLOL OLLLOO OOOOLL OLLLOL
Verschiebe 18mal nach rechts	OOOOOO OOOOOO OOOOOO OLLLOL
Speichere nach (b1)	
Lade von (kw)	OLLLOL OLLLOO OOOOLL OLLLOL
Verschiebe 12mal nach rechts	OOOOOO OOOOOO OLLLOL OLLLOO
Intersektion aus (m)	OOOOOO OOOOOO OOOOOO OLLLOO
Speichere nach (b2)	
Lade von (kw)	OLLLOL OLLLOO OOOOLL OLLLOL
Verschiebe 6mal nach rechts	OOOOOO OLLLOL OLLLOO OOOOLL
Intersektion aus (m)	OOOOOO OOOOOO OOOOOO OOOOLL
Speichere nach (b3)	
Lade von (kw)	OLLLOL OLLLOO OOOOLL OLLLOL
Intersektion aus (m)	OOOOOO OOOOOO OOOOOO OLLLOL
Speichere nach (b4)	

Beispiel: Verzehnfachen. Bei einem früheren Beispiel (Herstellen einer Dualzahl) wurde häufig mit 10 multipliziert. Da Multiplikationen relativ lange dauern und da Verschiebungen faktisch eine Multiplikation (mit einer Zweierpotenz) bedeuten, kann u.U. eine Beschleunigung erreicht werden.

Wir erhalten das Zehnfache, wenn wir das Achtfache und das Doppelte einer Zahl addieren. Das Achtfache wiederum ergibt sich durch dreifache Linksverschiebung, das Zweifache durch einmaliges Schieben.

Die Programmierung kann wieder analog zum Horner-Schema schrittweise erfolgen (wir betrachten als Zahlenbeispiel das Verzehnfachen von x = 13 = LLOL bei nur acht Dualstellen):

Operation	Akkuinhalt	entspricht
Lade von (x)	OOOO LLOL	13 = x
Verschiebe 2mal nach links	OOLL OLOO	52 = 4 x x
Addiere aus (x)	OLOO OOOL	65 = 5 x x
Verschiebe 1mal nach links	LOOO OOLO	130 = 10 x x

Entsprechend lassen sich ähnliche Produkte mit kleinen Faktoren bilden, wenn diese konstant sind.

Beispiel: Multiplikation. In vielen Rechenanlagen ist die Multiplikation als Maschinenoperation eingebaut. Dies ist jedoch nicht immer der Fall. Außerdem erscheint es interessant, den internen Ablauf der Multiplikation kennenzulernen, der mit einer verdrahteten Ablaufsteuerung im wesentlichen dieselben Schritte umfaßt, wie wir sie hier betrachten wollen.

Wir wählen der Übersichtlichkeit halber zwei vierstellige Dualzahlen, nämlich a x b = OOLL x OLOL ($\hat{=}$ 3 x 5). Die schriftliche Multiplikation erfolgt so:

```
OOLL x OLOL
   OOOO
    OOLL
   OOOO
    OOLL
 OOOLLLL
```

Wenn wir das gleiche in Einzelschritten programmieren wollen, müssen wir nur dann a addieren, wenn die entsprechende Stelle von b ein L enthält. In jedem Fall muß anschließend für die Verarbeitung der nächsten Stelle um eine Dualstelle verschoben werden.

Die in Maschinen übliche Konstruktion erfordert ein zweites Register (hier als H = Hilfsregister bezeichnet). Für den Operanden a, der immer in verschiedenen Stellen addiert werden soll, erfolgt keine seitliche Verschiebung. Man nimmt statt dessen eine entgegengesetzte Verschiebung des (Teil-)Ergebnisses und des anderen Faktors vor und erhält das gleiche Resultat.

Die jeweils abzufragende Stelle des Faktors b, bei der ein L oder O entscheidet, ob summiert werden muß oder nicht, steht bei dieser Methode immer in der am weitesten rechts liegenden Stelle von H. Nahezu alle Dualmaschinen haben einen Spezialbefehl, der eine Addition nur dann durchführt, wenn dort das L vorhanden ist.

Nun das Programm und dazu unser Beispiel:

Operation	Akkuinhalt	Hilfsregisterinhalt
Lade von (b) in das Hilfsregister		O̲L̲O̲L̲
Lade die Zahl 0	OOOO	
Wenn L, addiere aus (a)	OOLL	
Verschiebe 1mal nach rechts	OOOL	LOL̲O̲
Wenn L, addiere aus (a)		
Verschiebe 1mal nach rechts	OOOO	LLOL
Wenn L, addiere aus (a)	OOLL	LLO̲L̲
Verschiebe 1mal nach rechts	OOOL	LLL̲O̲
Wenn L, addiere aus (a)		
Verschiebe 1mal nach rechts	OOOO	LLLL
Speichere Hilfsregister nach (y)		

Wir haben nur diejenigen Inhalte von Akku und Hilfsregister eingetragen, die sich jeweils änderten. In den Zwischenzeilen bleibt der alte Inhalt erhalten. Die unter den Zahlen angetragene Unterstreichung deutet an, wie der Faktor b im Hilfsregister H Stelle für Stelle nach Abarbeitung verkleinert wird. Von links wandert das Ergebnis in H hinein.

Das Ergebnis LLLL = 15 entspricht in unserem Beispiel nicht den im Abschn. 1.3 angegebenen Vorzeichenvorschriften: Bei vier Bits Wortlänge könnte es -1 bedeuten. Für diese kurze Wortlänge ist unser Beispiel zu groß und würde eine Bereichsüberschreitung darstellen, die zu einer Alarmmeldung führen müßte. 4 Bits sind hier zu wenig. Interessant ist aber die Beobachtung, daß (wenn man von den Vorzeichenvorschriften absieht) bei diesem Verfahren auch Ergebnisse mit doppelter Wortlänge, also insgesamt 8 Bits, richtig berechnet würden. Allerdings könnten sie nachher nicht in einem einzigen Speicherplatz untergebracht werden. Wollten wir eine so lange Zeit speichern, so hätten wir das dem Problem g e s p l i t t e t e r S p e i c h e r entgegengesetzte Problem, die m e h r f a c h e W o r t l ä n g e, zu betrachten (s. Abschn. 5.2).

Beispiel: Division. Mit derselben Zielsetzung wie bei der Multiplikation wollen wir die Division in Einzelschritte zerlegen. Der Einfachheit halber soll dasselbe Zahlenbeispiel wie im vorigen Fall betrachtet werden. Wir berechnen also

$$y := \frac{u}{v} \quad \text{mit} \quad u = LLLL \mathrel{\hat{=}} 15 \quad \text{und} \quad v = OOLL \mathrel{\hat{=}} 3$$

Schriftliches Ausrechnen liefert:

```
LLLL : LL = LOL
LL
──
OOL
 OO
 ──
  LL
  LL
  ──
   O
```

Wiederum sind Verschiebeoperationen erforderlich, da wir versuchen müssen, jeweils um eine Stelle weiter rechts den Nenner abzuziehen. Wir halten bei der technischen Durchführung wieder den Nenner fest und verschieben Zähler und Ergebnis. Im Grunde ist der Ablauf umgekehrt wie bei der Multiplikation.

Die Maschine muß in der Lage sein, im voraus festzustellen, ob eine Subtraktion möglich ist, ohne daß der Rest negativ wird. Wenn das der Fall ist, wird die Subtraktion durchgeführt und gleichzeitig in das Ergebnis (hier in der letzten Stelle im Hilfsregister) ein L angefügt. Wir setzen voraus, daß für diese Aufgaben ein Sonderbefehl vorhanden ist.

Der Programmablauf (Speicher (u) enthält den Wert OOLL = 3):

Operation	Akkuinhalt	Hilfsregisterinhalt
Lade von (v) in das Hilfsregister		LLLL
Lade die Zahl 0	OOOO	
Verschiebe 1mal nach links	OOOL	LLL<u>O</u>
Wenn möglich, subtrahiere und setze L		
Verschiebe 1mal nach links	OOLL	LL<u>OO</u>
Wenn möglich, subtrahiere und setze L	OOOO	LL<u>OL</u>
Verschiebe 1mal nach links	OOOL	L<u>OLO</u>
Wenn möglich, subtrahiere und setze L		
Verschiebe 1mal nach links	OOLL	<u>OLOO</u>
Wenn möglich, subtrahiere und setze L	OOOO	<u>OLOL</u>
Speichere Hilfsregister nach (y)		
(Rest steht im Akkumulator)		

Auch hier kann man feststellen, daß zu Anfang eine längere Zahl eingesetzt werden könnte, wenn man deren ersten Teil zusätzlich in den Akkumulator einbringt (statt des Befehls „Lade die Zahl 0"). Die Division würde auch dann einwandfrei arbeiten (wie sie auch hier bei der laut Abschn. 1.3 zu großen Zahl LLLL richtig arbeitet).

Dezimales Rechnen

Auch wenn nur ein duales Rechenwerk vorhanden ist, kann man mit einer Anlage dezimal arbeiten. Letzteres bedeutet, daß die einzelnen Dezimalstellen in der Maschine getrennt sind. Natürlich muß jede Dezimale in sich in einer Folge von L und O dargestellt werden. Hierzu sind vier Dualstellen nötig, da drei Dualstellen nur acht Unterscheidungsmöglichkeiten haben, also nicht zehn Ziffern zu unterscheiden gestatten.

Die Wahl der Codierung der einzelnen Ziffern ist frei. Günstig ist die BCD-Darstellung (binär codierte Dezimalen), die wir hier benutzen wollen. Das ist keine Einschränkung; andere Darstellungen gestatten ähnliche Programme.

Wir wollen zur Vereinfachung (bei 24 Bits Wortlänge) für die Zehntausenderstelle vier und für die niedrigeren Stellen je fünf Bits reservieren. Durch die zusätzlichen „fünften" Bits, die eigentlich überflüssig sind, wird das Programm übersichtlicher (es wäre aber auch sonst mit einigen Änderungen durchführbar).

Die Zahl 16 573 hat die folgende Gestalt:

$$\begin{array}{ccccc} 1 & 6 & 5 & 7 & 3 \end{array}$$
$$16\,573 = \text{OOOL} \;\; \text{OOLLO} \;\; \text{OOLOL} \;\; \text{OOLLL} \;\; \text{OOOLL}$$

Sie ist aus den einzelnen BCD-Werten „gesplittet" aufgebaut, wie wir es ähnlich bei anderen Informationen früher kennengelernt haben. Jede Gruppe muß (BCD!) als getrennte Dualzahl aufgefaßt werden, OOLLO z.B. als 6.

Als Beispiel für das Rechnen mit solchen Zahlen wollen wir die Addition 16 573 + 30 636 betrachten. Sie wäre durchführbar, indem man die Zahlen in ihre Einzelteile (also einzelne Dezimalstellen) zerlegt und diese getrennt verarbeitet.

Das ist aber zeitraubend (besonders wenn eine noch größere Wortlänge mit mehr Dezimalen verwendet wird). Versuchen wir also „parallel" zu arbeiten, d.h. alle Stellen gleichzeitig zu ermitteln.

Wenn wir die beiden Zahlen wie Dualzahlen addieren, erhalten wir das Ergebnis richtig bis auf die Überträge:

	OOOL	OOLLO	OOLOL	OOLLL	OOOLL
plus	OOLL	OOOOO	OOLLO	OOOLL	OOLLO
ergibt	OLOO	OOLLO	OLOLL	OLOLO	OLOOL
(=	4	6	11	10	9)

Wir müssen jetzt in allen Gruppen, in denen ein Ergebnis größer als 9 aufgetreten ist, 10 subtrahieren und dafür in die nächste Gruppe einen Übertrag 1 addieren. (Das kann allerdings erneut zu Überträgen führen.) Dies können wir erzwingen, wenn wir in den entsprechenden Gruppen 22 = LOLLO dual addieren:

	OLOO	OOLLO	OLOLL	OLOLO	OLOOL
plus			LOLLO	LOLLO	
ergibt	OLOO	OOLLL	OOOLO	OOOOO	OLOOL
(=	4	7	2	0	9)

Damit haben wir das richtige Ergebnis vor uns. Schwierig ist es nur, diejenigen Stellen zu erkennen, an denen diese Zusatzaddition nötig ist. Wir wollen ja nicht jede Stelle einzeln untersuchen, weil das zu lange dauert.

Daß wir übrigens 22 addieren mußten, ist einleuchtend: Eine Fünfergruppe liefert einen dualen Übertrag bei Zahlen $\geq 2^5 = 32$, wir wünschen aber einen Übertrag schon bei ≥ 10. Die Differenz $32 - 10 = 22$ liefert die Korrektur.

Wie können wir die Übertragsstellen erkennen? Wir addieren versuchsweise an a l l e n Stellen (außer der ersten) die „22":

	OLOO	OOLLO	OLOLL	OLOLO	OLOOL
plus		LOLLO	LOLLO	LOLLO	LOLLO
ergibt	OLOO	LLLOL	OOOLO	OOOOO	LLLLL
(=	4	29	2	0	31)

(Die erste Vierergruppe können wir auslassen, da aus ihr ohnehin kein Übertrag hinauslaufen darf.)

Erwartungsgemäß sind die Stellen, die einen Übertrag liefern, jetzt richtig. Die anderen haben natürlich einen um 22 zu großen Wert. Woran erkennen wir sie? Die Antwort: Überall, wo die zusätzliche fünfte Stelle O ist, war die 22-Addition berechtigt, und überall, wo diese Stelle ein L hat, ist kein Übertrag durchgelaufen und somit die Addition rückgängig zu machen.

Für letzteres wollen wir folgende Schritte wählen:

Aus

OLOO LLLOL OOOLO OOOOO LLLLL

schneiden wir durch Intersektion mit

OOOO LOOOO LOOOO LOOOO LOOOO

die charakteristischen Dualstellen heraus:

OOOO LOOOO OOOOO OOOOO LOOOO

und formen sie zu den „22" um, die wir in jenen Gruppen wieder abziehen müssen:

OOOO LOLLO OOOOO OOOOO LOLLO

(Dieses Umformen ist praktisch eine Multiplikation mit 22 und kann wie die Multiplikation mit 10 durch Verschiebungen erreicht werden.)

Zur Programmierung benötigen wir unsere Korrekturgröße k, die in allen Fünfergruppen den Wert LOLLO = 22 enthält, und ein Intersektionsmuster, das die „fünften Stellen" zur Untersuchung herausschneidet. Außerdem ist ein Hilfsspeicher h nötig.

			Speicherinhalte
Korrekturgröße	k	=	OOOO LOLLO LOLLO LOLLO LOLLO
Intersektionsmuster	m	=	OOOO LOOOO LOOOO LOOOO LOOOO
1. Summand	a	=	OOOL OOLLO OOLOL OOLLL OOOLL
2. Summand	b	=	OOLL OOOOO OOLLO OOOLL OOLLO

Der Ablauf des Programms:

Operation	Akkuinhalt
Lade von (a)	OOOL OOLLO OOLOL OOLLL OOOLL
Addiere aus (b)	OLOO OOLLO OLOLL OLOLO OLOOL
Addiere aus (k)	OLOO LLLOL OOOLO OOOOO LLLLL
Speichere nach (y)	
Intersektion aus (m)	OOOO LOOOO OOOOO OOOOO LOOOO
Speichere nach (h)	
Verschiebe 1mal nach rechts	OOOO OLOOO OOOOO OOOOO OLOOO
Addiere aus (h)	OOOO LLOOO OOOOO OOOOO LLOOO
Verschiebe 2mal nach rechts	OOOO OOLLO OOOOO OOOOO OOLLO
Addiere aus (h)	OOOO LOLLO OOOOO OOOOO LOLLO
Subtrahiere umgekehrt von	
der Zahl aus (y)	OLOO OOLLL OOOLO OOOOO OLOOL
Speichere nach (y)	

Logische Operationen

Oben wurden die verschiedenen Operationen angegeben, die oft in Rechenanlagen eingebaut sind. Nicht immer sind alle vorhanden. Dann ist es möglich, die nicht eingeplanten durch die anderen zu ersetzen.

Wir stellen hier die wichtigsten dieser Funktionen in Gestalt von Wertetafeln zusammen:

a	b	Und $a \wedge b$	Oder $a \vee b$	Anti-valenz $a \not\equiv b$	Äqui-valenz $a \equiv b$	Algebraische Summe $a + b$		a	Komple-ment $\overline{a}$
O	O	O	O	O	L	O O		O	L
O	L	O	L	L	O	O L		L	O
L	O	O	L	L	O	O L			
L	L	L	L	O	L	L O			

Um die Zusammenhänge zu erläutern, ersetzen wir einige durch Programme. Dabei sollen die beiden achtstelligen Informationen

$$a = OLOL\ 0000$$
$$b = OLOO\ OLOO$$

die Rechengänge illustrieren.

Die Operation für das (B−1)-Komplement

$$y := \overline{a}$$

kann durch Subtraktion und Addition ersetzt werden:

Operation	Akkuinhalt
Lade die Zahl 0	OOOO OOOO
Subtrahiere aus (a)	LOLL OOOO
Subtrahiere die Zahl 1	LOLO LLLL
Speichere nach (y)	

Der Beweis: Das B-Komplement, das wir als Darstellung negativer Zahlen verwenden, kann (vgl. Abschnitt 1.3) berechnet werden, wenn man umgekehrt zum (B−1)-Komplement eine 1 addiert.

Die Antivalenz

$$y := a \not\equiv b$$

(auch exklusives Oder bzw. exor bzw. aut genannt)   kann definiert werden durch

$$a \not\equiv b \quad = \quad \overline{a} \wedge b \quad \vee \quad a \wedge \overline{b}$$

Das ergibt eine Rechenmethode. Sollte das logische Oder auch nicht vorhanden sein, kann es durch die Addition ersetzt werden. Addition und logisches Oder liefern ja dasselbe Ergebnis, solange der

Fall L + L ausgeschlossen bleibt (s. Wertetafel). In unserer Formel können aber die beiden Ausdrücke $\overline{a}$ ∧ b und a ∧ $\overline{b}$ nicht gleichzeitig den Wert L erhalten. Daher können wir programmieren:

Operation	Akkuinhalt
Lade von (a)	OLOL OOOO
Komplementiere	LOLO LLLL
Intersektion aus (b)	OOOO OLOO
Speichere nach (y)	
Lade von (b)	OLOO OLOO
Komplementiere	LOLL LOLL
Intersektion aus (a)	OOOL OOOO
Addiere aus (y)	OOOL OOOL
Speichere nach (y)	

Das logische Oder

$$y := a \lor b$$

kann berechnet werden nach der d e - M o r g a n s c h e n   R e g e l :

$$a \lor b = \overline{\overline{a} \land \overline{b}}$$

Etwas schneller geht es, wenn man statt des „Oder" die Addition setzt. Diese liefert nur für L + L das falsche Ergebnis O mit Übertrag L (richtig wäre L). Man kann in diesem Fall durch Intersektion eines der beiden zu addierenden L beseitigen:

Operation	Akkuinhalt
Lade von (a)	OLOL OOOO
Intersektion aus (b)	OLOO OOOO
Umgekehrte Subtraktion von	
der Zahl aus (a)	OOOL OOOO
Addiere aus (b)	OLOL OLOO
Speichere nach (y)	

Zusammenfassung. Zweites Element des Programmierens ist das Arbeiten mit W o r t - T e i l e n (das Splitten). Teile können aus einzelnen Bits oder größeren Gruppen bestehen. Die Operationen bewirken das Zerlegen, Zusammensetzen und Verschieben der Wort-Teile und das logische Rechnen mit einzelnen Bits. Das Programmieren wird erleichtert durch vorheriges explizites Hinschreiben aller Dualstellen (evtl. an einem Beispiel), wobei ein W o r t a u f t e i l u n g s v o r d r u c k (vgl. Abschn. 4.5) Arbeit erspart.

Übungsaufgaben. 5. Schreiben Sie ein Programm, das mit Hilfe von Verschiebungen eine Multiplikation mit der Zahl 14 durchführt.

6. Schreiben Sie ein Programm, das mit Hilfe von Komplement, Intersektion und Addition die sog. Äquivalenz

$$y := (A \equiv B), \qquad \text{d.h.} \quad y := A \wedge B \quad \vee \quad \overline{A} \wedge \overline{B}$$

für alle 24 Dualstellen berechnet.

2.3. Sprünge und Bedingungen

Oft muß man ein Programm an einer anderen Stelle im Speicher fortsetzen, z.B. wenn schon einige benötigte Plätze anderweitig belegt sind. Noch öfter ist eine V e r z w e i g u n g erforderlich, die einen solchen S p r u n g nur unter gewissen Bedingungen verlangt. Will man z.B. eine Wurzel berechnen, so ist dies und die folgende Auswertung des Ergebnisses auf zwei verschiedenen Wegen durchzuführen je nachdem, ob die Wurzel eine reelle oder eine imaginäre Zahl ist. Unter der Bedingung „Radikand negativ" ist hier eine Fortsetzung des Programms an anderer Stelle notwendig. Dazu dienen die folgenden Operationen.

Die Operationen

Operation	Wirkung	Kurzbezeichnungen
go to (a)	Fortsetzung siehe ...	GTO, BSC, E, SPR, JMP
Wenn = 0, dann go to (a)	⎤ Wenn Bedingung	SGN, SKZ
Wenn > 0, dann go to (a)	⎱ erfüllt, dann Fort-	SAP, SKP
Wenn < 0, dann go to (a)	⎦ setzung siehe ...	SAM, SKN

In höheren Programmiersprachen hat sich die Bezeichnung „go to" („gehe nach ...") eingebürgert, die wir auch hier benutzen wollen. Andere Bezeichnungen sind S p r u n g b e f e h l (weil das Programm hier an eine andere Stelle „springt") bzw. jump, skip oder branch (verzweige). Die Ausführung dieser Operationen besteht darin, daß der normalerweise in der Reihenfolge der schriftlichen Fixierung und damit des Ablegens in Speicherplätzen erfolgende Rechenprozeß hier abgebrochen und an einer anderen Stelle des Programms fortgesetzt wird. Zu der Buchstabengruppe, mit der dieser Befehl abgekürzt wird, muß die Adresse desjenigen Befehls hinzugefügt werden, bei dem das Programm fortgesetzt werden soll. Wir notieren das, indem wir diese Stelle durch einen in Klammern stehenden Buchstaben bzw. eine Buchstabengruppe kennzeichnen und diesen Buchstaben an das „go to" anfügen. Man bezeichnet eine solche Kennzeichnung einer Stelle im Programm als M a r k e oder l a b e l (= Zettel, Etikett).

Bei den anderen drei Befehlen handelt es sich um b e d i n g t e S p r ü n g e . Das „go to" wird nur ausgeführt, wenn der Inhalt des Akkumulators die angegebene Bedingung erfüllt. Im anderen Fall wird nicht gesprungen, sondern der auf die „Wenn"-Zeile unmittelbar folgende Befehl ausgeführt.

Die Abfrage „Wenn = 0" scheint etwas eingeengt zu sein. Man kann mit ihr aber auch jeden anderen Zahlenwert abfragen. Soll z.B. festgestellt werden, ob der Akkuinhalt zufällig den Wert 5 hat, so braucht man nur die Zahl 5 zu subtrahieren und kann dann auf Null abfragen. Entsprechendes gilt für die übrigen Bedingungen.

Bedingte Sprünge werden gelegentlich als b r a n c h   o n   c o n d i t i o n oder auch nur skip bezeichnet.

Technische Durchführung

Die Adresse des Speicherplatzes, in dem sich der gerade bearbeitete Befehl befindet, wird im B e - f e h l s z ä h l r e g i s t e r aufbewahrt (auch P e g e l genannt). Beim Sprungbefehl wird dessen Adreßteil in diesen Befehlszähler transportiert; die Fortsetzung erfolgt dann automatisch an der so gekennzeichneten Stelle.

Technisch bedeuten die Vorzeichenabfragen („$\geqslant 0$" bzw. „< 0") eine Abfrage der obersten Dualstelle. Bei positiven Zahlen soll sie nach unseren Festlegungen den Wert O haben. Negative Zahlen werden als B-Komplement (oder gelegentlich als (B−1)-Komplement) dargestellt und haben dann in der obersten Stelle den Wert L. Alle nichtnumerischen Informationen (z.B. die oben betrachteten Buchstabengruppen in gesplitteten Speichern) werden daher dann und nur dann wie eine negative Zahl gewertet werden, wenn ihre oberste Dualstelle den Wert L enthält. Eine „Null", die in allen Dualstellen den Wert O hat, zählt als positiv. (Es gibt auch Maschinen, in denen durch eine Spezialverdrahtung dieser Fall ausgeschlossen ist.)

Anders wird die Abfrage auf Null ausgeführt. Hier werden wirklich alle Dualstellen überprüft. Sobald mindestens eine von ihnen ein L enthält, ist die Bedingung „$= 0$" nicht erfüllt. (Eine ausführliche Darstellung ist in [12] enthalten.)

Weitere Operationen

Eine sehr wichtige Variante des Sprungbefehls ist der U n t e r p r o g r a m m s p r u n g, den wir in Abschn. 2.5 gesondert betrachten werden. Gelegentlich existiert ein i n d i r e k t e r Sprung. Bei ihm ist im Adreßteil des Befehls nicht direkt die Adresse des Sprungziels angegeben. Vielmehr wird diese in einem beliebigen Speicherplatz aufbewahrt (wo sie auf Wunsch leicht verändert werden kann), und erst dessen Adresse wird in den Befehl eingefügt.

Es gibt vielfältige Varianten der Bedingungsbefehle. Oft ist es möglich, nicht nur den Akkumulator, sondern eine Anzahl von anderen Registern oder gar einzelne Speicherplätze in derselben Form mit anderen Befehlen abzufragen. Außerdem kann man vielfach nicht nur den „go to"-Befehl mit einer Bedingung versehen, sondern auch mehrere oder alle anderen Befehle. Anwendungsbeispiele haben wir in Abschn. 2.1 in der programmierten Mulitplikation und Division kennengelernt.

Ferner ist es bei vielen Rechenanlagen möglich, auf analoge Weise das Auftreten von Überträgen, Überläufen und anderen technischen Meldungen direkt abzufragen.

Eine andere Variante trennt den Bedingungs- und den „go to"-Teil. Der Bedingungsteil ist dann ein selbständiger Befehl (Vorbefehl), der mit einem beliebigen anderen Befehl kombiniert werden kann.

Beispiel: Fallzerlegung. Die einleuchtendste Anwendung bedingter Sprünge ist die Fallzerlegung. Übliches Beispiel ist die Auflösung einer allgemeinen quadratischen Gleichung

$$a \times x^2 + b \times x + c = 0$$

mit der „normalen" Lösung (mit r als Hilfsgröße)

$$r := b^2 - 4 \times a \times c$$
$$x := -\frac{b}{2a} \pm \frac{1}{2a} \sqrt{r}$$

Je nach dem Zahlenwert der Koeffizienten gibt es aber eine Reihe von Sonderfällen, die eine andere Berechnung erfordern oder deren Ergebnisse eventuell anders weiterverarbeitet werden müssen:

Fall	Bedingungen			Ergebnis
f1	$a = 0$;	$b = 0$;	$c = 0$	unbestimmt
f2	$a = 0$;	$b = 0$;	$c \neq 0$	Widerspruch
f3	$a = 0$;	$b \neq 0$		lineare Gleichung
f4	$a \neq 0$;		$r = 0$	Doppellösung
f5	$a \neq 0$;		$r > 0$	zwei reelle Lösungen
f6	$a \neq 0$;		$r < 0$	zwei komplexe Lösungen

Wir wollen die Fallunterscheidung durch ein Programm vornehmen. Einschränkend muß allerdings bemerkt werden, daß wir nur ganze Zahlen als Koeffizienten betrachten. Sonst müssen bei gebrochenen (gerundeten) Zahlen die Nullabfragen durch geeignete Betragsabfragen ersetzt werden.

Da die verschiedenen betrachteten Bedingungen logisch miteinander verknüpft werden („$a = 0$ und $b = 0$ und ..."), liegt eine Bearbeitung mit logischen Operationen des vorigen Abschnitts nahe. Das ist aber unnötig kompliziert: Dort wurden alle Dualstellen gleichartig parallel verarbeitet, während wir jetzt jeweils nur einen einzigen logischen Wert vor uns haben. Bedingte Sprünge sind hier einfacher.

Bei komplizierten Fallzerlegungen ist als erster Schritt eine Tabelle (wie oben) und als zweiter Schritt ein Zerlegungsbaum wie in Bild 2.2 sehr nützlich. Letzterer kann verschieden ausfallen je nach der Reihenfolge der einzelnen Abfragen von oben nach unten. Man sollte darauf achten, daß die am häufigsten vorkommenden Fälle am schnellsten behandelt werden, die ihnen zugeordneten Äste also möglichst „kurz" werden (wenige Abfragen erfordern).

Der Zerlegungsbaum läßt sich sofort in einen Ablaufplan wie in Bild 2.3 umschreiben; das Programmieren (besser: Codieren) bereitet dann keine Schwierigkeiten mehr.

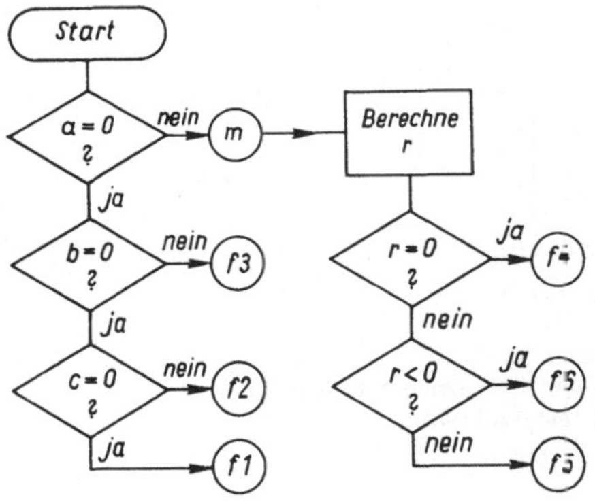

2.2
Zerlegungsbaum für Fallunterscheidungen bei Lösung einer quadratischen Gleichung $ax^2 + bx + c = 0$

2.3
Ablaufplan für ein Programm nach Bild 2.2

Das Programm lautet:

```
       Lade von (a)
       Wenn ≠ 0, go to (m)
       Lade von (b)
       Wenn ≠ 0, go to (f3)
       Lade von (c)
       Wenn ≠ 0, go to (f2)
       go to (f1)
(m)    Lade von (a)
       Multipliziere mit der Zahl 4
       Multipliziere aus (c)
       Speichere nach (r)
       Lade von (b)
       Multipliziere aus (b)
       Subtrahiere aus (r)
       Speichere nach (r)
       Wenn = 0, go to (f4)
       Wenn < 0, go to (f6)
       go to (f5)
```

Beispiel: Abfragekette. Es soll ein Programm erstellt werden zur Berechnung einer Treppenfunktion nach Bild 2.4. Dazu muß Schritt für Schritt abgefragt werden, in welchem der vier Bereiche der x-Wert liegt. (Solche Funktionen können z.B. bei der Berechnung von Steuersätzen, Frachttarifen u.ä. auftreten.) Es sei vorausgesetzt, daß an den Sprungstellen jeweils der gleiche y-Wert wie bei den rechts angrenzenden x-Werten verlangt ist, daß dort also f (x) = f (x + ϵ) für genügend kleine positive ϵ ist.

Eine erste Möglichkeit zeigt als Ablaufplan Bild 2.5. Dort wird der x-Wert in den Akku geladen und abgefragt. Anschließend wird der nächste Grenzwert subtrahiert und wieder das Vorzeichen abgefragt. Das kann u.U. sehr oft fortgesetzt werden. Für jeden Einzelfall ist dann ein kleines Teilprogramm erforderlich.

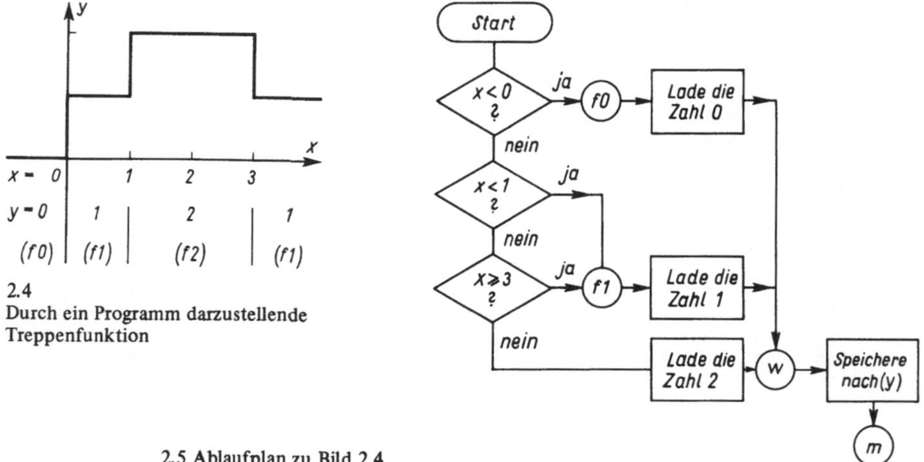

2.4
Durch ein Programm darzustellende
Treppenfunktion

2.5 Ablaufplan zu Bild 2.4

Das Programm:

```
    Lade von (x)
    Wenn < 0, go to (f0)
    Subtrahiere die Zahl 1
    Wenn < 0, go to (f1)
    Subtrahiere die Zahl 2
    Wenn ≥ 0, go to (f1)
    Lade die Zahl 2
(w) Speichere nach (y)
    go to (m)
(f1) Lade die Zahl 0
    go to (w)
(f2) Lade die Zahl 1
    go to (w)
```

Bei einer Abfragekette ist wesentlich, daß immer dieselbe Variable untersucht wird. In den meisten Rechenanlagen ist man dazu auf eine wiederholte Subtraktion mit anschließender Abfrage (auf negativ bzw. positiv oder manchmal auch auf Null) angewiesen. Es werden aber nicht die Grenzen (bzw. Sollwerte) selbst subtrahiert, sondern ihre Differenzen! Das ist gelegentlich etwas unübersichtlich.

2.6 Verschiedene Zerlegungsbäume zu Bild 2.4

Bild 2.6 zeigt zwei mögliche Zerlegungsbäume. Der rechts gezeichnete ist „schneller", der linke wird wegen übersichtlicherer Programme meistens vorgezogen (wie in unserem Ablaufplan).

Bei einer großen Anzahl von abzufragenden Fällen ist die im folgenden beschriebene Möglichkeit angenehmer. Sie setzt jedoch ein Hilfsregister voraus, das die Ergebniszahl aufnehmen kann. Ferner ist vorausgesetzt, daß (wie bei manchen Maschinentypen) nicht nur Sprungbefehle, sondern auch andere Befehle unter Bedingung gestellt werden können. Den Ablauf zeigt Bild 2.7.

Das Programm dazu:

```
Lade das Hilfsregister mit der Zahl 0
Lade von (x)
Wenn ≥ 0: Lade Hilfsregister mit der Zahl 1
Subtrahiere die Zahl 1 (vom Akku)
Wenn ≥ 0: Lade das Hilfsregister mit der Zahl 2
Subtrahiere die Zahl 2 (vom Akku)
Wenn ≥ 0: Lade das Hilfsregister mit der Zahl 1
Speichere das Hilfsregister nach (y).
```

2.7 Vereinfachter Ablaufplan zu Bild 2.4

Beispiel: Ausschnitt-Kennwert. Wenn man sehr oft mit gesplitteten Speicherplätzen arbeitet, muß man feststellen können, ob eine Bitgruppe innerhalb eines solchen Wortes einen bestimmten Wert hat. Wir wollen als Beispiel ermitteln, ob ein Wort a die Gestalt xxxx LOLx hat. (x soll die Teile des Wortes andeuten, deren Wert momentan uninteressant ist.)

Das Vorgehen: Durch Intersektion werden die gewünschten Teile herausgeschnitten. Da für das Ergebnis nur eine Nullabfrage möglich ist, müssen wir den Sollwert subtrahieren.

Wir benötigen außer der zu untersuchenden Zahl

$$a = LOL\ LOLO$$

also ein Intersektionsmuster m und den Sollwert s:

$$m = OOOO\ LLLO$$
$$s = OOOO\ LOLO$$

Das Programm und ein Zahlenbeispiel lauten dann:

Operation	Akkuinhalt	Bemerkung
Lade von (a)	LLOL LOLO	
Intersektion aus (m)	OOOO LOLO	
Subtrahiere aus (s)	OOOO OOOO	
Wenn = 0, go to (g)		Bedingung erfüllt!
go to (n)		

Das Programm wird bei (g) (= gefunden) fortgesetzt, wenn der richtige Kennwert vorlag (was im Beispiel der Fall ist).

Beispiel: Variantensteuerung. Oft liegt ein Programm vor, das für verschiedene Fälle in einer Reihe von Varianten zu durchlaufen ist, bei denen jeweils einige Teile des Ablaufs ausfallen bzw. durch andere zu ersetzen sind. (Das erinnert an einen bürotechnischen „Umlauf", der von Akte zu Akte je nach den interessierten Abteilungen verschieden ist.) Es ist dann nützlich, für alle vorkommenden Fälle dasselbe Programm zu benutzen, aber durch ein S t e u e r w o r t , das von Fall zu Fall verschieden ist, die einzelnen Schritte auszulösen. Innerhalb dieses Wortes ist für jeden eventuell vorkommenden Schritt ein einzelnes Bit zuständig. Nur wenn es den Wert L hat, ist der Schritt durchzuführen. (Bei Akten entspricht diesem das Ankreuzen der Interessenten in einer Verteilerliste.)

Wir wählen für das Steuerwort die Aufteilung in Bild 2.8. Der Ablaufplan in Bild 2.9 zeigt die Abfrage.

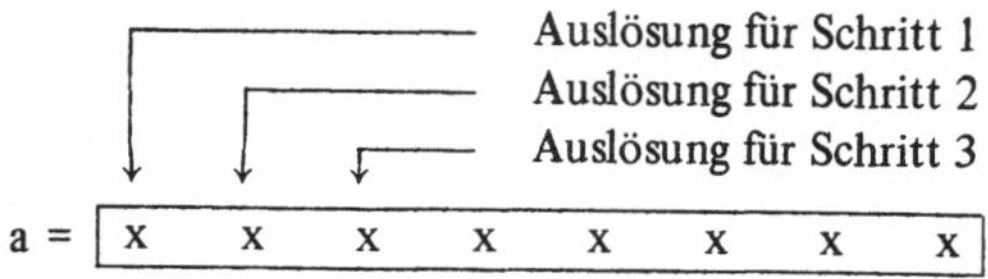

2.8 Variantensteuerung durch „Steuerbits"

Die Programmierung ist durch Intersektion und Nullabfrage entsprechend dem vorhergehenden Beispiel durchzuführen und sei dem Leser überlassen.

Zwei Bemerkungen sollen angeknüpft werden. Bei der Abfrage der obersten Dualstelle (ganz links) ist keine Intersektion nötig. Der Wert dieser Stelle kann unmittelbar durch eine Vorzeichenbedin-

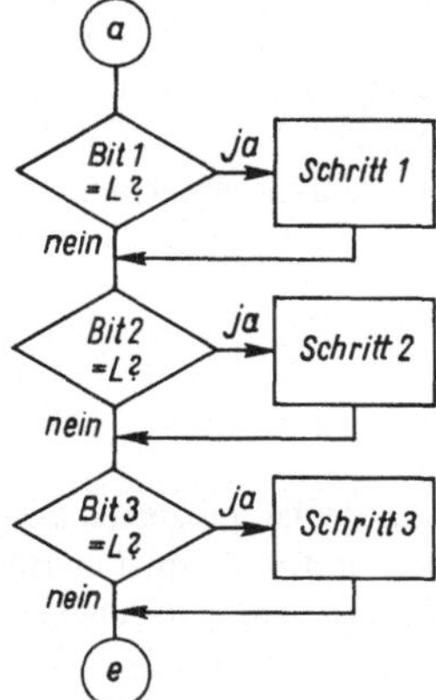

2.9
Ablaufplan zu Bild 2.8

gung getestet werden. Steht dort nämlich ein L, so wird der Speicherinhalt wie eine negative Zahl gewertet, die ja in der B-Komplement-Darstellung auch mit L beginnen würde. — Manchmal ist es sinnvoll, die anderen Stellen des Wortes ebenso zu testen. Dazu muß man sie an die oberste Stelle bringen, also das Wort vorher linksverschieben.

Weichenstellung

Oft sollen Rechenprozesse nur bei bestimmten Kombinationen verschiedener erfüllter Bedingungen durchgeführt werden. (Ein Beispiel zeigte die Fallunterscheidung für quadratische Gleichungen.) Dann kann es zweckmäßig sein, die Frage „ja oder nein? " zu einem Zeitpunkt zu untersuchen, zu dem der bedingte Prozeß noch nicht aktuell ist. Hier ist die W e i c h e n s t e l l u n g nützlich.

In der einfachsten Form fragt man die verschiedenen Bedingungen ab und notiert in einem besonderen Speicherplatz, ob die kombinierte Bedingung erfüllt ist oder nicht. Am einfachsten wird man diesen Speicherplatz mit einer Null oder aber mit einer „−1" füllen.

Die Abfrage (das „Durchlaufen") der Weiche geschieht dann durch eine Vorzeichenbedingung zu einem beliebigen späteren Zeitpunkt.

Eine Erweiterung des Verfahrens liegt vor, wenn mehr als zwei Fälle zu unterscheiden sind. Hier wird man den der Weiche zugeordneten Speicher mit einer 0 oder 1 oder 2 usw. füllen. Die spätere Abfrage erfolgt dann aber besser nicht mit bedingten Befehlen, sondern mit Indexoperationen (vgl. Abschn. 2.4).

Zusammenfassung. Drittes Element des Programmierens ist die Ablauforganisation. Zu ihr gehört auch die später zu besprechende Schleifenbildung (s. Abschn. 3.1). Darstellungsmittel ist der Programmablaufplan (vgl. auch Abschn. 4.5); bei komplizierten Fallunterscheidungen wird er vorbereitet durch eine F a l l u n t e r s c h e i d u n g s t a b e l l e. Die wichtigste Frage der Programmiertechnik lautet nämlich: „Welche Sonderfälle können sonst noch auftreten? ".

Übungsaufgabe 7. An einer Straßenkreuzung ist eine Ampel in Betrieb. Sie kann grün (a = 0), gelb (a = 1) und rot (a = 2) zeigen. Bei gelb darf weitergefahren werden, wenn der Abstand s < 30 ist. Ein Polizeibeamter kann „freie Fahrt" (p = 1) oder „Stop" (p = − 1) zeigen oder nicht anwesend sein (p = 0). Geben Sie ein Programm an, das in den richtigen Fällen „go to (frei)" oder „go to (stop)" ausführt. (Die Anweisungen des Beamten haben Vorrang vor denen der Ampel; der Beamte berücksichtigt selbst mit seinen Anweisungen den Bremsweg).

Entwerfen Sie den Zerlegungsbaum, den Ablaufplan und das Programm. Spielen Sie es von Hand an einigen Beispielen durch.

2.4. Indizes

Innerhalb einer Rechenanlage treten häufig Zahlen auf, die zwar Rechenprozessen unterworfen werden, aber ihrem Wesen nach Adressen von Speicherplätzen sind. Ein Beispiel hierfür sind Kontonummern, die wie Zahlen behandelt werden, aber im Grunde angeben, in welchem Speicherplatz der Kontenstand zu finden ist. Jeder Kontonummer muß ein derartiger Speicher zugeordnet werden, und es ist dann der richtige unter ihnen zu ermitteln.

Ähnliche Probleme treten überall dort auf, wo der Mathematiker Größen mit Indizes versieht. Wenn eine Größe mit x_3 bezeichnet wird, so wird man meistens eine Anzahl von x-Werten x_1, $x_2, \ldots$ haben, die möglichst in fortlaufend durchnumerierten Speicherplätzen abgelegt werden. Damit gibt der Index 1 bzw. 2 bzw. 3 aber an, welchen von diesen Plätzen wir meinen, und kann einfach zur Adresse von x_0 addiert werden, um die richtige Adresse zu liefern.

Hier ist ein Umrechenprozeß für Adressen nötig, der durch sog. Indexregister wesentlich erleichtert wird.

Die Operationen

Operation	Kurzbezeichnungen
Lade von (k) das Indexregister	LDX, IDX
Lade von „(x) plus Index" Speichere nach „(x) plus Index" Addiere aus „(x) plus Index" usw.	siehe Text

Das I n d e x r e g i s t e r einer Maschine ist ein Register (also ein spezieller Speicherplatz), der eine Zahl oder mindestens eine Adresse (also eine Zahl mit weniger Dualstellen) aufnehmen kann. Dieses Register kann wie der Akkumulator mit einer Zahl geladen werden und diese dann aufbewahren. Bei den oben aufgezählten indizierten Befehlen wird diese Zahl nun benutzt. Betrachten wir den Befehl Lade von „(x) plus Index". Der Adreßteil (hier mit (x) bezeichnet) ist die Nummer einer Speicherzelle. Zu dieser Nummer wird der Inhalt des Indexregisters hinzugezählt, bevor der Befehl ausgeführt wird. In Wirklichkeit wird also nicht x geladen, sondern die Zahl, die einige Speicherplätze hinter x abgelegt ist. Wenn im Indexregister z.B. die Zahl 2 stand, so wird der zweite Speicher nach (x) benutzt. Entsprechendes gilt für die übrigen aufgeführten Befehle. (Diese Umrechnung bezieht sich nur auf die Ausführung. Der Befehl bleibt im Speicher für die nächste Verwendung unverändert stehen.)

Bei den meisten Rechenanlagen können fast alle Befehle indiziert benutzt werden. Die Worte „plus Index" werden in der äußeren Schreibweise z.B. durch einen Kennbuchstaben oder die Nummer des Indexregisters an einer speziellen Position der Lochkarte gekennzeichnet. Intern ist meistens im Befehl eine besondere Dualstelle vorgesehen, deren Wert L angibt, daß indiziert gearbeitet werden soll, während dort ein O die uns bisher bekannten normalen Befehle kennzeichnet.

Weitere Operationen

Operation	Kurzbezeichnungen
Lade von (k) das Indexregister Nr. n	LDX
Lade von „(x) plus n-ter Index"	wie oben
Speichere Indexregister nach (k)	STX
Addiere aus (k) zum Indexregister	ADX
Zähle im Indexregister	CTX

Das Arbeiten mit Indexregistern ist außerordentlich wichtig. Es ist eine Fülle von Operationen ersonnen worden, um ihre Verwendung zu erleichtern. Oft sind mehrere Indexregister vorhanden, die mit verschiedenen Zahlen geladen und wahlweise (oder evtl. auch kombiniert) benutzt werden können. Da man oft Größen für einen Wert des Index nach dem anderen bearbeiten muß, sind Rechenoperationen in den Indexregistern selbst vorgesehen.

Manche Anlagen besitzen keine Indexregister, sondern gestatten nur eine A d r e s s e n s u b s t i - t u t i o n . Das verursacht manchmal eine Erschwerung der Arbeit. Substitution bedeutet, daß man im Befehl nicht die Adresse des Operanden, sondern die Adresse der Adresse des Operanden angibt. Man bewahrt also den richtigen Adreßteil des Befehls in einem anderen Speicherplatz auf, wo er mit normalen Rechenoperationen umgerechnet werden kann. Dadurch läßt sich etwas umständlicher dasselbe erreichen wie durch Indexregister.

Beispiel: Vektorkomponenten. Größen, die eine einheitliche Bedeutung haben, aber in großer Anzahl bearbeitet werden, kennzeichnet man in der Mathematik möglichst durch einen Buchstaben, an den man eine Nummer als Index anfügt. Ein Beispiel sind die Vektoren und ihre Komponenten in der Physik, z.B. die Geschwindigkeit, deren Komponenten in den drei Koordinatenrichtungen man mit v_1, v_2, v_3 bezeichnet.

Wir betrachten ein kleines Programm, das die n-te Komponente eines Vektors v um die entsprechende Komponente eines zweiten Vektors w vergrößert (Vektoraddition).

In Programmiersprachen wie ALGOL 60 oder FORTRAN werden Indizes in Klammern gesetzt. In ALGOL 60 sind dies eckige Klammern. Unsere Aufgabe würde in diesem Fall lauten:

```
v [n]  :=  v [n] + w [n]
```

Zur Illustration nehmen wir an, daß die Zahl n den Wert 5 hat, die Größen v ab Speicher Nr. 200 und die Größen w ab Speicher Nr. 300 abgelegt sind. Also: n = 5 (ohne Klammern geschrieben), aber (v) = 200 und (w) = 300 (mit Klammern).

Das Programm lautet dann:

Operation	ausgeführt als
Lade von (n) das Indexregister Lade von „(v) plus Index" Addiere aus „(w) plus Index" Speichere nach „(v) plus Index"	Lade von Sp. 205 Addiere aus 305 Speichere nach 205

Beispiel: Umcodieren. Wir nehmen an, daß ein Programm eine Ziffer errechnet hat, die nun auf einem Fernschreiber ausgedruckt werden soll. Die Ziffer soll vorher in BCD-Darstellung vorliegen, d.h. als eine Dualzahl zwischen OO . . . OO = 0 und OO . . . OLOOL = 9 einschließlich. Die Ausgabe erfolgt durch einen Spezialbefehl, der aber erfordert, daß das Zeichen im sog. Fernschreibcode vorher im Akku steht. Der Fernschreibcode entspricht der Lochkombination des 5-Kanal-Lochstreifens in Bild 2.10, wenn für jedes gestanzte Loch ein L und für jede Stelle, an der kein Loch vorliegt, ein O im Akku steht. Bild 2.10 zeigt links unter w die Bedeutung der Lochkombination. Zu jeder Bedeutung werden wir diese Lochkombination in eine Tabelle eintragen, die die dritte Spalte zeigt. Die Kombinationen von L bzw. O kann man in der Maschine auch als Dualzahl interpretieren (= „lesen"), deren Wert in der letzten Spalte aufgeführt ist. Dieser Wert ist für uns uninteressant, da es sich ja nicht um Zahlen handelt.

w	Lochung	Tabelle	Tabellenwert dezimal
	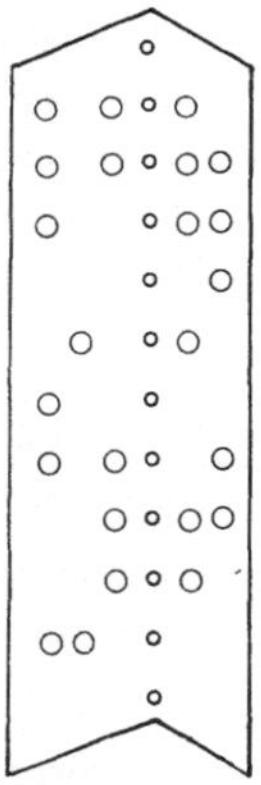	(t)	
0		000 LOL LO	22
1		000 LOL LL	23
2		000 LOO LL	19
3		000 000 OL	1
4		000 OLO LO	10
5		000 LOO OO	16
6		000 LOL OL	21
7		000 OOL LL	7
8		000 OOL LO	6
9		000 LLO OO	24

2.10
Tabelle zum Codieren auszugebender Ziffern. Von links: a) die auszugebende Ziffer, b) die Darstellung auf einem Fernschreiblochstreifen, c) die im Speicher abzulegende Tabelle, d) der (scheinbare) dezimale Wert der Speicherinhalte. (Im Speicher befinden sich nur die Informationen der dritten Spalte, die übrigen dienen der Erklärung!)

Unsere Aufgabe verlangt nun, daß wir zu einem beliebigen der unter w stehenden Werte den zugehörigen Tabellenwert ermitteln. Wären die Tabellenwerte systematisch angeordnet, so könnte man eine Rechenformel aufstellen. Da aber keine Regelmäßigkeit festzustellen ist, bleibt nur ein Tabellenverfahren. Wir legen die unter „Tabelle" stehenden Bitkombinationen in aufeinander folgenden Speicherplätzen ab. Dazu müssen wir bei 24 Bits Wortlänge auf 24 Dualstellen mit Nullen auffüllen (wir geben nur 8 an). Die Tabelle wird also im ersten Speicherplatz beginnen mit

OOOOOO OOOOOO OOOOOO OLOLLO,

im zweiten Platz wird stehen

OOOOOO OOOOOO OOOOOO OLOLLL

usw. Nun soll zu einem Wert w der Inhalt des zugehörigen Platzes in den Akku gebracht werden. In ALGOL 60 z.B. wäre das

z := t [w],

wobei t als Bezeichnung der Tabelle dient.

Die Ausführung als Programm erfordert das Indexregister, da wir den w-ten Speicherplatz erreichen wollen, also w ein Bestandteil der Adresse ist:

Lade von (w) das Indexregister
Lade von „(t) plus Index"
Speichere nach (z)

Dieser d i r e k t e T a b e l l e n z u g r i f f ist sehr schnell, erfordert aber u.U. viel Speicherplatz für das Unterbringen der Tabelle. Es wäre denkbar, nach diesem Verfahren in der Maschine Logarithmentafeln o.ä. zu benutzen. Der erforderliche Speicheraufwand ist aber nicht vertretbar. Oft sind kleine Tabellen mit fünf bis fünfzig Speicherplätzen sehr wertvoll, mit denen man bequem manche Aufgaben lösen bzw. auf die man Aufgaben reduzieren kann. Tabellenverfahren sind allgemein recht wichtig geworden.

Beispiel: Tabellendecodierung. Als nächstes soll die umgekehrte Aufgabestellung zum vorigen Beispiel betrachtet werden. Es sei an eine Fernschreibeingabe gedacht, die auf einen hier nicht zu betrachtenden Sonderbefehl hin Informationen im Fernschreibcode in den Akku liefert. Unser Programm soll diese Eingabezeichen in BCD-Darstellung umwandeln.

Man könnte dazu die soeben betrachtete Tabelle t verwenden. Nur muß man jetzt in ihr diejenige Stelle suchen, an der das Zeichen steht, das sich im Akku befindet. Wir werden solche Suchmethoden später betrachten und bemerken hier nur, daß sie umständlich und zeitraubend sind.

Wollte man die Aufgabe ohne Maschine lösen, so würde man sich (wenn das oft vorkommt) eine neue Tabelle anlegen, in der die Fernschreibzeichen in einer anderen und für diesen Zweck systematischeren Anordnung vorliegen. Wie sieht die zweckmäßigste Reihenfolge aus? Man könnte zuerst die Lochkombination mit keiner Lochung, dann die Kombinationen mit einem, dann mit zwei Löchern usw. aufführen.

Für eine Maschine ist eine andere Anordnung einfacher. Die Lochkombinationen sind im Gerät durch L und O dargestellt. Wir können sie daher interpretieren als Dualzahlen (die sie nicht sind). Wir können weiterhin diese Dualzahlen interpretieren als Adresse innerhalb der Tabelle. Aus letzterer müßten wir dann die Übersetzung, also den entsprechenden Wert in BCD-Darstellung, entnehmen. Bild 2.11 zeigt einen Auszug aus dieser Tabelle. In den Speicherplätzen muß dabei nur der Inhalt der letzten Spalte untergebracht werden, alle übrigen Spalten dienen der Veranschaulichung.

Lochung	Eingabe E	$\hat{=}$ dezimal	Bedeutung	Übersetzung	Tabellen-Inhalt
					(t)
	OOO OO	0	Leerband	−1	LLLL LLLL
	OOO OL	1	3	3	OOOO OOLL
	OOO LO	2	Zeilenwechsel	−1	LLLL LLLL
	OOO LL	3	Minuszeichen	−1	LLLL LLLL
	OOL OO	4	Zwischenraum	−1	LLLL LLLL
	OOL OL	5	Apostroph	−1	LLLL LLLL,
	OOL LO	6	8	8	OOOO LOOO
	OOL LL	7	7	7	OOOO OLLL
	. . .	. . .	. . .	. . .	. . .
	LLL LL	31	Umschaltung	−1	LLLL LLLL

2.11 Tabelle für das Decodieren einer vom Fernschreiber kommenden Information. Von links: a) die Lochung auf dem Fernschreibstreifen, b) die in die Maschine einlaufende Information, c) ihr scheinbarer Zahlenwert, d) die Bedeutung des Zeichens, e) die vom Programm zu liefernde Übersetzung, f) der dazu nötige Speicherinhalt der Tabelle. (Nur die letzte Spalte befindet sich im Speicher, alle übrigen dienen der Erklärung!)

Wollen wir mit Hilfe dieser Tabelle die Lochkombination

entziffern, so wird sie als

OOOOOO OOOOOO OOOOOO OOOLLO

in den Akku der Maschine eingeliefert. Wir interpretieren dies in Gedanken als die Zahl LLO = 6 und interpretieren diese dann noch einmal als die Adressenangabe „6ter Speicher der Tabelle". An diesem Platz finden wir die gesuchte Übersetzung: Dort steht

OOOOOO OOOOOO OOOOOO OOLOOO

Die Übersetzung ist also LOOO = 8. Dies ist die vorher auf dem Fernschreiber angeschlagene Taste. Natürlich wäre es vorteilhaft, wenn der Fernschreiber sofort seine Information in dieser Form liefern würde. Dem stehen aber die internationalen Normen und (bei anderen Eingabegeräten) technische Gründe entgegen. Gelegentlich wird ein Umcodieren durch eine zusätzlich eingebaute elektronische Schaltung vorgenommen; dies ist aber aufwendig und wenig flexibel.

Das Programm würde in ALGOL 60 lauten

b := t [e]

wenn b den BCD-Wert, t die Tabelle aus Bild 2.11 und e das Eingabezeichen bezeichnet.

Das Programm in Befehlen:

Lade von (e) das Indexregister
Lade von „(t) plus Index"‘
Speichere nach (b)

Die Tabelle muß alle Speicherplätze umfassen, auch wenn nicht alle Lochkombinationen bei der von uns geplanten Zifferneingabe vorkommen. Auch wenn es verboten sein soll einen Apostroph zu schreiben, muß für die Lochkombination OOLOL (s. Tabelle) ein Speicherplatz reserviert werden, da sonst die Zuordnung L o c h k o m b i n a t i o n = D u a l z a h l = A d r e s s e nicht mehr zutreffen würde. Dies kann man ausnutzen, indem man für „verbotene" Zeichen eine nicht sinnvolle Übersetzung (hier z.B. -1) einführt. Nach der Übersetzung ist dann eine Kontrolle „$= -1$? " (auf Lese- und Schreibfehler) möglich. Die Tabelle in Bild 2.11 enthält diese Eintragung. Das Programm lautet:

Lade von (e) das Indexregister
Lade von „(t) plus Index"
Wenn < 0, go to (alarm)
Speichere nach (b)

Unter (alarm) muß dann ein Programm vorhanden sein, das Notmaßnahmen ergreift. Wir werden die vorher bekannte Information, zu der die Ü b e r s e t z u n g gesucht wird, als S u c h w o r t bezeichnen (vgl. Abschn. 3.4).

Beispiel: Sprungtabelle. Wir wollen eine Aufgabe ähnlich der K e t t e n a b f r a g e des vorigen Abschnitts betrachten. Eine zu berechnende Funktion sei entsprechend Bild 2.12 gestückelt gegeben.

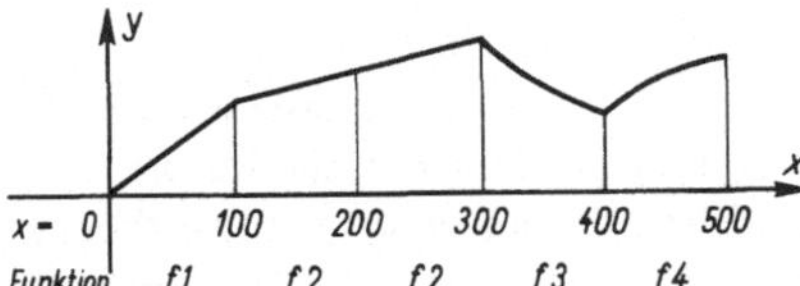

2.12
Eine durch ein Programm
darzustellende Funktion

Programme für die Funktionen f1, f2, ... f3, f4 seien vorhanden und durch je einen „Go to"-Befehl erreichbar. Sie sollen in Speicherplätzen ab Nr. 700 bzw. 750, 800, 850 stehen. Wie können wir auf Grund des x-Wertes den richtigen Sprungbefehl ausführen?

Da die Grenzen von x regelmäßig abgestuft sind (ganze Hunderter), können wir die Abschnitte fortlaufend numerieren und dann die zugehörige Sprungadresse aus einer Tabelle entnehmen. Wir teilen dazu den x-Wert durch hundert (und erhalten eine ganze Zahl zwischen einschließlich 0 und 4 sowie einen Rest) und benutzen das Ergebnis als Adresse in einer Tabelle.

Die Tabelle lautet:

x	Index	Tabellenwert (t)
0 ... 99	0	700
100 ... 199	1	750
200 ... 299	2	750
300 ... 399	3	800
400 ... 499	4	850

Wiederum werden nur die in der letzten Spalte angegebenen Werte abgespeichert; die übrigen sind nur zur Erklärung angegeben.

Das Programm dazu:

> Lade von (x)
> Dividiere durch die Zahl 100
> Speichere nach (b)
> Lade von (b) das Indexregister
> Lade von „(t) plus Index"
> Speichere nach (a)
> Lade von (a) das Indexregister
> go to „0 plus Index"

Der letzte Befehl go to „0 plus Index" besagt, daß zur Null der Inhalt des Indexregisters addiert werden soll (dort steht als 700 oder 750 usw. ja schon die richtige Adresse). Zu dieser Stelle soll („go to") der Sprung ausgeführt werden, der dort stehende Befehl wird also als nächster ausgeführt.

Bei den meisten Rechenanlagen dürfte sich das angegebene Programm vereinfachen lassen. Oft kann die Zahl a direkt aus dem Akku in das Indexregister gebracht werden; andere Vereinfachungen sind möglich.

Der wesentliche Teil der Adresse kann entweder im Befehl oder im Indexregister stehen. Die jeweils andere Zahl gibt dann gewissermaßen eine Korrektur an.

In Abschn. 2.3 sprachen wir über W e i c h e n, in denen eine Zahl aufbewahrt wird, die eine spätere Verzweigung auf einen von verschiedenen Programmteilen auslöst. Das „Durchlaufen der Weiche" kann oft am besten durch eine Sprungtabelle geschehen.

Bei unserem Beispiel trat erstmals die Schwierigkeit auf, daß eine Adresse in einem (anderen) Speicher als Inhalt steht. Das kann leicht zu Verwirrungen führen. Wenn wir die Anfangsadresse eines unserer Programmstücke z.B. als (f1) = 600 bezeichnen, kann a = (f1) vorkommen, wobei links im Gegensatz zu rechts keine Klammern stehen. (a) ist dann die Adresse der Adresse von f1. f1 ist der Inhalt von Speicher Nr. 600, also der erste Befehl des Programmstücks.

Beispiel: Gemischte Tabellen. Wir kommen auf die Decodierung von Fernschreibzeichen zurück. Oben hatten wir nur die Ziffern in die BCD-Darstellung überführt. Nun besteht aber auch der Wunsch, andere Zeichen, z.B. Vorzeichen, Komma oder Zwischenräume entsprechend auszuwerten. Natürlich sollen diese nicht in einen Zahlenwert umgesetzt werden, sondern haben eine komplizomplizrtere Bedeutung. Wir werden dem am besten gerecht, wenn wir diesen Zeichen jeweils ein kleines Teilprogramm zuordnen, das die entsprechenden Schritte auslöst. Erforderliche Schritte dieser Art werden wir im Zusammenhang mit den Gleitpunktzahlen in Abschn. 5.4 besprechen.

Die Auslösung der zugehörigen Sprungbefehle werden wir wieder tabellarisch vornehmen. Dabei wollen wir jedoch die oben besprochene Übersetzung der Ziffern möglichst unverändert beibehalten.

Wir tragen dazu die gewünschten Sprungadressen zusätzlich in die Tabelle ein und lassen die schon vorhandenen Übersetzungen unverändert. Nach dem Herauslesen der Übersetzung benötigen wir nun allerdings ein Unterscheidungsmerkmal dafür, welche Art von Übersetzung geliefert wurde. Im vorliegenden Fall ist das einfach: Die Übersetzungen von Ziffern haben Werte von 0 bis 9, während wir für die Adressen der Teilprogramme immer größere Zahlen wählen können und müssen.

Die Tabelle in Bild 2.13 setzt in den Speichern ab Nr. 650 ein Programm für das Minuszeichen, in denen ab 600 eines für Zwischenräume, Zeilenwechsel usw. und in 500 eines für den Apostroph voraus (diese Adressen stehen in der Tabelle an den entsprechenden Stellen).

Lochung	Eingabe E	≙ dezimal	Bedeutung	Übersetzung	Tabellen-Inhalt
					(t)
	OOO OO	0	Leerband	600	LO OLOL LOOO
	OOO OL	1	Ziffer 3	3	OO OOOO OOLL
	OOO LO	2	Zeilenwechsel	600	LO OLOL LOOO
	OOO LL	3	Minuszeichen	650	LO LOOO LOLO
	OOL OO	4	Zwischenraum	600	LO OLOL LOOO
	OOL OL	5	Apostroph	500	OL LLLL OLOO
	OOL LO	6	Ziffer 8	8	OO OOOO LOOO
	OOL LL	7	Ziffer 7	7	OO OOOO OLLL
	. . .	. . .	. . .	. . .	. . .
	LLL LL	31	Umschaltung	550	LO OOLO OLLO

2.13 Decodiertabelle mit gemischten Inhalten. Bedeutung wie bei Bild 2.11: a) Lochung, b) einlaufende Information, c) scheinbarer Zahlenwert, d) Bedeutung, e) gewünschte Übersetzung, f) Speicherinhalte der Tabelle. a) bis e) dienen nur der Erklärung

Die Auswertung erfolgt durch die Befehle:

> Lade von (e) das Indexregister
> Lade von „(t) plus Index“
> Speichere nach (b)
> Subtrahiere die Zahl 10
> Wenn < 0, go to (z)
> Lade von (b) das Indexregister
> go to „0 plus Index“

In der Tabelle im Speicher der Maschine stehen nur die Dualzahlen der letzten Spalte aus Bild 2.13 (auf 24 Dualstellen aufgefüllt); der linke Teil des Bildes dient wieder nur der Illustration.

Beispiel: Warteschlange. Eine W a r t e s c h l a n g e (engl. queue) liegt im täglichen Leben vor, wenn ein Wartender nach dem anderen abgefertigt wird, während sich Neulinge immer wieder „hinten anstellen“ müssen. Auch in Rechenanlagen können Warteschlangenprobleme auftreten, wenn zu unvorhersehbaren Zeiten Informationen von außen eintreffen, die in der Eingangsreihenfolge bearbeitet werden. Wir wollen das Einfügen und Abrufen von Zahlen in einer Warteschlange betrachten.

Eine richtige Warteschlange rückt jeweils einen Schritt vor, wenn ein Platz frei wird. Diese Transportoperation wird bei einer großen Anzahl von wartenden Informationen in einer Rechenmaschine zu langwierig. Daher benutzen wir einen z y k l i s c h e n P u f f e r. Dieser ist einem Kreis von Stühlen vergleichbar, auf dem jeweils derjenige an der Reihe ist, der (von ihm aus gesehen) am weitesten links sitzt, während jeder neu Hinzukommende sich an dem rechten Ende der Sitzenden einordnet. Wird der erste Wartende abgerufen, so rücken die übrigen nicht auf, sondern bleiben auf ihrem Platz. Dabei muß mindestens immer ein Platz frei bleiben, damit man weiß, wo Anfang und Ende liegen. Kommen zu viele Neulinge an, muß eine Alarmmeldung ausgelöst werden. Ist der Kreis leer, muß der Abrufende warten.

Wir betrachten 50 so belegte Speicherplätze (ab (p)). Wir numerieren sie von 0 bis 49 und beginnen dann wieder bei 0. Dabei soll die F ü l l n u m m e r f angeben, welcher Platz als nächster gefüllt werden muß. Entsprechend gibt die E n t n a h m e n u m m e r e an, welcher Speicherinhalt als nächster an die Reihe kommt. e darf f einholen, aber f muß mindestens eins hinter e liegen, da sonst kein Trennplatz frei bleibt.

Betrachten wir nun die einzelnen Vorgänge. Zu Beginn muß einmal die Anfangsstellung hergestellt werden, bei der der erste Speicherplatz an der Reihe ist. Wir haben dazu e := f := 0 zu setzen. (Aus der Gleichheit von e und f folgt, daß niemand wartet.)
Die Befehle dazu:

> Lade die Zahl 0
> Speichere nach (e)
> Speichere nach (f)

Das nächste Programm soll das Füllen besorgen. Es ist ein Teilprogramm, das immer (mit einer neu ankommenden Information im Akku) durch einen Sprungbefehl erreicht wird, wenn diese eingetragen werden soll. Seine Aufgaben: Es wird zuerst geprüft, ob noch Platz im Puffer ist. Da ein Platz immer frei bleiben soll, ist Alarm zu melden, wenn der nächste Speicher nach Nr. f (wir nennen ihn Nr. n) der Speicher Nr. e ist. (Zur Beachtung: e, f und n sind die Nummern der Speicher, nicht die dort liegenden Informationen!). Normalerweise ist n := f + 1 zu setzen, aber nicht bei f = 49, denn dann muß n = 0 folgen.

Zum Programmablauf: Die wartende Information kommt vorläufig in einen Speicherplatz namens (i1). Dann wird n berechnet und mit e verglichen. Ist kein Alarm wegen Überfüllung zu melden, gibt f die Stelle an, an die i1 gebracht werden muß. Anschließend muß f „weitergezählt" werden: f erhält den Wert von n. Bild 2.14 zeigt den Ablaufplan.
Das Programm dazu:

> Speichere nach (i1)
> Lade von (f)
> Addiere die Zahl 1
> Speichere nach (n)
> Subtrahiere die Zahl 50
> Wenn = 0, speichere nach (n)
> Lade von (n)
> Subtrahiere aus (e)
> Wenn = 0, go to (alarm)
> Lade von (f) das Indexregister
> Lade von (i1)
> Speichere nach „(p) plus Index"
> Lade von (n)
> Speichere nach (f)

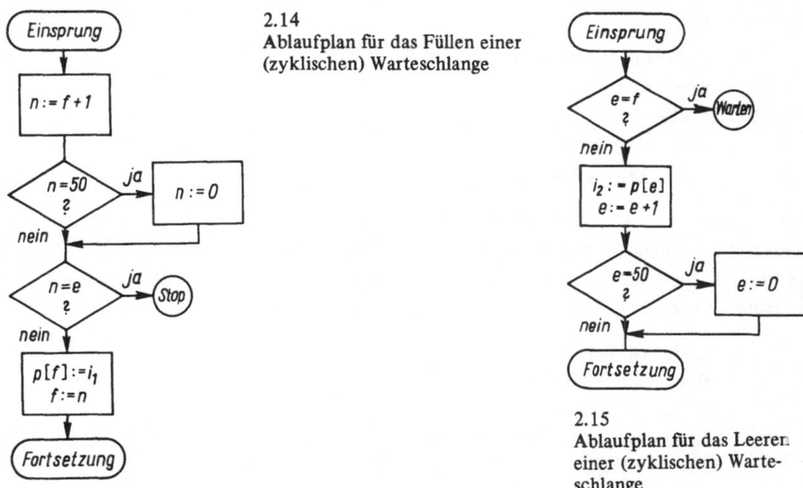

2.14
Ablaufplan für das Füllen einer
(zyklischen) Warteschlange

2.15
Ablaufplan für das Leeren
einer (zyklischen) Warte-
schlange

Wir benötigen ein zweites (sehr ähnliches) Programm für die Entnahme einer Information i2 aus
dem Puffer. Das Ablaufdiagramm ist Bild 2.15 zu entnehmen.

Das Programm dazu:

> Lade von (e)
> Subtrahiere aus (f)
> Wenn = 0, go to (warten)
> Lade von (e) das Indexregister
> Lade von „(p) plus Index"
> Speichere nach (i2)
> Lade von (e)
> Addiere die Zahl 1
> Speichere nach (e)
> Subtrahiere die Zahl 50
> Wenn = 0, speichere nach (e)
> Lade von (i2)
> .
> .
> .

Beispiel: Keller. Bei einem der ersten Beispiele (Programmierung einer Formel mit Klammern,
Plus- und Malzeichen) wurden Hilfsspeicher in K e l l e r - Anordnung verwendet. Wir betrachten
zwei Teilprogramme zum Füllen und Entnehmen aus einem Keller (engl. stack = Stapel). Der erste
Speicherplatz des Kellers habe die Adresse (k). Der nächste freie Platz innerhalb des Kellers habe
die Nummer z. Zu Anfang ist also $z = 0$ zu setzen:

> Lade die Zahl 0
> Speichere nach (z)

Wenn wir eine Information i aus dem Akku in den Keller eintragen wollen, benötigen wir einen
Indexbefehl. Nach dem Eintragen ist z zu erhöhen: $z := z + 1$. i steht vorher im Akku.

Das Programm:

> Lade von (z) das Indexregister
> Speichere nach „(k) plus Index"
> Lade von (z)
> Addiere die Zahl 1
> Speichere nach (z)

Für das Entnehmen ist nun die K e l l e r s t r u k t u r zu betrachten: Nach Definition ist aus einem Keller immer diejenige Information zu entnehmen, die zuletzt eingetroffen ist (man denke an einen Aktenstapel, der von oben gefüllt und von oben geleert wird). Da z die Adresse des nächsten freien Platzes ist, muß z zuerst verkleinert werden:

> Lade von (z)
> Subtrahiere die Zahl 1
> Speichere nach (z)
> Lade von (z) das Indexregister
> Lade von „(k) plus Index"

Zu beiden Programmstücken sollten Kontrollen hinzugefügt werden, ob z zu groß oder zu klein (d.h. negativ) wird. z heißt K e l l e r z ä h l e r , Zeiger oder pointer.

Zusammenfassung. Viertes Element des Programmierens ist die Adressenrechnung. Sie ist vor allem wichtig für F e l d e r (Matrizen s. Abschn. 3.2) und Tabellenverfahren (s. Abschn. 3.3). Erleichtert wird sie durch deutliche schreibtechnische Unterscheidung zwischen Adressen und Speicherinhalten sowie durch explizites Angeben der A d r e s s e n z u o r d n u n g s f u n k t i o n und ihrer Berechnung (vgl. Abschn. 3.2 und dort insbesondere Bild 3.8). Indexregister oder (als Notbehelf) Adressensubstitution ermöglichen Adressenrechnung während des Rechenganges.

Übungsaufgabe 8. Als Beispiel für ein Tabellenverfahren sei die Anzahl der ein L enthaltenden Bits eines Wortes gesucht. Bei dem Wort

> a = OOOO OLOL OLLL LOOO OOOO LOOL

müßte die Antwort

> OOOO OOOO OOOO OOOO OOOO LOOO = 8

lauten, weil das Wort a acht L enthält.

Das Verfahren: Wir legen für die Vierergruppen OOOO, OOOL, . . ., LLLL als Adresse eine Tabelle an. Inhalt der Tabellenplätze ist (als Dualzahl) die Anzahl der in der Vierergruppe enthaltenen L.

Wir zerlegen nun (wie in Abschn. 2.2) das Wort a in sechs Vierergruppen, schieben diese in die „unteren Stellen herunter" und interpretieren sie um in die Adresse innerhalb der Tabelle. Die sechs aus der Tabelle so zu entnehmenden Dualzahlen werden addiert. (Das Verfahren ist schneller als die Einzelabfrage aller 24 Dualstellen.)

2.5. Unterprogramme

Es gibt Programmstücke, die innerhalb eines Programms immer wieder benötigt werden. Bei trigonometrischen Berechnungen wird z.B. oft der Sinus in verschiedenem Zusammenhang für verschiedene Winkelwerte ermittelt. Dazu müßte man eigentlich je ein Sinusprogramm immer wieder an den entsprechenden Stellen einfügen.

Eine wichtige Vereinfachung besteht darin, das Programmstück (U n t e r p r o g r a m m genannt) nur ein einziges Mal zu schreiben und an einer festen Stelle (u) im Speicher abzulegen. Sobald die Funktion zu berechnen ist, hat man nur den Befehl „go to (u)" zu geben.

Dabei tritt eine Schwierigkeit auf: Nach Beendigung des Unterprogramms muß an der vorherigen Stelle weitergerechnet werden. Dazu ist wieder ein „go to"-Befehl auszuführen. Aber dieser hat nicht immer denselben Adreßteil, da die Auslösung des Unterprogrammsprunges von den verschiedensten Stellen aus erfolgen kann. Jedesmal soll ja an die letzte Sprungstelle zurückgekehrt werden.

Eine Abhilfe bietet der U n t e r p r o g r a m m s p r u n g , der wohl in allen Anlagen vorhanden ist. Er ähnelt dem „go to", registriert aber außerdem die Stelle, von der aus der Sprung erfolgt ist. Oft ist hierzu ein spezielles Register innerhalb der Maschine eingebaut. Dort wird automatisch während des Sprunges die Adresse der Stelle unmittelbar nach dem Sprungbefehl, also die R ü c k s p r u n g a d r e s s e , abgelegt. Meistens sollte sie möglichst bald in einen anderen Speicherplatz gebracht werden, um Platz für weitere Unterprogrammsprünge zu schaffen.

Unterprogramme können beliebig komplizierte Rechenprozesse enthalten. Innerhalb des übrigen Programms, des H a u p t p r o g r a m m s (Oberprogramms), ist für diese dann in Gestalt des Unterprogrammsprungs praktisch nur ein einziger Befehl nötig, der fast wie ein Maschinenbefehl für den entsprechenden Rechenprozeß wirkt und einfach zu handhaben ist.

Unterprogrammtechnik ist außerordentlich wichtig. Alle modernen Anlagen enthalten (oft ohne daß der Anwender etwas davon merkt) eine Anzahl von Unterprogrammen, die der Benutzer direkt oder indirekt mitverwendet. Ohne sie wäre ein vernünftiges Arbeiten an Rechenanlagen praktisch unmöglich.

Die Operationen

Operation	Kurzbezeichnungen
Unterprogrammsprung nach (a)	UP, UPS, F
Speichere die Rücksprungadresse nach (r)	SPH

Beim Unterprogrammsprung wird der Sprung durchgeführt und die Rücksprungadresse (genauer: die Adresse des nächsten Speicherplatzes hinter dem Sprungbefehl) sichergestellt.

Durch den zweiten der beiden Befehle kann diese Adresse an einen beliebigen Speicherplatz gebracht werden. Dessen Inhalt r ist also eine Adresse, das eingeklammerte (r) die Adresse der Adresse.

Technische Durchführung

Die Adresse des Speicherplatzes, der den nächsten auszuführenden Befehl enthält, steht immer im Befehlszählregister. Wurde ein Befehl „geholt", also zur Ausführung bereitgestellt, so wird der Inhalt des Befehlszählregisters weitergezählt (als Vorbereitung für den nächsten Befehl). Beim Unterprogrammsprung erfolgt danach ein doppelter Transport: Der alte (weitergezählte)

Befehlszählerinhalt wandert in das spezielle Rücksprung-Adreßregister und gleichzeitig der Adreßteil des Unterprogramm-Sprungbefehls in das Befehlszählregister. Eine ausführliche Beschreibung findet sich in [12].

Unterprogrammsprünge können ineinander g e s c h a c h t e l t werden. Bild 2.16 zeigt den Weg der Adressen in einem solchen Fall.

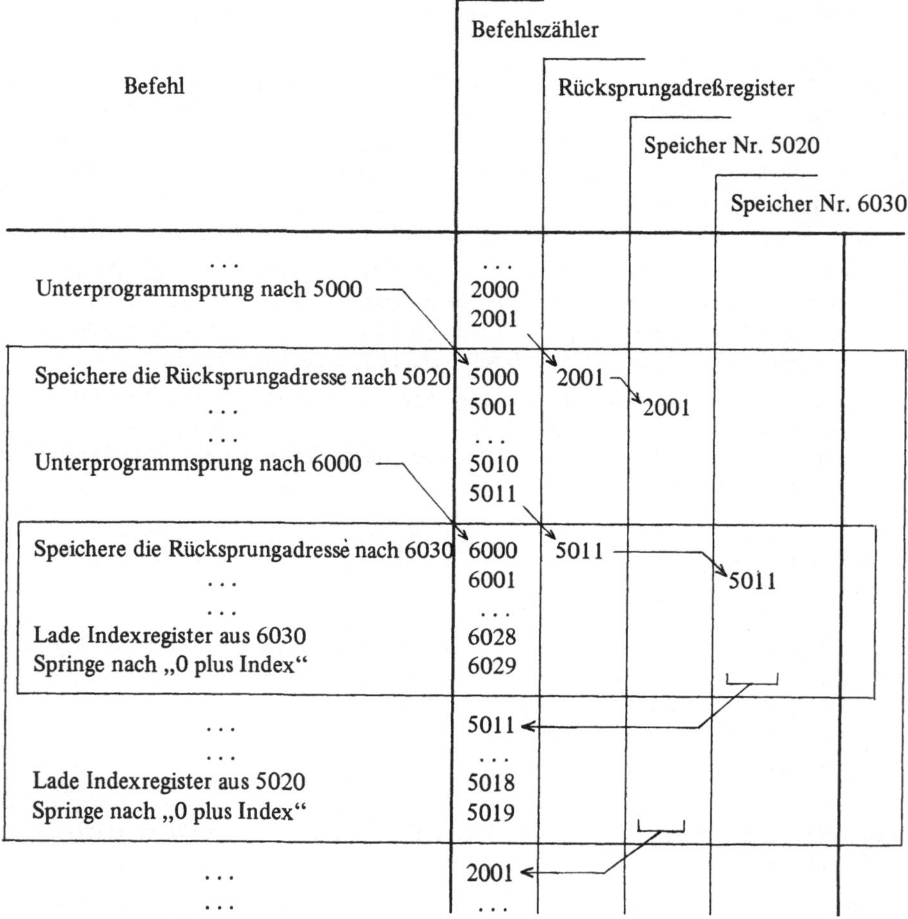

2.16
Weg der Adressentransporte (Befehlszählerinhalte) bei ineinandergeschachtelten Unterprogrammsprüngen

Weitere Operationen

Operation	Kurzbezeichnungen
Unterprogrammsprung mit Abspeichern nach (a)	UPA, UNT

Zum Unterprogrammsprung gibt es recht wenige Varianten. Die wichtigste, die manchmal anzutreffen ist, transportiert die Rücksprungadresse sofort in den Speicher. Da der Befehl aber nur einen einzigen Adreßteil hat, der zur Kennzeichnung des Sprungzieles dient, kann dann nicht ein beliebiger Platz zur Aufbewahrung verwendet werden. Meistens kommt die Rücksprungadresse in den ersten Speicherplatz des Unterprogramms; der Sprung erfolgt dann in den zweiten Platz, also auf die unmittelbar folgende Adresse.

Beispiel: Berechnung von Funktionswerten. Wir betrachten ein Programm, in dem die Berechnung einer Funktion

$$y := a \times x^2 + b \times x + c$$

mehrmals vorzunehmen ist, und zwar je einmal für $x = 5$, für $x = 7$ und für $x = 8$. Auch die Weiterverarbeitung der Ergebnisse soll jedesmal anders sein. Das Programm dazu:

Operation	Wirkung
Lade die Zahl 5	
Speichere nach (x)	$x := 5$
Unterprogrammsprung nach (f)	
Lade von (y)	Akk := y
. . .	. . .
Lade die Zahl 7	
Speichere nach (x)	$x := 7$
Unterprogrammsprung nach (f)	
Lade von (y)	Akk := y
. . .	. . .
Lade die Zahl 8	
Speichere nach (x)	$x := 8$
Unterprogrammsprung nach (f)	
Lade von (y)	Akk := y
. . .	. . .
. . .	. . .
(f) Speichere die Rücksprung-	
adresse nach (r)	
Lade von (a)	
Multipliziere aus (x)	
Addiere aus (b)	
Multipliziere aus (x)	
Addiere aus (c)	
Speichere nach (y)	$y := ax^2 + bx + c$
Lade von (r) das Indexregister	
go to „0 plus Index"	

Der Rücksprung kann nicht durch einen einfachen Sprungbefehl erfolgen, da die Zieladresse noch nicht bekannt ist. Es muß ein Indexbefehl (mit r als Index) benutzt werden. Gelegentlich existieren etwas bequemere spezielle Maschinenoperationen hierfür.

Parameterübernahme im Akkumulator

Im letzten Beispiel, das wir fortsetzen wollen, war das Speichern nach (x) und das Laden aus (x) und (y) etwas umständlich. Es bietet sich als Vereinfachung an, diese Zahlenwerte während der Sprungbefehle im Akku aufzubewahren:

Operation	Wirkung
Lade die Zahl 5	Akk := 5
Unterprogrammsprung nach (f)	(dort: Akk := a x 5 + b x 5 + c)
. . .	. . .
Lade die Zahl 7	Akk := 7
Unterprogrammsprung nach (f)	(dort: Akk := a x 7^2 + b x 7 + c)
. . .	. . .
Lade die Zahl 8	Akk := 8
Unterprogrammsprung nach (f)	(dort: Akk := a x 8^2 + b x 8 + c)
. . .	. . .
. . .	. . .
(f) Speichere die Rücksprungadresse nach (r)	
Speichere nach (x)	x := 5 bzw. 7 bzw. 8
Lade von (a)	
. . .	. . .
Addiere aus (c)	Akk := ax^2 + bx + c
Lade von (r) das Indexregister	
go to „0 plus Index"	

Das Unterprogramm wird nicht einfacher (aber auch nicht komplizierter); das Hauptprogramm wi jedoch entlastet.

Die P a r a m e t e r ü b e r n a h m e in das Unterprogramm stellt das Kernproblem der Unterprogrammtechnik dar. Im vorigen Beispiel hatten wir g l o b a l e   P a r a m e t e r verwendet, d.h. Speicherplätze, die im Haupt- und Unterprogramm gemeinsam verwendet werden. Das jetzige Beispiel zeigt eine W e r t ü b e r g a b e im Akku (engl. call by value). Weitere Möglichkeiten folgen auf den nächsten Seiten.

Unterprogramme sollen von mehreren Programmierern benutzt und in unterschiedliche Programm eingefügt werden können. Sie werden zu diesem Zweck in einer Programmbibliothek abgelegt. Dafür sollten möglichst viele Schritte aus dem Hauptprogramm in das Unterprogramm verlagert und insbesondere die Parameterübernahme für die spätere Verwendung so einfach wie möglich gemacht werden. Darüber hinaus sollte letztere bei allen Unterprogrammen einer Bibliothek gleichartig gehandhabt werden, um Benutzungsfehler zu vermeiden. Es sind also sorgfältig überlegte Normen einzuführen; die aufgewendete Mühe lohnt sich.

Adressenübernahme im Akkumulator

Wir wollen das Betragsquadrat eines Vektors bestimmen:

$$y := a_1^2 + a_2^2 + a_3^2$$

Das soll in Gestalt eines Unterprogramms (bq) geschehen. Wir haben drei Parameter a_1, a_2, a_3 zu übernehmen, die für die Rechnung benötigt werden. Da Betragsquadrate auch für andere Vektoren berechnet werden sollen, ist es nicht gut, ihre Speicherinhalte als globale Größen aus dem Oberprogramm zu übernehmen. Dann müßte man jeden anderen Vektor erst in diese drei Speicherplätze transportieren, bevor man das Unterprogramm verwenden kann.

Einfacher ist es, die Vektorkomponenten stehenzulassen, wo sie sich jeweils befinden, und dem Unterprogramm nur ihre Adresse mitzuteilen. (Genauer: Die Adresse von a_1. In den beiden nächsten Speicherplätzen sollen a_2 und a_3 stehen.) Bei diesem Vorgehen soll die Adresse während des Sprunges im Akku stehen. Sie wird im Unterprogramm nach (aa) gebracht. Das Programm lautet:

Operation	Wirkung
Lade als Zahl die Adresse (a)	Akk := Adr (a)
Unterprogrammsprung nach (bq)	
. . .	. . .
. . .	. . .
(bq) Speichere nach (aa)	aa := Adr (a)
Speichere Rücksprung nach (r)	
Lade von (aa) das Indexregister	
Lade von „0 plus Index"	Akk := a_1
Multipliziere aus „0 plus Index"	Akk := Akk $\times$ a_1
Speichere nach (h)	h := a_1^2
Lade von „1 plus Index"	Akk := a_2
Multipliziere aus „1 plus Index"	Akk := Akk $\times$ a_2
Addiere aus (h)	
Speichere nach (h)	h := h + a_2^2
Lade von „2 plus Index"	Akk := a_3
Multipliziere aus „2 plus Index"	Akk := Akk $\times$ a_3
Addiere aus (h)	Akk := h + a_3^2
Lade von (r) das Indexregister	
go to „0 plus Index"	

Zahlenwerte hinter dem Absprung

Wir kommen auf unser erstes Beispiel zurück, bei dem eine quadratische Funktion berechnet werden sollte. Dabei wollen wir aber die Möglichkeit offenlassen, bei jeder Funktionsberechnung ein anderes Polynom zweiten Grades zu wählen. Zuerst wollen wir wieder

$$7 \times x^2 + 2 x + 4$$

für $x = 5$ berechnen, bei einem anderen Sprung aber

$$8 \times x^2 + 5 \times x - 7$$

für $x = 8$. Beides soll durch dasselbe Unterprogramm bewirkt werden.

Die Koeffizienten 7, 2 und 4 des ersten Falles sind also austauschbar. Wir könnten sie wie im vorigen Fall als Vektor durch ihre Adresse kennzeichnen. Einfacher ist hier ein anderes Vorgehen: Wir schreiben die Koeffizienten unmittelbar hinter den jeweiligen Sprungbefehl in die nächsten Speicherplätze, ihre Adresse ist dann durch die (scheinbare) Rücksprungadresse r gegeben. Der Rücksprung selbst darf aber erst hinter diese drei Zahlen, also drei Speicherplätze weiter, erfolgen.

Das Programm dazu:

        Lade die Zahl 5
        Unterprogrammsprung nach (f)
        7
        2
        4
        . . . [nächster Befehl]
        . . .
        Lade die Zahl 8
        Unterprogrammsprung nach (f)
        8
        5
        −7
        . . . [nächster Befehl]
        . . .
        . . .

Das Unterprogramm lautet jetzt:

    (f) Speichere nach (x)
        Speichere Rücksprung nach (r)
        Lade von (r) das Indexregister
        Lade von „0 plus Index"
        Multipliziere aus (x)
        Addiere aus „1 plus Index"
        Multipliziere aus (x)
        Addiere aus „2 plus Index"
        go to „3 plus Index"

Adressen hinter dem Absprung

Als ähnlicher Fall der Parameterübernahme soll die Behandlung einer Anzahl von Feldern (Speicherbereichen) betrachtet werden. Ein typisches Beispiel ist die mathematische Matrizenmultiplikation, bei der drei Speicherbereiche bearbeitet werden: Die beiden Operanden-Matrizen und die Ergebnis-Matrix. Besonders bei großen Matrizen ist es unrentabel, diese erst an eine einheitlich festgelegte Stelle zu bringen. Darüber hinaus würde das für die betreffende Matrix auch doppelten Platz beanspruchen, der oft nicht zur Verfügung steht.

Das Verfahren setzt das vorherige konsequent fort: Man kann die Adressen, unter denen die Matrizen (besser: ihre ersten Elemente a_{00} usw.) aufzufinden sind, hinter dem Sprungbefehl ablegen. Einige Auszüge aus einem Programm:

Operation	Wirkung
. . .	. . .
Unterprogrammsprung nach (mm)	
Adresse (a_{00})	
Adresse (b_{00})	
Adresse (c_{00})	
. . . [Fortsetzung des Programms]	. . .
. . .	. . .
(mm) Speichere Rücksprung nach (r)	
Lade von (r) das Indexregister	
Lade von „0 plus Index"	
Speichere nach (aa)	$aa := Adr (a_{00})$
Lade von „1 plus Index"	
Speichere nach (ab)	$ab := Adr (b_{00})$
Lade von „2 plus Index"	
Speichere nach (ac)	$ac := Adr (c_{00})$
. . .	. . .
Lade von (aa) das Indexregister	
Lade aus „0 plus Index"	$Akk := a_{00}$
. . .	. . .
. . .	. . .
Lade von (r) das Indexregister	
go to „0 plus Index"	

Rücksprungverzweigung

Es gibt Unterprogramme, die in Sonderfällen (z.B. bei einem negativen Ergebnis) eine Fortsetzung des Hauptprogramms an einer anderen Stelle hervorrufen sollen (z.B. für eine Fehlermeldung). Der Rücksprung aus dem Unterprogramm kann in diesen Fällen am einfachsten an eine andere ein für allemal festgelegte Stelle erfolgen (diese stellt dann für das Unterprogramm einen globalen Parameter dar).

Ist diese Stelle aber variabel, so kann man die Verabredung treffen, daß im Falle einer Alarmmeldung der Rücksprung in den ersten Speicher nach dem Absprung und andernfalls in den zweiten Speicher erfolgt. Es bleibt dem Hauptprogramm überlassen, an die erste Stelle einen geeigneten Sprungbefehl zu setzen.

Die bisher gebrauchten Techniken der Parameterangabe benutzen wir hier nicht für Zahlenwerte, sondern für Sprungadressen; wir übergeben diese als globale Parameter bzw. nach dem Absprung. Sprungadressen (bzw. in höheren Programmiersprachen die entsprechenden Marken) können also Parameter von Unterprogrammen sein.

Parameter am Anfang eines Unterprogramms

In manchen Fällen ist es günstig, wenn das Hauptprogramm die zu übergebenden Parameter in das Unterprogramm einsetzt. Wenn man z.B. für 5 Parameter die ersten 5 Speicherplätze des Unterprogramms vorsieht, sind deren Adressen unschwer zu ermitteln. Der Unterprogrammsprung darf in diesem Fall natürlich erst auf den nächsten, hier also den 6. Speicherplatz erfolgen, der den ersten Befehl des Unterprogramms enthalten muß. – Die Parameter können wieder Zahlenwerte, Sprungadressen oder Adressen von Zahlen bzw. Feldern sein.

Unterprogramme in höheren Programmiersprachen

Wegen ihrer großen Bedeutung werden Unterprogramme auch in höheren Programmiersprachen verwendet und als S u b r o u t i n e n oder P r o z e d u r e n (procedures) bezeichnet. Auch hier ist das Problem der Parameterübernahme bedeutsam. Entsprechend dem mathematischen Gebrauch werden Parameter beim A u f r u f der Prozedur (d.h. beim Unterprogrammsprung) meistens wie Argumente von Funktionen in Klammern gesetzt. Beispiele sind „sin(x)" oder auch „integral(exp($-$x × x), x, 0, 1)". Durch zusätzliche Angaben (Spezifikationen) kann der Programmierer fordern, daß die Parameterübergabe durch Zahlenwert (c a l l b y v a l u e) oder (der Adressenangabe entsprechend) durch den Namen (c a l l b y n a m e) erfolgt.

Im letzten Fall sind aber Komplikationen möglich. Im Integral lautete ein Argument „exp($-$x × x)" das seinerseits wieder einen komplizierteren Ausdruck darstellt. Soll hier kein call by value erfolgen, so muß der Prozedur die Adresse übergeben werden, unter der ein Programmstück steht, das diesen Ausdruck berechnet. Dies ist dann gewissermaßen ein Unter-Unterprogramm, dessen (Anfangs-)Adresse also Parameter ist. Die Übergabe einer solchen Adresse wird auch c a l l b y r e f e r e n c e genannt.

Neben den Rechenergebnissen kann ein Unterprogramm andere Größen (z.B. globale Parameter) verändern. Man spricht hier von „Seiteneffekten" des Unterprogramms. Insbesondere will man gelegentlich bei der Berechnung von Funktionen andere Variable beeinflussen.

Es kann manchmal nützlich sein, wenn ein Unterprogramm sich selbst als Unterprogramm aufrufen kann (r e k u r s i v e r P r o z e d u r a u f r u f). Ein Beispiel bildet die Berechnung der Fakultät nach dem Schema:

$$n! := n \times (n-1)! \qquad (n \neq 1)$$

Hier steht innerhalb des Unterprogramms fakultät ein Unterprogrammsprung nach (fakultät).

In der Mathematik werden rekursive Formeln oft für Definitionen benutzt. Programmiertechnisch lassen sie sich fast immer leicht vermeiden. Will man sie trotzdem ermöglichen, muß man innerhalb des Unterprogramms dafür sorgen, daß bei jedem neuen Sprung in das Unterprogramm die in ihm benutzten Zahlenspeicher (die ja evtl. noch benötigte Zahlen des noch nicht beendeten früheren Aufrufs enthalten) „sichergestellt' werden. Nach dem Beenden des Unterprogramms müssen sie die sichergestellten Werte wieder zurückerhalten. Das kann sich mehrfach ineinander geschachtelt wiederholen, das Sicherstellen muß also in einem Keller erfolgen (vgl. Abschn. 2.4.).

Ob der Gewinn an Einsatzmöglichkeit den Verlust an Rechenzeit durch das Sicherstellen (oder entsprechende andere Maßnahmen) rechtfertigt, ist fraglich.

Zusammenfassung. Fünftes Element des Programmierens ist die Unterprogrammtechnik. Parameter können übergeben werden: 1. global in gemeinsam benutzten Speicherplätzen, 2. an festen Stellen wie Akku, Registern oder Spezialspeichern, 3. nach der Absprungstelle und 4. im Unterprogramm (meistens am Anfang). Parameter können a) Zahlenwerte (oder andere Informationen) und b) deren Adressen sein sowie in Extremfällen c) Adressen von Adressen. – Unterprogrammtechnik wird erleichtert durch ein tabellarisches Unterprogrammverzeichnis mit Spezifikation der Parameter (vgl. Abschn. 4.5) und durch möglichst einheitliche Parameterübernahme.

3. Einige Verfahren

Es werden die wichtigsten Programmierverfahren für Schleifenbildung, Matrizenrechnung, Tabellenauswertung und Sortieren besprochen. Insbesondere auf die Tabellenauswertung wird später zurückgegriffen.

3.1. Schleifen

Der Einsatz von Rechenanlagen wird dadurch sinnvoll, daß möglichst viele Programmteile sehr oft durchlaufen werden; nur dann lohnt die Programmierarbeit, und die Geschwindigkeit der Maschine kann voll ausgenutzt werden.

Der einfachste Fall einer Wiederholung ist der Kreislauf. Programmstücke, die eine solche Struktur haben, nennt man Schleifen (engl. loop).

Ein Kreislauf erfordert eigentlich nur einen Sprungbefehl, um nach Durchlaufen mehrerer Befehle wieder am Anfang zu beginnen. Es stellt sich jedoch eine Schwierigkeit ein: Jeder Kreislauf muß einmal abgebrochen werden, um durch andere Programmteile abgelöst zu werden. Hierfür ist das Abfragen einer Bedingung nötig. Es ergeben sich verschiedene Formen der Schleifenprogrammierung.

Ein Weiteres ist zu beachten. Der allgemeine Wunsch nach Rechenzeitverkürzung ist innerhalb von Schleifen besonders aktuell. Wird eine Schleife zehnmal durchlaufen, so bringt eine Befehlseinsparung innerhalb der Schleife zehnfachen Gewinn. Sind mehrere Schleifen ineinander geschachtelt, sollte man daher mit allen Mitteln versuchen, die innerste von ihnen so weit wie möglich zu vereinfachen.

Zählschleifen

Bei vielen Schleifen steht von vornherein fest, wie oft sie durchlaufen werden sollen. Es ist dann nötig, eine Hilfsgröße (hier k) als Z ä h l e r einzuführen. Sie muß vor Beginn des Kreislaufs einen Anfangswert erhalten. Innerhalb der Schleife wird dieser Wert jeweils um eine Konstante (meistens 1) vergrößert oder evtl. auch verkleinert. Schließlich muß durch einen bedingten Sprung abgefragt werden, ob ein vorgegebener Endwert erreicht ist. Die drei Schritte „weiterzählen", „gewünschte Operationen durchführen" und „Endwert abfragen" können nun verschieden kombiniert werden. Bild 3.1 zeigt in Ablaufdiagrammen vier Möglichkeiten. Das mit einem Stern in der linken oberen Ecke versehene Kästchen enthält die gewünschten Rechenanweisungen und soll immer n-mal durchlaufen werden.

Unter a) ist in Bild 3.1 die einfachste Möglichkeit wiedergegeben. Hier erhält k zu Anfang den Wert −n. Zählen und Abfragen erfolgen am Schluß. Die Schlußabfrage „negativ? " ist durch einen einzigen Befehl zu erreichen. Daher ist dieses Verfahren schneller als andere.

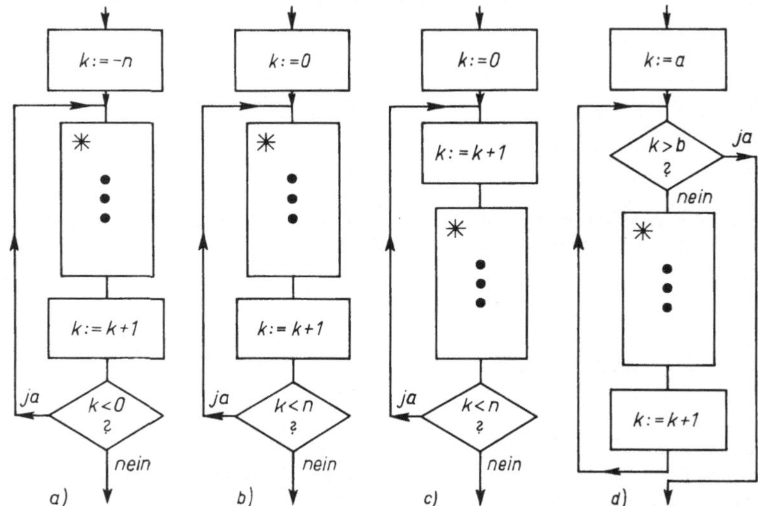

3.1 Verschiedene Möglichkeiten zur Programmierung von Zählschleifen. Der mit einem Stern versehene Kasten wird immer n-mal durchlaufen, aber für verschiedene Bereiche von k. Am beliebtesten sind a) und b)

Es versagt, wenn man eine Anzahl von Größen verarbeiten will, die in Gestalt einer indizierten Liste vorliegen. (Man denke an das Verarbeiten von Matrixkomponenten.) Dann möchte man k als Index verwenden, was meistens einen Laufbereich von k = 0 bis k = (n−1) voraussetzt. Hier ist das Ablaufdiagramm b) vorzuziehen. Die Schlußabfrage ist komplizierter, da sie eine Subtraktion (k−n) erfordert.

Gelegentlich ist es angenehm, das Zählen vor den gewünschten Rechenoperationen durchzuführen. Dies zeigt Diagramm c). Dabei ist aber Vorsicht angebracht: Die Anfangswertzuweisung stimmt nicht mit dem ersten gerechneten Wert überein, da anschließend sofort ein Zählschritt folgt.

In der Programmiersprache ALGOL 60 werden Zählschleifen automatisch nach Diagramm d) erstellt. Hier ist der Anfangswert nicht 1, sondern beliebig (hier a). Die Abfrage erfolgt schon vor der ersten Ausführung, die Schleife wird also „null mal" durchlaufen, wenn a schon vorher größer als b war. Werden a und b vorher erst durch das Programm berechnet, so kann dies vorteilhaft sein. (In ALGOL 60 kann die Schrittweite im Gegensatz zum Ablaufdiagramm auch von 1 abweichen und sogar negativ sein. Dadurch wird die Abfrage komplizierter. Zur ALGOL 60-Schreibweise vgl. Abschn. 4.3 sowie [7] und [8].)

Beispiel: Blocktransfer. Das Prinzip einer Zählschleife soll an einem Beispiel illustriert werden. Beim B l o c k t r a n s f e r soll eine Anzahl von hintereinander abgespeicherten Informationen in andere Speicher gebracht werden. Manche Maschinen haben zur Beschleunigung dieses Vorgangs Sonderbefehle. Wir wollen ihn hier durch eine Schleife programmieren. Wir verfahren nach Diagramm b) aus Bild 3.1. Vorzugeben sind die Adresse (a) der ersten Zahl und die Adresse (b), wohin sie gebracht werden soll (Zieladresse). Außerdem soll in Speicher (n) stehen, wie viele Zahlen zu transferieren sind. Das Programm:

```
     Lade die Zahl 0
     Lade das Indexregister vom Akku
(sℓ) Lade aus „(a) plus Index"
     Speichere nach „(b) plus Index"
     Lade den Akku vom Indexregister
     Addiere die Zahl 1
     Lade das Indexregister vom Akku
     Subtrahiere aus (n)
     Wenn negativ, go to (sℓ)
     ... [Fortsetzung]
```

Beispiel: Suche nach der kleinsten Zahl. Vorgegeben sei eine Liste von Zahlen, die in den Speichern „(a) plus 1", „(a) plus 2" usw. stehen. Vor diesen Zahlen, also im Speicher (a), soll die Listenlänge angegeben sein. Das Programm soll als Unterprogramm auf beliebige Listen anwendbar sein. Bei dieser Anordnung brauchen wir dem Unterprogramm nur die Anfangsadresse (a), also einen einzigen Parameter, mitzuteilen. Gesucht ist die kleinste Zahl innerhalb der Liste. Der Suchprozeß: In (amin) wollen wir die kleinste Zahl unterbringen, in (aamin) die Adresse dieser Zahl innerhalb der Liste. Wir setzen zuerst versuchsweise die erste Zahl für (amin) und „1 plus (a)" für (aamin) ein. Dann arbeiten wir die Liste durch. Immer, wenn wir eine kleinere Zahl finden, nehmen wir diese für (amin) und setzen damit die Suche fort. Das Ablaufdiagramm ist in Bild 3.2 wiedergegeben. Das Programm dazu:

```
     Lade als Zahl die Adresse (a)
     Speichere nach (aa)
     Lade von (aa) das Indexregister
     Lade aus „1 plus Index"
     Speichere nach (amin)
     Lade aus (aa)
     Addiere die Zahl 1
     Speichere nach (aamin)
     Lade von „0 plus Index"
     Addiere aus (aa)
     Speichere nach (aaend)
(sℓ) Lade Akku aus Indexregister
     Subtrahiere aus (aaend)
     Wenn null, go to (fs)
     Lade den Akku vom Indexregister
     Addiere die Zahl 1
     Lade das Indexregister vom Akku
     Lade von „0 plus Index"
     Subtrahiere aus (amin)
     Wenn positiv, go to (sℓ)
     Lade von „0 plus Index"
     Speichere nach (amin)
     Speichere Indexregister nach (aamin)
     go to (sℓ)
(fs) ...
```

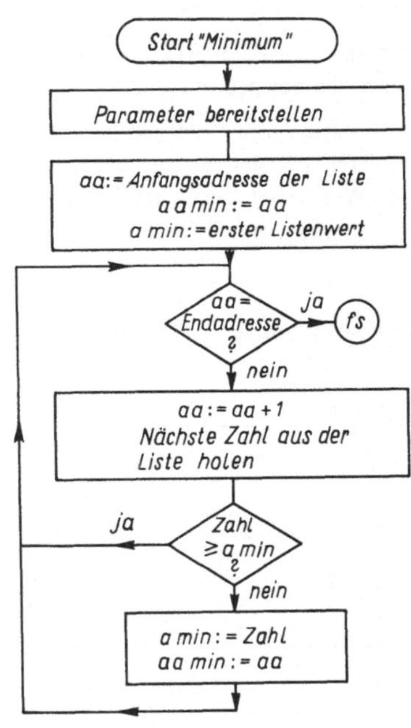

3.2
Ablaufplan zum Suchen der kleinsten Zahl einer Liste. a ist die gerade untersuchte Zahl und aa ihre Adresse. amin ist der Wert der bisher kleinsten Zahl, aamin ihre Adresse

Bedingungsschleifen

Oft ergibt sich erst während der Berechnung die Anzahl der Schleifendurchläufe. In diesen Fällen liegt eine allgemeinere Bedingung vor, die in jedem Kreislauf abgefragt werden soll. Wir betrachten zwei Beispiele:

Beispiel: Summenbildung. In der Mathematik treten oft Reihen auf, in denen die Summe einer Anzahl von Gliedern zu bilden ist. Wir betrachten

$$s := \sin(x) = x - \frac{x^3}{3!} + \frac{x^5}{5!} \mp \ldots$$

Wir bezeichnen den Exponenten des jeweils betrachteten Gliedes mit k (der dann also immer um Zwei weiterzählt) und das jeweilige Glied selbst mit g. Abgebrochen werden soll die Berechnung, wenn das letzte berechnete Glied kleiner als eine vorgegebene Größe „eps" ist.

Zuerst die Berechnung der Glieder. Um die Ausrechnung zu vereinfachen, benutzen wir das unmittelbar vorher berechnete Glied mit. Wir haben dann von Glied zu Glied das Vorzeichen umzudrehen (d.h. mit -1 zu multiplizieren), mit x^2 malzunehmen und außerdem im Nenner zwei neue Faktoren hinzuzufügen. Die Gleichung dazu:

$$g := \frac{-g \times x^2}{((k+1) \times (k+2))}$$

(entsprechend der ALGOL 60-Schreibweise bedeutet hier g rechts den Wert des vorherigen und links den des neuen Gliedes).

Nun zur Summenbildung. Die Summe kann nicht voll ausgeschrieben werden, da wir nicht wissen, wie viele Glieder sie umfaßt. Sie wird berechnet, indem wir eine Größe s einführen, die zu Anfang den Wert 0 hat. Jedes neu berechnete Glied wird zu s hinzugezählt, was jeweils einen neuen Wert von s liefert. Am Schluß enthält s alle Glieder. Die Gleichung lautet:

$$s := s + g$$

Den vollständigen Ablaufplan zeigt Bild 3.3. Die Programmierung sei dem Leser überlassen.

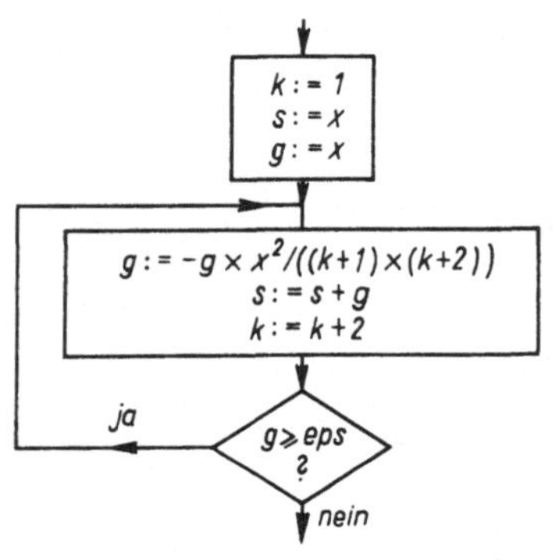

3.3
Ablaufplan zur Berechnung der Sinusreihe. k ist der Exponent der letzten betrachteten x-Potenz, g der Wert des letzten bzw. nächsten Gliedes, s die bisherige Teilsumme, eps ist die vorgegebene Fehlergrenze

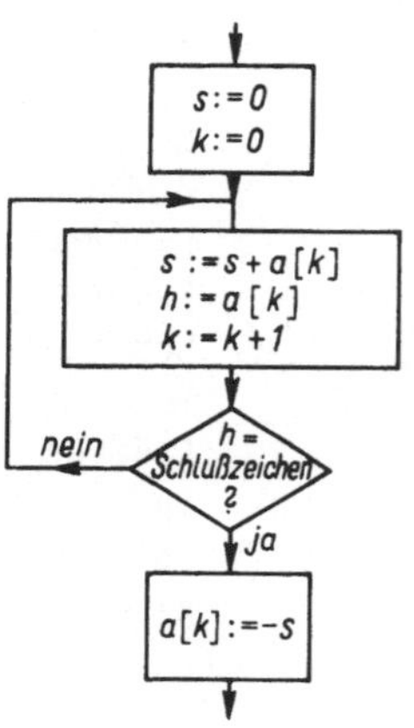

3.4 Ablaufplan zur Summenkontrolle. k ist die Nummer der gerade zu summierenden Information, s die bisherige Teilsumme, h ein Hilfsspeicher

Beispiel: Summenkontrolle. Bevor eine lange Liste von Daten auf Hintergrundspeicher übertragen wird, wird oft eine S u m m e n k o n t r o l l e eingeführt. Sie besteht darin, daß man einen zusätzlichen Speicherplatz benutzt (hier am Ende der Liste), der noch frei ist, und in diesen eine Zahl derart einbringt, daß die Summe aller Zahlen (einschließlich dieser Kontrollzahl) Null ergibt. Später wird nachgeprüft, ob dies noch gilt, und evtl. eine Fehlermeldung ausgelöst. Enthält die Liste ganz oder teilweise nicht Zahlen, sondern allgemeinere Informationen, so werden diese trotzdem wie Dualzahlen aufsummiert (also als Dualzahlen interpretiert). – Überläufe wegen zu großer Summe werden ignoriert.

Unsere Liste soll bei (a) beginnen. Ihre Länge ist nicht direkt bekannt, sondern durch ein S c h l u ß z e i c h e n gegeben, was oft recht praktisch ist. Dieses Schlußzeichen ist eine Information aus 24 Dualstellen, die innerhalb der Liste nicht vorkommen darf und vom Programmierer festgelegt wird. Enthält die Liste nur positive Zahlen, so kann man den Dualwert von -1 wählen. Möglich ist auch eine Zahl, die mit Sicherheit größer als alle in der Liste auftretenden Zahlen ist.

Wir bilden die Summe aller Glieder einschl. des Schlußzeichens. Da nachher „Summe = 0" gelten soll, müssen wir das Negative dieser Summe zur Liste hinzufügen. Es kommt an die Stelle nach dem Schlußzeichen. Bild 3.4 zeigt den Ablaufplan dazu. Die angefügte Summenkontrollzahl ist nach der späteren Kontrolle zu löschen.

Suchschleifen

Von großer Bedeutung ist die Aufgabe, zu einer in Gestalt von mehreren Buchstaben eingegebenen Information eine Übersetzung zu suchen. In Abschn. 2.2 haben wir zu diesem Zweck aus einer Buchstabengruppe (dort xmax) ein Kennwort gebildet. Für jede in Frage kommende Buchstabengruppe würde sich ein anderes Kennwort ergeben.

Die Übersetzung könnte z.B. der Zahlenwert der Größe xmax sein. Meistens ist es eher die Adresse, unter der dieser Zahlenwert zu finden ist. Auch andere zugeordnete Informationen sind als Übersetzung denkbar.

Das Suchverfahren: Wir legen eine Liste an, in der abwechselnd in je einem Speicherplatz ein Kennwort und die zugehörige Übersetzung enthalten sind.

Der Suchprozeß besteht darin, daß man der Reihe nach ein Kennwort nach dem anderen holt und mit dem gesuchten (dem S u c h w o r t) vergleicht. Wenn Übereinstimmung herrscht, steht im nächsten Speicherplatz die Übersetzung. Die Übereinstimmung wird wieder durch Subtraktion und Nullabfrage überprüft.

Das Programm dazu:

```
        Lade Indexregister mit der Zahl 0
(sℓ) Lade von „(t) plus Index"
        Subtrahiere aus (Suchwort)
        Wenn Null, go to (gef)
        Lade den Akku vom Indexregister
        Addiere die Zahl 2
        Lade das Indexregister vom Akku
        go to (sℓ)
(gef) Lade aus „(t) plus 1 plus Index"
```

Warteschleifen

Bei prozeßsteuernden Anlagen und bei Ansteuerung von externen Geräten sind gelegentlich Wartestellungen nötig. Es kann vorkommen, daß nicht weitergerechnet werden darf, bevor von außen eine Meldung eintrifft. Bei neueren Maschinen wird die Wartezeit durch das Ausführen anderer Programme überbrückt. Eine dafür nötige Unterbrechungssteuerung werden wir in Abschn. 8.2 betrachten.

Wenn diese Hardware-Ausstattung nicht vorhanden ist, muß die Maschine ständig abfragen, ob sie weiterrechnen darf, bis die Fertigmeldung des betreffenden Gerätes eintrifft.

Für eine solche Fertigmeldung ist in der Maschine ein Flipflop zuständig, das vom Programm auf den Wert O gestellt wird. Sobald die Freigabe erfolgen soll, wird von außen seine Umstellung auf den Wert L ausgelöst. Meistens ist für eine größere Zahl von externen Geräten je ein Flipflop nötig, z.B. 24 Stück, die man dann zu einem Register zusammenfaßt, in dem scheinbar eine 24-stellige Dualzahl steht. Die einzelnen Stellen haben aber natürlich nicht die Bedeutung von Dualstellen, sondern müssen einzeln untersucht und bearbeitet werden.

Die Abfrage, ob eine dieser Stellen den Wert L hat, kann wie die A u s s c h n i t t - K e n n w e r t - Abfrage in Abschn. 2.3 vorgenommen werden. Durch Intersektion werden alle übrigen Stellen auf O gebracht. Nun ergibt eine Nullabfrage des ganzen Wortes, ob die übriggebliebene Stelle Null oder L war.

Wir wollen diese Abfragemethode für die Ausgabe von Zeichen auf eine Schreibmaschine oder einen Fernschreiber verwenden. Dazu ist außer der Warteschleife eine weitere Schleife nötig, die nach jeder Fertigmeldung das nächste Zeichen ausgibt. Die Zeichen sollen ab Speicher (p) stehen. Bild 3.5 zeigt einen groben Ablaufplan. Das Programm dazu:

```
        Lade Indexregister mit der Zahl 0
        go to (a)
 (sℓ)   Lade den Akku vom Melderegister
        Intersektion aus (m)
        Wenn Null, go to (sℓ)
  (a)   Lade den Akku vom Melderegister
        Intersektion aus (m2)
        Lade das Melderegister vom Akku
        Lade von „(p) plus Index"
        Transportiere zum Ausgabegerät
        Lade den Akku vom Indexregister
        Addiere die Zahl 1
        Lade das Indexregister vom Akku
        Lade von „(p) plus Index"
        Subtrahiere aus (Schlußzeichen)
        Wenn ungleich Null, go to (sℓ)
```

(m läßt nur die gewünschte Stelle zur Abfrage stehen;
m2 löscht sie für die nächste Abfrage.)

3.5 Ablaufplan für eine Warteschleife. Das Programm kreist in der obersten Schleife, solange keine Fertigmeldung vorliegt. Nach dieser wird einmal der untere Ast durchlaufen, d.h. ein Zeichen an das externe Gerät ausgegeben.

Mehrfache Schleifen

Schleifen aller betrachteten Arten können beliebig ineinander geschachtelt werden. So darf bei einer Zählschleife in den mit Stern gekennzeichneten großen Rechtecken in Bild 3.1 eines der vier angegebenen Schleifendiagramme „verkleinert" noch einmal eingetragen werden. Bild 3.6 zeigt den entstehenden Ablaufplan für einen der Fälle. Das ursprünglich mit Stern versehene Kästchen der äußeren Schleife wurde gestrichelt eingezeichnet. Das Einsetzen weiterer Schleifen in das jeweils innerste Kästchen kann beliebig wiederholt werden; man erhält dann mehrfache Schleifen.

Aus der Zeichnung geht hervor, daß zunächst die i n n e r s t e S ch l e i f e (der am weitesten innen liegende Kreislauf) die gewünschte Anzahl von Durchläufen vornimmt und erst dann in der äußeren Schleife um Eins weitergezählt wird.

Man vergißt leicht, daß die Gesamtzahl der Durchläufe der innersten Schleife sich als Produkt der verschiedenen Laufbereiche von i, k usw. ergibt. Es kommen sehr schnell hohe Anzahlen zustande, die zu entsprechend großer Rechenzeit führen.

Eine Vereinfachung der Schleifen zwecks Rechenzeitverkürzung lohnt meistens nur in der innersten, sollte dort aber mit allen Mitteln angestrebt werden.

Übungsaufgabe 9. Es sei die gleiche Aufgabe gestellt wie in Abschn. 2.4: Die Anzahl der L in einem Wort seien gesucht. Die (z.B. 24) Dualstellen des Wortes sollen jetzt aber in einer Schleife einzeln abgefragt werden. Das Wort wird jedesmal um eine Dualstelle verschoben. Wenn an der obersten (Vorzeichen-)Stelle ein L steht, wird in einem Hilfsspeicher ein anderes Wort um Eins weitergezählt.

3.2. Speicherzuordnung bei Matrizen

Oft sollen große Mengen von Zahlen als Zwischenergebnisse einer Rechnung im Speicher abgelegt werden, wobei man zu einem späteren Zeitpunkt genötigt ist, die richtige von diesen Zahlen wiederzufinden. Dies gilt insbesondere für Vektoren, Matrizen oder ähnliche mathematische Größen. In welcher Reihenfolge legt man die einzelnen Komponenten einer solchen Größe zweckmäßigerweise ab?

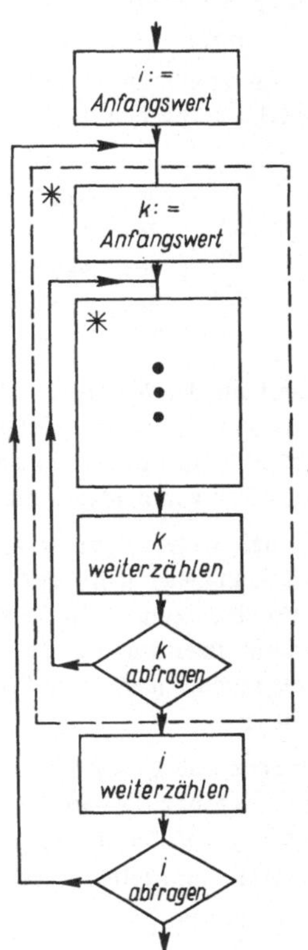

3.6
Ablaufplan für mehrfach ineinandergeschachtelte Schleifen. (Vgl. dazu Bild 3.1, Teil b)

Vektoren bestehen aus einfach durchnumerierten Komponenten, die Nummer ist der Index. Wir setzen voraus, daß dieser eine Zahl ist, schreiben also z.B. (v_1, v_2, v_3) für (v_x, v_y, v_z). Jede Komponente benötigt (mindestens) einen eigenen Speicherplatz. Der Index gibt an, welcher von diesen gemeint ist, und ist somit in gewissem Sinne Bestandteil seiner Adresse: Man muß zu der Anfangsadresse des betreffenden Vektors den Index addieren. Eine solche Rechenvorschrift nennt man eine S p e i c h e r z u o r d n u n g s f u n k t i o n, d.h. Adresse := Funktion (Index).
Die einfachste Funktion „Anfangsadresse plus Index" verlangt zwei Einschränkungen. Erstens kann es nötig sein, für jede Komponente zwei Speicherplätze zu reservieren: Wir betrachten später Dop-

pelworte. Zweitens: Wenn die Anfangsadresse des Vektors z.B. 2000 ist und die Indizes 1, 2 und 3 lauten, wird Speicherplatz 2000 nicht benutzt und verschwendet. Als Anfangsadresse haben wir daher die f i k t i v e A n f a n g s a d r e s s e (für Index = 0) eines Speichers zu wählen, der in Wirklichkeit eine ganz andere Zahl aufnehmen kann, falls der Index 0 nicht auftritt.

Das Laden einer Vektorkomponente ist eine Indexregister-Operation; in der Tat hat das Indexregister seinen Namen gerade von dieser Anwendung.

Komplizierter sind Größen mit mehreren Indizes, z.B. Matrizen. Werden sie mathematisch als (a_{ik}) geschrieben, so gehört zu jedem Paar (i, k) eine andere Komponente.

In der üblichen Schreibweise numeriert der erste Index die Zeile, der zweite Index gibt die Spalte an, d.h. er gibt an, welches Element innerhalb der betreffenden Zeile gemeint ist. Ein Beispiel ist in Bild 3.7 angegeben.

$$\begin{bmatrix} a_{11} & a_{12} & a_{13} & a_{14} \\ a_{21} & a_{22} & a_{23} & a_{24} \\ a_{31} & a_{32} & a_{33} & a_{34} \\ a_{41} & a_{42} & a_{43} & a_{44} \end{bmatrix}$$

3.7
Übliche Numerierung von Matrixelementen

Innerhalb der Maschine soll meistens z e i l e n w e i s e abgespeichert werden, d.h. jede Zeile soll in sich geschlossen in aufeinanderfolgende Speicherplätze gelangen. (In FORTRAN wird oft s p a l t e n w e i s e abgelegt.) Wir fragen nach der Funktion, die uns die Adresse in Abhängigkeit von beiden Indizes liefert.

Normalerweise setzt man voraus, daß der Laufbereich der Indizes konstant ist (d.h. alle Zeilen sind dann gleich lang), er darf aber für beide Indizes verschieden sein („rechteckige Matrix"). Diese Voraussetzung ist in der Praxis oft ungünstig. In der Mathematik sind u.a. Dreiecksmatrizen und Bandmatrizen wichtig, die weite Gebiete enthalten, in denen sämtliche Elemente gleich Null sind. Diese möchte man — um Speicherplatz zu sparen — nicht abspeichern. Wir gehen darauf hier nicht ein.

Der erste Index i soll Werte von imin bis imax einschließlich annehmen, der zweite Index k von kmin bis kmax. Die Speicherzuordnungsfunktion für eine derartige Matrix wird (bei einfacher Wortlänge) als Summanden das k enthalten. Wächst nämlich k um 1 an, so soll die neue Komponente im unmittelbar folgenden Speicherplatz stehen.

Wenn i um Eins weiterzählt, so gelangen wir in die nächste Zeile, suchen also einen Speicherplatz, der um die Länge einer Zeile weiter liegt. Der Index i wird daher mit der Zeilenlänge multipliziert werden müssen.

Als f i k t i v e A n f a n g s a d r e s s e der Matrix geben wir die Adresse an, die dem Matrixelement a_{00} zugeordnet wäre. (Ob dies in Wirklichkeit vorhanden ist oder nicht, sei gleichgültig.) Wir erhalten somit die Adresse nach der folgenden Formel:

$$\text{Adr}(a_{ik}) := \text{Adr}(a_{00}) + i \times (k_{max} - k_{min} + 1) + k$$

Ein außerordentlich häufiger Programmierfehler besteht darin, daß man fälschlich einen Index berechnet, der außerhalb der vorgesehenen Grenzen liegt. Der entsprechende Speicherplatz liefert dann eine falsche Information. Noch unangenehmer ist es, wenn in diesen anderweitig benutzten Speicherplatz etwas hineingeschrieben wird. Führt man daher die Berechnung einer Speicherzuordnungsfunktion durch ein Unterprogramm durch, so ist es sehr zu empfehlen, eine Kontrolle vorzusehen, ob die Indizes innerhalb der zulässigen Bereichsgrenzen liegen.

Sollen mit Matrizen Rechenoperationen durchgeführt werden, so müßte man für jedes einzelne Element die Adresse neu bestimmen. Besonders zeitraubend ist die Multiplikation des ersten Index mit dem Laufbereich des zweiten. Man versucht daher eine l i n e a r e I n d e x f o r t s c h a l t u n g: Meistens ist es möglich, von der Adresse des vorher bearbeiteten Elements auf die Adresse des nächsten benötigten zu schließen. Stehen sie in einer Zeile nebeneinander, brauchen wir nur um Eins weiterzuzählen. Der Schritt zum darunter stehenden Element erfordert die Addition einer Zeilenlänge.

Eine Matrizenmultiplikation soll dies illustrieren.

Beispiel: Matrizenmultiplikation. Nach der Formel

$$c_{i\varrho} = \sum_{k=1}^{k_{max}} a_{ik} \times b_{k\varrho} \text{ für } \left\{ \begin{array}{l} i = 1 \ldots i_{max} \\ \varrho = 1 \ldots \varrho_{max} \end{array} \right.$$

läßt sich eine Matrizenmultiplikation in ALGOL 60 wie folgt berechnen:

```
for i := 1 step 1 until imax do
for ℓ := 1 step 1 until ℓmax do begin
s := 0;
for k := 1 step 1 until kmax do
s := s + a [i,k] x b [k, ℓ];
c [i, ℓ] := s;
end
```

(In ALGOL 60 werden Indizes in eckige Klammern gesetzt; die Adressenberechnung erfolgt dann automatisch.)

Zur Erklärung des im ALGOL-Programm (und im Ablaufplan in Bild 3.8) angewandten Verfahrens: Da man die Summe nicht geschlossen hinschreiben kann (kmax kann ja von Fall zu Fall verschieden sein), führt man für die Summe eine Hilfsgröße s ein. (Man hätte auch $c_{i,\varrho}$ selbst nehmen können, was aber wegen der Adressenberechnungen umständlich ist.) Dieses s wird zu Anfang (bei jedem neuen ℓ) auf Null gesetzt. Dann wird in der entscheidenden Gleichung

$$s := s + a [i,k] \times b [k, \ell]$$

zu diesem s jeweils ein weiteres Produkt hinzugezählt (rechts steht in dieser Gleichung der alte Wert von s, Addieren des Produkts gibt den neuen Wert von s auf der linken Seite) solange, bis alle gewünschten Produkte auf diese Weise aufsummiert sind. Dann wird mit der Gleichung

$$c [i, \ell] := s$$

dieser Summenwert für $c_{i,\varrho}$ eingesetzt und die Berechnung für die nächsten Werte von i und ℓ fortgesetzt. (Dieses Verfahren wurde in Abschn. 3.1 als S u m m e n s c h l e i f e beschrieben.)

Wollen wir nun das ALGOL 60-Programm in eine Assemblersprache übersetzen, so müßten wir an jeder Stelle, an der eine mit Indizes behaftete Größe a oder b oder c auftritt, erst einmal die Adressenzuordnungsfunktion berechnen. Um hier jedoch Zeit zu sparen, gehen wir zur linearen Indexfortschaltung über. Wir erhalten das Ablaufdiagramm in Bild 3.8.

Eigentlich müßte hier wenigstens die Adresse des ersten Elements einer Zeile bzw. Spalte voll ausgerechnet werden, von der aus wir dann einfach weiterzählen können. Aber auch das läßt sich ver-

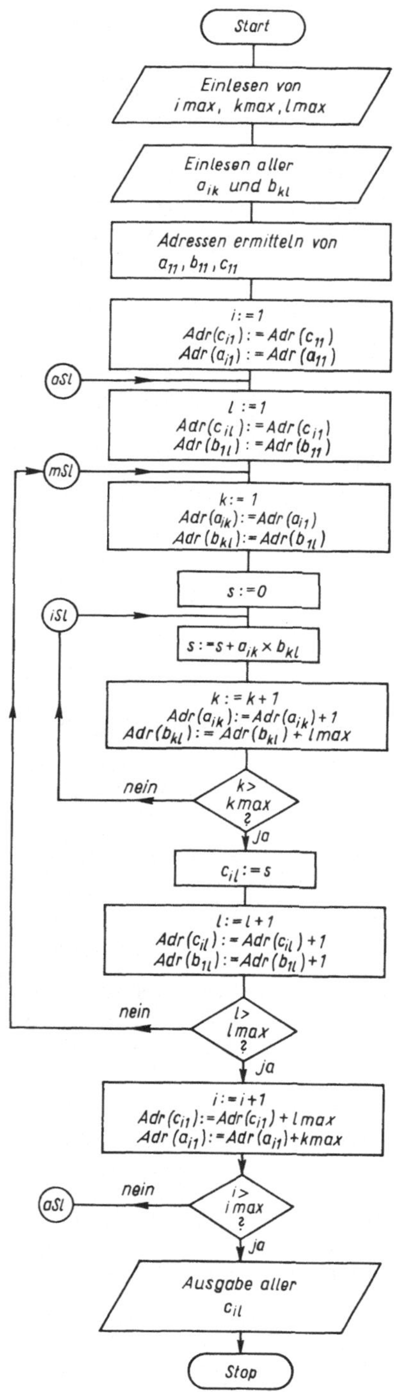

meiden, wenn man jeweils nicht nur die Adressen der gerade bearbeiteten Elemente, sondern auch die Adressen der Zeilen- bzw. Spaltenanfangselemente aufbewahrt.

Im Ablaufplan in Bild 3.8 haben wir erstere mit Adr (a_{ik}), Adr ($b_{\varrho k}$), Adr ($c_{i\varrho}$) und die zuletzt erwähnten Anfangsadressen mit Adr (a_{i1}), Adr ($b_{1\varrho}$), Adr (c_{i1}) bezeichnet. — Das Prinzip in Bild 3.8 ist einfach: Sobald i bzw. k bzw. ϱ einen neuen Wert erhält, müssen alle Adressen entsprechend berichtigt werden, in denen der betreffende Index vorkommt. Die durch Indexfortschaltung beschleunigte Berechnung kann je nach dem verwendeten Maschinentyp die Rechenzeit durchaus auf die Hälfte reduzieren.

Dynamische Speicherzuordnung

Vielfach steht man vor der Notwendigkeit, Programme für Matrizen oder ähnliche Zahlenmengen zu schreiben, bevor man die Anzahl der erforderlichen Speicherplätze kennt. Bei Matrizen möchte man sehr oft weder Zeilenzahl noch Spaltenzahl festlegen, um die spätere Benutzung nicht unnötig einzuengen. Das Programm muß dann später selbst ermitteln, wieviele Speicherplätze nötig sind. Es muß weiterhin, um Speicherplatz zu sparen, die benötigten Matrizen unmittelbar aufeinander folgend abspeichern. Damit wird natürlich auch die Anfangsadresse Adr (b_{11}) bzw. Adr (c_{11}) eine zu berechnende Unbekannte. Bei obigem Beispiel würde man den Anfang der ersten Matrix Adr (a_{11}) ein für allemal festlegen und die anderen wie folgt berechnen:

$$Adr(b_{11}) := Adr(a_{11}) + imax \times kmax;$$
$$Adr(c_{11}) := Adr(b_{11}) + kmax \times \ell max$$

(Dies alles muß bereits vor dem Einlesen der Matrizen geschehen.)

Eine derartige oder ähnliche Speicherzuordnung während des Rechenganges nennt man d y n a - m i s c h . (Alles, was vor dem Rechengang geschieht, wird hingegen als s t a t i s c h bezeichnet.)

3.8
Ablaufplan für Matrizenmultiplikation mit Indexfortschaltung

Interessant ist: Das Rechenprogramm übernimmt hier organisatorische Aufgaben einer höheren Stufe.

Adressenrechnungen der betrachteten Art werden bei höheren problemorientierten Programmiersprachen wie ALGOL 60, FORTRAN, COBOL, PL/1 usw. automatisch durch den Compiler durchgeführt.

Mehrfache Indizes

Treten Größen mit mehr als zwei Indizes auf, sind alle Betrachtungen sinngemäß zu erweitern. Man erhält als Speicherzuordnungsfunktion z.B.

$$\begin{aligned}
\text{Adr}\,(a_{ik\ell m}) = \quad & \text{Adr}\,(a_{0000}) \\
& + i \times (\ell\max - \ell\min + 1) \times (k\max - k\min + 1) \times (m\max - m\min + 1) \\
& + k \times (\ell\max - \ell\min + 1) \times (m\max - m\min + 1) \\
& + \ell \times (m\max - m\min + 1) \\
& + m
\end{aligned}$$

Tabellenverfahren

Ein recht schnelles Tabellenverfahren zur Berechnung der Speicherzuordnungsfunktion zeigt Übungsaufgabe 11, S. 85.

Übungsaufgabe 10. Geben Sie die Speicherzuordnungsfunktion (als mathematische Formel) für eine Dreiecksmatrix an! Die Matrix der a_{ik} soll die folgende Gestalt haben:

$$\begin{bmatrix}
a_{11} & a_{12} & a_{13} & a_{14} & a_{15} \\
a_{21} & a_{22} & a_{23} & a_{24} & 0 \\
a_{31} & a_{32} & a_{33} & 0 & 0 \\
a_{41} & a_{42} & 0 & 0 & 0 \\
a_{51} & 0 & 0 & 0 & 0
\end{bmatrix}$$

Für die Nullen sollen keine Speicherplätze reserviert und die vorhandenan a_{ik} sollen zeilenweise abgespeichert werden in Speicherplätzen von $2000 = \text{Adr}(a_{11})$ bis $2014 = \text{Adr}\,(a_{51})$. Kontrolle: Für $i = 3$ und $k = 3$ muß $\text{Adr}\,(a_{33}) = 2011$ herauskommen. (Man beachte, daß die Zeilenlängen eine arithmetische Reihe bilden, deren Summenformel bekannt ist.)

3.3. Tabellenverfahren

Bei mathematischen Berechnungen wird meistens mit algorithmischen Verfahren gearbeitet, bei denen die durchzuführenden Berechnungen in Einzelschritte zerlegt und diese dann nacheinander durchgeführt werden.

Einen Gegensatz dazu bilden T a b e l l e n v e r f a h r e n . Bei ihnen ist das Ergebnis (oder zumindest ein Teilergebnis) bereits ausgerechnet bereitgestellt und braucht im Bedarfsfall nur entnommen zu werden. Der Vorteil liegt natürlich in der größeren Geschwindigkeit. Sehr nachteilig wirkt sich aber der Platzbedarf für die Unterbringung der Tabelle aus. So ist es praktisch unvertretbar, Tabellen für die üblichen (trigonometrischen, Logarithmus- und anderen) Funktionen zu benutzen. Besser sind algorithmische Näherungsverfahren, die wir in Kapitel 6 betrachten werden.

Tabellenverfahren können überall dort sinnvoll sein, wo nur eine kleine Tabelle benötigt wird, die aber u.U. viel Rechenzeit ersparen kann. Die Tabelle kann oft vor der Benutzung des Programms erstellt werden und braucht auch sonst nur einmal angelegt zu werden.

Besondere Bedeutung haben Tabellenverfahren überall dort, wo keine algorithmische Zuordnung zwischen „Eingang" und „Ausgang" der Tabelle erkennbar ist. So ist man zwangsläufig auf Tabellen (Wörterbücher) angewiesen, wenn man z.B. eine Übersetzung vom Englischen in das Deutsche vornehmen will.

Direkter Tabellenzugriff

Beispiele für Tabellenbenutzung haben wir in Abschn. 2.4 und 3.1 kennengelernt. Im ersten Fall ging es um das U m c o d i e r e n : Zu einem Zeichen (als Bitmuster vorhanden) im Fernschreibcode sollte der entsprechende BCD-Wert (also die entsprechende Dualzahl) ermittelt werden und umgekehrt. Im zweiten Fall wurde zu einer Buchstabengruppe (z.B. xmax) eine Übersetzung gesucht (z.B. eine Adresse, unter der der Zahlenwert der so bezeichneten Größe abgelegt wurde).

In beiden Fällen hatten wir als Eingang in die Tabelle ein S u c h w o r t vorliegen, zu dem eine Ü b e r s e t z u n g gefunden werden mußte. Diese Suchworte standen als B i t m u s t e r , also als scheinbare Dualzahlen, zur Verfügung. Der entscheidende Unterschied zwischen den beiden Beispielen lag in der Anzahl von Bits, die zur Charakterisierung des Suchwortes dienten. (Natürlich mußte, um ein volles Wort zu erhalten, mit Nullen bis auf 24 Bits aufgefüllt werden, was hier aber bedeutungslos ist.) Im ersten Fall (Fernschreibzeichen) waren 5 Bits charakteristisch; es lagen also 2^5 = 32 mögliche Suchworte vor. Da diese Zahl hinreichend klein ist, ist d i r e k t e r T a b e l l e n z u g r i f f möglich: Wir können alle Kombinationen dieser fünf Bits erst als eine Dualzahl und diese dann als eine Adresse innerhalb der Tabelle interpretieren. (Dazu ist nur eine „in Gedanken" vorzunehmende Deutung und keine wirkliche Umformung nötig!). Jeder Bitkombination entspricht also eine Adresse und damit ein Speicherplatz, in den wir die zu suchende Übersetzung eintragen.

Treten nicht alle 32 Kombinationen auf, kann man bei diesem Verfahren trotzdem nicht auf die überflüssigen Speicherplätze verzichten (zumindest nicht in der Mitte der Tabelle), da die Kombinationen ja durch ihren Dualwert fest an eine bestimmte Adresse gebunden sind.

Letzteres macht dieses Verfahren des direkten Tabellenzugriffs für viele Anwendungszwecke ungeeignet. Enthält das Suchwort z.B. 12 charakteristische Bits, bei denen aber viele mögliche Kombinationen nicht benutzt werden, so wäre trotzdem die oft nicht vertretbare Tabellenlänge von 2^{12} = 4095 Worten nötig. Hier sind also andere Verfahren erforderlich, die zwangsläufig sehr viel zeitraubender sind.

Tabellensuchen

Diese Verfahren wurden in Abschn. 3.1 an einem Beispiel betrachtet. Man ordnet jedem auftretenden Suchwort (hier K e n n w o r t genannt) zwei Speicherplätze zu. Der erste enthält das Kennwort, der zweite die Übersetzung. Liegt ein konkretes Suchwort vor, so müssen die Kennworte nacheinander mit diesem Suchwort verglichen werden. Hat man eine völlige Übereinstimmung zwischen dem Suchwort und einem Kennwort der Tabelle festgestellt, so kann man einem entsprechenden Speicherplatz die Übersetzung entnehmen. (Gelegentlich kann man auch die Adresse des Kennwortes selbst als Übersetzung benutzen.) Bei langen Tabellen (oder L i s t e n) ist dieses Verfahren

zeitraubend. Wir betrachten als Verbesserungen die l e x i k a l i s c h   a n g e o r d n e t e   T a b e l -
l e, die H a s h - T a b e l l e und den V e r t e i l u n g s b a u m .

Einige Vorbemerkungen: Tabellenverfahren sind von außerordentlicher Bedeutung, da sie die einzige Möglichkeit zur Behandlung mancher Probleme bieten. Besondere Schwierigkeiten liegen vor,
wenn Tabellen während des Rechenprozesses erweitert oder verkleinert werden müssen (man denke
an ein Telefonverzeichnis, das dauernden Veränderungen unterliegt). Gelegentlich zwingt auch
Platzmangel dazu, Tabellenverfahren mit algorithmischen Verfahren zu kombinieren (vgl. Abschn.
6.2).

Aus dem gleichen Grunde kann es nötig sein, das Kennwort mit der Übersetzung (oder einem Teil
der Übersetzung) in einem Wort unterzubringen. Der Suchprozeß wird dann etwas komplizierter
und langwieriger: Vor dem Vergleich von Kennwort und Suchwort muß man durch Intersektion
aus dem Tabellenwort das echte Kennwort herausschneiden.

Umgekehrt können Kennworte benötigt werden, die mehr charakteristische Bits enthalten, als die
Wortlänge erlaubt. Man muß dann das Kennwort auf mehrere Worte verteilen. In den Suchprozeß
bezieht man zuerst nur den ersten Teil jedes Kennwortes ein. Nur wenn dieser mit dem Suchwort
übereinstimmt, vergleicht man auch den zweiten Teil. Gelegentlich kann auch die Übersetzung
mehrere Worte beanspruchen. Übersetzungen brauchen nicht einheitlich aufgebaut zu sein; im allgemeinen ist nur eine einheitliche Bitzahl erforderlich. G e m i s c h t e   T a b e l l e n (vgl. Abschn.
2.4) sind erlaubt, wenn nur ein eindeutiges Unterscheidungsmerkmal angibt, wie die Übersetzung
auszuwerten ist.

Enthält eine Tabelle nur wenige Kennworte, kann man sie manchmal besser durch eine A b f r a g e -
k e t t e (vgl. Abschn. 2.3) ersetzen.

Lexikalisch angeordnete Tabellen

Ein relativ schnelles Suchen ist möglich, wenn die Kennworte in einer bestimmten Reihenfolge angeordnet sind. Man kann dann (wie z.B. im Lexikon) schnell feststellen, ob man ,,zu weit vorne"
oder ,,zu weit hinten" sucht, und kann sich rasch an das Ergebnis herantasten. Wenn man grundsätzlich in der Mitte des noch in Frage kommenden Tabellenstücks nachschaut, weiß man, ob man
in dessen erster oder zweiter Hälfte weitersuchen muß. Man hat das in Frage kommende Tabellen-
stück also halbiert; bei n-maligem Nachschlagen kann man daher unter 2^n Eintragungen immer die
richtige finden.

Eine derartige Tabelle kann nur schwer erweitert werden, da für Neueintragungen Plätze ,,freige-
räumt" werden müssen, was sehr umständlich ist.

Hash-Tabellen

Hash-Tabellen (engl. to hash = zerhacken) bilden einen Kompromiß zwischen dem normalen Suchverfahren und dem direkten Tabellenzugriff und gestatten bei großen Tabellen eine wesentliche
Zeitersparnis.

Beim Suchen wird wieder ein Speicherplatz nach dem anderen mit dem Suchwort verglichen, bis
eine Übereinstimmung gefunden ist. Wesentlich ist jedoch, daß man sowohl beim Anlegen der Tabelle als auch beim Suchen nicht am Tabellenanfang beginnt, sondern möglichst nah an der Stelle,
an der sich das Gesuchte befindet. Wie läßt sich dies erreichen?

Am günstigsten wäre der direkte Zugriff, bei dem man zu jedem Suchwort durch eine Rechenformel (eine Speicherzuordnungsfunktion) die Adresse bestimmen kann, in der das Suchwort sich befindet. Dabei hätte man vollkommene Freiheit in der Reihenfolge der Tabellenanordnung und damit der Festlegung der Speicherzuordnungsfunktion.

Voraussetzung ist nur, daß die Tabelle nach derselben Funktion erstellt wird, nach der sie anschließend benutzt wird. Das wird bei komplizierten Funktionen manuell oft zu umständlich sein und muß daher meistens durch ein Programm bewerkstelligt werden.

Die Speicherzuordnungsfunktion muß nun jedem Suchwort eine Adresse zuordnen, die innerhalb der Tabelle liegt. Darüber hinaus sollte diese Adresse für jedes Suchwort verschieden sein, damit nicht mehrere Eintragungen an derselben Stelle erfolgen. Diese Forderung ist jedoch bei Suchworten aus einem sehr großen Auswahlvorrat im allgemeinen nicht erfüllbar. Man denke an 24-Bit-Suchworte, für die $2^{24} \approx 16 \times 10^6$ Möglichkeiten bestehen. Von diesen werden nur wenige (vielleicht einige Hundert) wirklich benutzt. Da man aber nicht weiß, welche das sind, ist die Angabe einer eindeutigen Speicherzuordnungsfunktion mit z.B. 600 erlaubten Funktionswerten nicht möglich.

Nun die Pointe: Das Auftreten gleicher Adressen für verschiedene Suchworte muß nicht zu Verwirrungen führen. Die soeben algorithmisch ermittelte Adresse ist dann noch nicht die wirkliche Adresse der Information, sondern die Stelle, an der man die Suche beginnt. Beim Anlegen der Tabelle ist das die Suche nach einem noch freien Platz, wo dann die Eintragung erfolgt. Beim eigentlichen Suchvorgang ist es das Suchen nach der gewünschten Information. Da Anlege- und Suchvorschrift der Tabelle identisch sind, wird das Wiederfinden relativ schnell gelingen.

Die S u c h l ä n g e , d.h. die Anzahl der Vergleiche bis zum Finden des richtigen Kennworts, kann nur statistisch ermittelt werden. Sie hängt in erster Linie davon ab, wie der Füllungsgrad der Tabelle ist, d.h. nach wieviel Schritten beim Anlegen der Liste im Mittel eine Lücke gefunden wird, und wie gut die Werte der Speicherzuordnungsfunktion über die ganze Listenlänge gleichmäßig verstreut sind.

Der erste Punkt (F ü l l u n g s g r a d) kann durch eine gewisse Speicherverschwendung verbessert werden. Für den zweiten Punkt (G l e i c h v e r t e i l u n g) muß man eine passende Funktion suchen, die schnell zu berechnen sein sollte.

In der Literatur werden für einen Füllungsgrad von z.B. 80 % als theoretisches Ideal drei und als praktisches Beispiel etwa fünf Suchschritte als Mittelwert angegeben. Bei nicht so gut gleichverteilenden Speicherzuordnungsfunktionen sollte man einen höheren Wert veranschlagen. Die Zeitersparnis beim Suchen besonders in großen, aber auch in mittleren Tabellen (z.B. ab 50 Kennworten) ist erheblich.

Wie kann man nun eine einigermaßen geeignete Speicherzuordnungsfunktion bilden? Im einfachsten Fall entnimmt man dem Suchwort eine Anzahl von Dualstellen, bei denen möglichst gut gestreute Werte zu erwarten sind. Sind z.B. mehrere Buchstaben durch Bitgruppen zu einem Wort zusammengefaßt (wir sprachen in Abschn. 2.2 über das Zusammensetzen eines Kennwortes aus Fernschreibzeichen), so kann man aus dem letzten Buchstaben einige Bits entnehmen, dann aus dem vorletzten usw. Dabei sollten die am besten gleichverteilten Stellen in die obersten Dualstellen des Funktionswertes verschoben werden, die nächst gut gleichverteilten in die nächsten usw. Es ist zweckmäßig, aus jedem Buchstaben nur kleinere Bitgruppen herauszuschneiden. Die Buchstaben selbst treten ja keineswegs gleich häufig auf; Anfangsbuchstaben wie s oder in der Mathematik x kommen überdurchschnittlich oft vor.

Bild 3.9 zeigt ein mögliches Verfahren für Suchworte, die aus Viererbuchstabengruppen (je Buchstabe 6 Bits) gebildet wurden. Treten auch kürzere Buchstabengruppen auf, so muß man sie vorher

im Wort nach rechts herunterschieben, sonst würden alle entsprechenden Adressen in den oberen
Dualstellen mit OOO beginnen, und dieser Teil der Tabelle würde überhäuft.

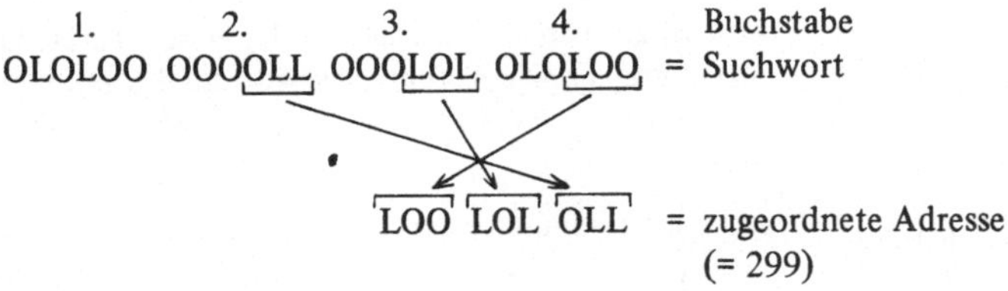

3.9 Beispiel für eine Speicherzuordnungsfunktion für Hash-Tabellen.
(Je nach Aufgabestellung sind bessere Möglichkeiten denkbar)

Einige Dinge sind bei Hash-Tabellen noch zu beachten: Wenn ein Suchwort eine Adresse am Ende
der Tabelle erhält, so kann es dort eventuell nicht mehr untergebracht werden. Man wird entweder die Tabelle dort um einen Überlauf verlängern, der durch die Speicherzuordnungsfunktion
nicht direkt erreicht wird, oder aber in einem solchen Falle das Suchen nach einer freien Stelle am
Anfang der Tabelle fortsetzen (was die Suchschleife etwas komplizierter macht).

Oft werden mehrere Tabellen für verschiedene Arten von Suchinformationen oder verschiedene Benutzer benötigt. Wenn man die Länge der Tabellen schlecht vorhersagen kann und sicherheitshal-
ber reichlich groß wählen will, bedeutet das Verschwendung. Man kann dann eine gemeinsame
Hash-Tabelle benutzen, wenn man zum Suchwort noch eine Suchinformation hinzufügt, die die
Herkunft der Information (z.B. den Benutzer) kennzeichnet. „Gefunden" wird nur dann gemeldet,
wenn auch diese übereinstimmt. Längere Suchzeiten treten dabei kaum auf, weil diese in erster Linie nicht von der Gesamtlänge der Tabelle, sondern nur vom Füllungsgrad abhängen.

Wenn ein gesuchtes Wort in der Liste nicht vorhanden ist, muß die Suche abgebrochen und eine
entsprechende Meldung gegeben werden. Wann soll man die Suche erfolglos abbrechen? Meistens
kann man sie beenden, wenn die erste Lücke der Tabelle erreicht ist (spätestens dort wäre die gesuchte Information beim Anlegen der Tabelle ja eingetragen worden).

Dann ist es aber schwierig, in der Tabelle einzelne Kennworte wieder zu löschen, wenn sie überflüssig geworden sind. Für manche Anwendungen wird dieses Löschen gewünscht. Aus der Fülle
der Möglichkeiten sei folgende erwähnt: Beim Anlegen der Tabelle wird die m a x i m a l e
S u c h l ä n g e automatisch ermittelt (d.h. die größte Suchlänge, die bei einer Information nötig
war, bis für sie ein freier Platz gefunden wurde). Das spätere Suchen braucht dann höchstens so
viele Schritte zu umfassen, wie diese maximale Suchlänge angibt.

Verteilungsbaum

Auch B a u m s t r u k t u r e n , die in anderem Zusammenhang wichtiger sind, können zum Tabellensuchen verwendet werden. Wir gehen in unserem Beispiel bitweise vor, untersuchen also die
charakteristischen Bits des Suchwortes einzeln.

Für die Unterscheidung der vier Informationen LOLLO, LOOLO, LLOLL und OLOLO zeigt
Bild 3.10 eine graphische Darstellung des Baumes. Man beginne oben. Wenn das erste Bit den Wert
O hat, gehe man auf dem linken Ast nach unten, sonst auf dem rechten. Links ist das Ende er-
reicht, hier muß also die Übersetzung für OLOLO stehen. Am rechten Ast muß weiter das zweite
Bit untersucht werden. So wird fortgesetzt.

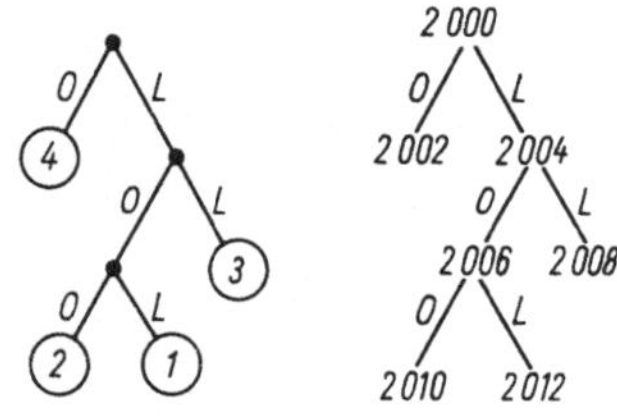

3.10 Verteilungsbaum zum Aufsuchen von Übersetzungen zu den Informationen ① bis ④, Links der Baum, rechts in den Baum eingetragen die Adressen der Tabelle nach Bild 3.11. Die Informationen sind ① LOLLO, ② LOOLO, ③ LLOLL und ④ OLOLO

Für die praktische Programmierung des Verfahrens müssen wir jedem K n o t e n , d.h. jedem Verzweigungspunkt, zwei Speicherplätze zuordnen. Die Adresse des ersten von ihnen bezeichnen wir als Adresse des Knotens. Im ersten der beiden Speicherplätze bringen wir als Inhalt die Adresse des am linken Ast folgenden Knotens, im zweiten die des rechts folgenden Knotens unter.

Auch die Endpunkte der Äste, an denen keine Verzweigung mehr erfolgt, behandeln wir wie Knoten, auch sie erhalten zwei Speicherplätze. In diesen können wir (speziell gekennzeichnet) Kennwort und Übersetzung unterbringen. (Das Kennwort dient nur Kontrollzwecken.)

Die so entstehende Tabelle zeigt Bild 3.11, den Ablaufplan zum Suchen Bild 3.12.

Sp. Nr.	Inhalt		
2000	2002	O	
2001	2004	L	
2002	Kennwort		④
2003	Übersetzung		
2004	2006	O	
2005	2008	L	
2006	2010	O	
2007	2012	L	
2008	Kennwort		③
2009	Übersetzung		
2010	Kennwort		②
2011	Übersetzung		
2012	Kennwort		①
2013	Übersetzung		

3.11 Zerlegungstabelle zu Bild 3.10. (Nur die mittlere Spalte wird abgespeichert)

Vorteil des Baumverfahrens ist, daß die Tabelle relativ schnell erweitert oder auch verkleinert werden kann. Der Suchprozeß erfordert für jedes Bit des Suchworts maximal einen Schritt. Eine Beschleunigung tritt ein, wenn man nicht nach einzelnen Bits, sondern nach den Werten von Bitgruppen in jeweils mehr Äste verzweigt. Im allgemeinen dürften aber Hash-Tabellen schneller und bequemer sein.

Übungsaufgaben. 11. Mit Hilfe eines Zerlegungsbaumes bzw. der zugehörigen Tabelle kann man relativ schnell die Speicherzuordnungsfunktion einer Matrix auswerten. Für eine zweifach indizierte Größe zeigt Bild 3.13 den Zerlegungsbaum und Bild 3.14 die zugehörige Tabelle (die bei Spei-

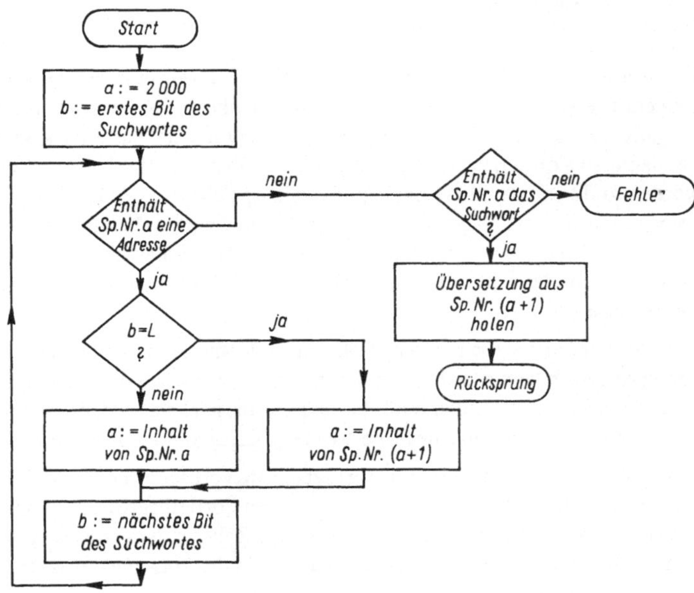

3.12
Ablaufplan zur Auswertung der Tabelle in
Bild 3.11

cher Nr. 2000 beginnt). Jedem Knoten sind hier drei Speicherplätze zugeordnet, da von ihm drei Äste nach unten verlaufen, für die jeweils die Adresse des nächsten Knotens bzw. der Zahlenwert des unten angeschriebenen Elements eingetragen werden müssen. Die Indizes sollen die Werte 1, 2 und 3 annehmen können, die Adressen Adr (a_{10}) usw. sind die fiktiven Zeilenanfangsadressen.

Schreiben Sie ein Programm, das aus dieser Tabelle die a_{ik} entnimmt, wenn i und k gegeben sind. (Man beachte, daß die in die Tabelle eingetragenen Adressen immer den Speicher unmittelbar vor dem gewünschten Knoten angeben; die Indexwerte 1, 2 oder 3 können also sofort addiert werden.)

12. Wie sehen entsprechend Baum und Tabelle aus, wenn für eine dreifach indizierte Größe a_{ikm} der Index i die Werte 1, 2 und 3 und die Indizes k und m nur die Werte 1 und 2 annehmen können?

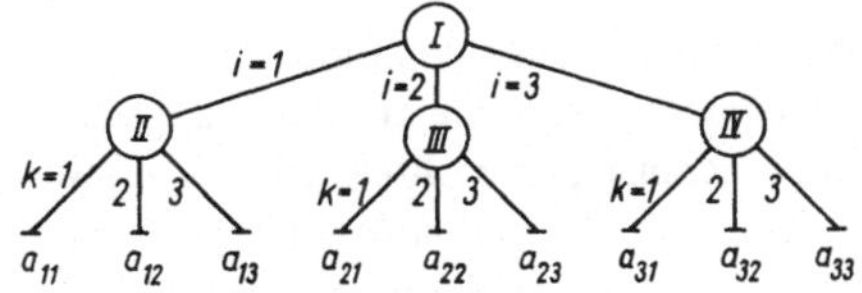

3.13 Zerlegungsbaum für das Aufsuchen eines
Matrixelements a_{ik}

Sp.Nr.	Inhalt	Erklärung	
2000	2002	$= \text{Adr}(a_{10})$	Knoten
2001	2005	$= \text{Adr}(a_{20})$	I
2002	2008	$= \text{Adr}(a_{30})$	
2003	a_{11}		Knoten
2004	a_{12}		II
2005	a_{13}		
2006	a_{21}		Knoten
2007	a_{22}		III
2008	a_{23}		
2009	a_{31}		Knoten
2010	a_{32}		IV
2011	a_{33}		

3.14 Tabelle zu Bild 3.13. (Die beiden äußeren
Spalten dienen nur der Erklärung)

3.4. Sortieren

Oft werden in eine Rechenanlage Informationen ungeordnet eingegeben, die in einer bestimmten Reihenfolge verarbeitet werden müssen. Man denke an das Verbuchen von Schecks und Überweisungen im Bankwesen. Es ist zweckmäßig, diese zunächst nach der Kontonummer zu sortieren, um dann ein Konto nach dem andern in der Reihenfolge der Numerierung bearbeiten zu können. Konten sind nämlich im allgemeinen auf Hilfsspeichern (z.B. Bandspeichern) untergebracht, die keinen schnellen beliebigen Zugriff (r a n d o m   a c c e s s) erlauben, sondern bei denen man möglichst in der Reihenfolge der Anordnung im Speicher arbeiten sollte. Unter S o r t i e r e n versteht man also nicht das Einordnen in Klassen (Sorten, Fächer), sondern das Herstellen der gewünschten Reihenfolge.

Beim Sortieren ist zwischen zwei Teilen der Information zu unterscheiden: Der erste ist der Sortierbegriff, nach dem geordnet werden soll, und der zweite die B e g l e i t i n f o r m a t i o n, die dabei mitgeführt werden muß. In unserem Beispiel wäre der Sortierbegriff die Kontonummer, die Begleitinformation u.a. der Überweisungsbetrag und die Kontonummer des anderen Partners.

Es können auch nichtnumerische Sortierbegriffe vorliegen, wenn z.B. Namen alphabetisch angeordnet werden sollen. Man codiert dann vorher den Sortierbegriff um: A wird in 1, B in 2 usw. umgewandelt. Aus diesen wiederum bildet man eine Zahl, in der der so umgeschlüsselte Anfangsbuchstabe in den höchsten Dualstellen, der nächste in den folgenden usw. steht.

Ein elementares Verfahren könnte darin bestehen, daß man erst einmal nach der höchsten Unterteilung des Sortierbegriffes verteilt. Wenn es sich z.B. um dreistellige Zahlen handeln würde, würde man zunächst nach den Hundertern sortieren, also zehn Stapel anlegen und diese anschließend in sich einzeln weiter bearbeiten. Dieses Verfahren ist unvorteilhaft, weil man sehr bald den Überblick über die vielen entstehenden Teilstapel verlieren würde.

Sortieren von Lochkarten

Wenn man mit Lochkarten in den gängigen Sortiermaschinen arbeitet, hat sich folgendes Verfahren als zweckmäßiger erwiesen. Man sortiert nicht zuerst nach der größten Unterteilung — in unserem Beispiel also nach den Hunderten —, sondern gerade umgekehrt nach den Einern. Man legt also 10 Stapel an, in denen jeweils diejenigen Karten versammelt werden, die dieselbe letzte Ziffer haben. Dabei ist die technische Anordnung der Sortiermaschinen zu beachten: Die Karten werden unten abgezogen und von oben in die Fächer gelegt. Wenn zwei Karten in dasselbe Fach geraten, so liegt nachher dieselbe Karte wieder oben wie vorher. (Bei Handsortierung ist das nicht immer der Fall.)

Ist dies durchgeführt, so legt man die soeben sortierten Karten so aufeinander zu einem einzigen Stapel, daß alle diejenigen zu unterst liegen, die in der letzten Stelle eine Null haben, darüber diejenigen, die in der Einerstelle eine 1 haben, usw. Jetzt führt man den gleichen Sortiervorgang ein zweites Mal durch, diesmal jedoch für die Zehnerstelle. Auch hier werden die Karten wieder auf zehn Stapel verteilt, von denen der erste in der Zehnerstelle eine Null, der nächste in der Zehnerstelle eine 1, usw. enthält.

Wenn diese Sortierung beendet ist, geht das Verfahren nach genau derselben Methode weiter: Man legt alle zehn Stapel zusammen, wobei wieder der „Nullstapel" nach unten kommt. Jetzt wird nach der nächsthöheren Stelle das Verfahren fortgeführt usw.

In Bild 3.15 ist das Verfahren für zweistellige Zahlen illustriert. Dabei sind wegen der Übersichtlichkeit nur diejenigen Fächer bzw. Stapel eingezeichnet, in die wirklich Karten hineingelangen. Die übrigen müssen konstruktiv natürlich auch vorhanden sein.

erster Schritt	zweiter Schritt	dritter Schritt
Sortieren nach Einern	Zusammenlegen und Sortieren nach Zehnern	Zusammenlegen liefert Ergebnis
60	86	86
84	26	84
22	06	64
86	84	60
26	64	42
42	22	26
64	42	22
06	60	06

erster Schritt (Fächer):

	22	86	86 / 26
60	42	84	06
↑ 0	↑ 2	↑ 4	↑ 6

zweiter Schritt (Fächer):

	26		64	84
06	22	42	60	86
↑ 0	↑ 2	↑ 4	↑ 6	↑ 8

3.15 Sortieren zweistelliger Zahlen bei Lochkarten. (Unten sind nur
vier bzw. fünf der zehn erforderlichen Fächer wiedergegeben)

Der Zeitbedarf ergibt sich offenbar aus einem Durchlauf je Dezimalstelle.

Sortieren in random-access-Speichern

Das Sortieren im Arbeitsspeicher der Maschine geht besser nach anderen Methoden vor sich. Jedem Stapel würde dort nämlich eine Anzahl von reservierten Speicherplätzen entsprechen, in die man die zu sortierenden Zahlen hineinschreiben kann. Zehn derartige Speicherbereiche, deren benötigter Umfang unvorhersehbar ist und daher unbedingt groß genug gewählt werden muß, sind zu aufwendig.

Man muß unterscheiden zwischen Methoden, die für einen r a n d o m - a c c e s s - S p e i c h e r geeignet sind (in dem alle Speicherplätze gleich schnell erreichbar sind), und solchen, die besser sind für s e r i e l l z u g r i f f s f ä h i g e S p e i c h e r wie z.B. Magnetbänder. Wir betrachten im Augenblick die ersteren.

Wir denken uns die Sortierbegriffe (als Zahlen aufgefaßt) nebeneinandergeschrieben und nennen sie a_i (für i von 1 bis n).

Ein Verfahren besteht darin, daß man sich von links nach rechts eine Zahl a_i nach der anderen vornimmt und sie in einen Speicher (h) bringt. Ist sie kleiner als die vorhergehende Zahl a_k, schiebt man diese einen Platz nach rechts und vergleicht h wiederum mit der vorhergehenden. Verschieben und Vergleichen werden fortgesetzt, bis der momentan richtige Platz für h gefunden ist, wo die Zahl abgelegt wird. Nun kann man mit dem nächsten a_i von vorne beginnen.

Beim ersten a_i ist kein Vertauschen mit einer vorhergehenden Zahl möglich, beim zweiten kann eine Verschiebung nötig sein, beim dritten zwei usw. Im ungünstigsten Fall können $2 + 3 + 4 + \ldots + (n - 1) = (n + 1) \times (n - 2)/2$ Verschiebungen auftreten, wenn die Zahlen zu Anfang unglücklich standen; meistens werden es weniger sein. Bild 3.16 zeigt den Vorgang an einem Beispiel, Bild 3.17 gibt ein ALGOL 60-Teilprogramm dazu wieder (zu dessen Schreibweise vgl. Abschn. 4.3).

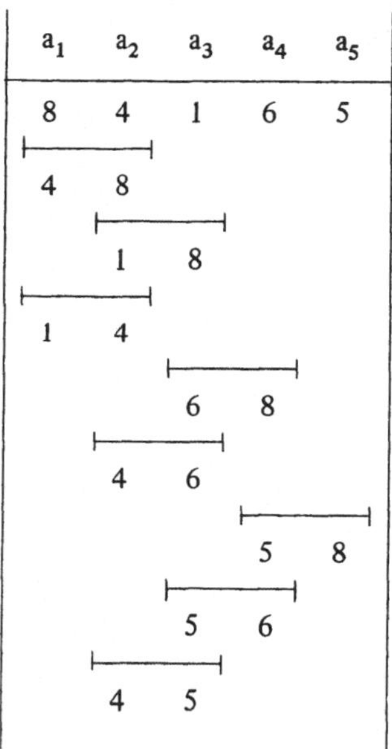

```
. . .
for i:=2 step 1 until n do begin
h := a[i] ;
for k:=i−1 step −1 until 1 do begin
if h notless a[k] then goto nächstes i;
comment    wenn h kleiner ist, wird a[k] nach
                    rechts geschoben;
a[k+1] := a[k] ;
end k ;
k := 0 ;
nächstes i :
comment  h  kommt an den freigeräumten Platz;
a [k+1] := h ;
end i ;
. . .
```

3.17 ALGOL 60-Programm zu Bild 3.16

3.16
Sortieren durch paarweisen Vergleich und eventuellen Tausch. Die waagerecht liegenden Klammern geben an, welche Paare verglichen werden.

Ein anderes Verfahren: Man sieht alle Zahlen von Anfang bis zum Schluß durch und sucht die kleinste von ihnen; diese vertauscht man mit der Zahl am Anfang. Sollte diese bereits die kleinste sein, so wird der Tausch überflüssig; er kann aber auch formal als „Tausch mit sich selbst" durchgeführt werden, wenn dies programmiertechnisch bequemer ist. (Wir haben das Problem, die kleinste der Zahlen zu ermitteln, in Abschn. 3.1 ausführlich betrachtet.)

Nun wiederholen wir das ganze, wobei aber jetzt an die Stelle der ersten Zahl die zweite tritt. Bei n Zahlen sind n − 1 Wiederholungen nötig, dabei haben wir zuletzt nur die beiden letzten Zahlen zu vergleichen.

Bild 3.18 zeigt einen Ablaufplan.

3.18 Ablaufplan zum Sortieren der Zahlen a[k] nach der Größe.
In der innersten Schleife wird die jeweils kleinste Zahl z
gesucht, ℓ ist ihre Nummer in der Liste. In der äußeren
Schleife wird diese kleinste Zahl mit der an Stelle Nr. i
vertauscht.

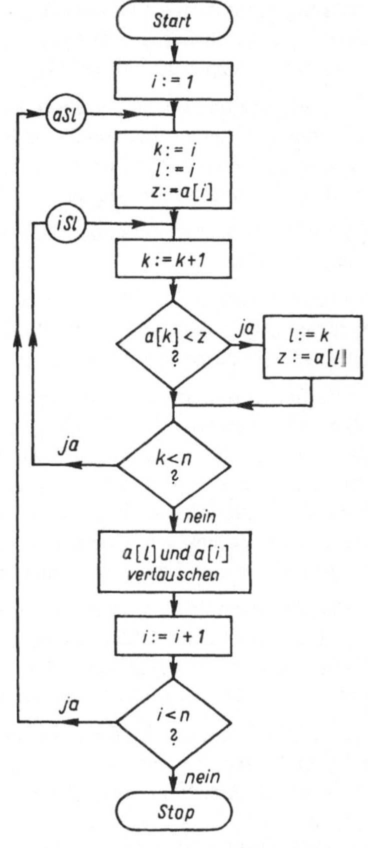

Die Anzahl der Vergleichsuntersuchungen ist bei der
ersten Zahl $(n - 1)$, bei der zweiten $(n - 2)$ usw., zusammen also $\dfrac{(n - 1) \times n}{2}$. Allerdings ist diese Zahl
konstant. Wir können es nicht feststellen, wenn die
richtige Reihenfolge schon wesentlich früher erreicht
ist (und das ist auch recht unwahrscheinlich).

Begleitinformation

Wir haben zuletzt nur von Zahlen gesprochen und
nicht mehr erwähnt, daß oft an den Sortierbegriffen
noch eine Begleitinformation „hängt", die mittransportiert werden muß. Dies erfordert natürlich eine
Reihe von Transportoperationen (oft Blocktransfers),
die sehr zeitraubend sein können. Dann ist die in
Bild 3.18 illustrierte Methode vorzuziehen, bei der die
Anzahl der Tauschvorgänge kleiner ist.

Der Transport von B e g l e i t i n f o r m a t i o n e n
kann weitgehend reduziert werden, wenn man S t e l l -
v e r t r e t e r mittransportiert. Man legt dann die Begleitinformation an einer festen Stelle des Speichers
zum Verbleib ab. Gemeinsam mit dem Sortierbegriff
wird nur die Adresse der Begleitinformation als Stellvertreter mitvertauscht. Das ist allerdings nur in einem
random-access-Speicher sinnvoll, da später die Begleitinformationen in der richtigen Reihenfolge
abgerufen werden, um verarbeitet zu werden. Dazu müssen sie kurzfristig greifbar sein.

Serielle Speicher

Anders sind die Probleme, wenn man nicht einen genügend großen random-access-Speicher zur Verfügung hat, sondern z.B. auf Bandspeicher zurückgreifen muß. Dies ist bei sehr großen Datenmengen
oft der Fall.

Als erste Möglichkeit kann man das oben beschriebene Lochkartenverfahren sinngemäß übernehmen.
Jedes Magnetband entspricht dabei einem (bei Bedarf außerordentlich hohen) Stapel. Da von einem
Stapel abgenommen und in mehrere Fächer (= Stapel) verteilt wird, sind möglichst viele, mindestens
aber drei Bandgeräte nötig. Man ist ja nicht (wie bei einfachen Lochkartensortierern) auf das Dezi-
malsystem angewiesen. Im einfachsten Fall wird man eine einzige Dualstelle abfragen und dann
(wegen der zwei Möglichkeiten L und O) auf zwei neue Bänder verteilen. Hat man mehr Geräte,
kann man die Unterscheidung verfeinern. Wenn man g Geräte zur Verfügung hat (von denen eines
als „Lieferant" benutzt wird), kann man in n Durchläufen $(g - 1)^n$ Möglichkeiten sortieren, der
Sortierbegriff kann dann also $n \cdot \mathrm{lb}\,(g - 1)$ Bits umfassen (lb = Zweierlogarithmus). Diese Ab-

schätzung ist unabhängig von der Anzahl der vorliegenden Informationen. Nicht zu jedem möglichen Wert des Sortierbegriffs braucht eine Information wirklich vorhanden zu sein. Die Anzahl der Informationen bestimmt lediglich den Zeitbedarf für jeden einzelnen Durchlauf. —

Ein beliebteres Bandsortierverfahren ist das Herstellen von S e q u e n z e n . Wir verstehen darunter Teilmengen der zu sortierenden Informationen, die schon in der gewünschten Reihenfolge stehen. Man versucht, erst kurze Sequenzen herzustellen, aus diesen dann längere und wieder längere usw., bis eine einzige Sequenz vorliegt.

Im einfachsten Fall (drei Bandgeräte) entnimmt man die Zahlen von zwei Geräten und speichert sie auf das dritte.

Wir setzen voraus, daß die L i e f e r b ä n d e r ungefähr gleich viele Zahlen enthalten und daß jedes seine nächste Zahl „anbietet". Wird diese entnommen und auf das E r g e b n i s b a n d übertragen, so wird automatisch die nächste Zahl des betreffenden Bandes angeboten.

Das Verfahren besteht darin, daß immer diejenige der beiden angebotenen Zahlen auf das Ergebnisband übertragen wird, die in der gewünschten Reihenfolge von kleineren zu größeren Zahlen „als nächste an die Reihe kommt". Zu Anfang ist das die kleinere von beiden. Bei den nächsten Schritten ist es auch die kleinere, sofern diese nicht kleiner als die zuletzt abgespeicherte ist (dann würde sie die aufsteigende Reihenfolge stören). In diesem Fall muß natürlich die größere genommen werden. Ist diese auch kleiner als die zuletzt abgespeicherte, so muß eine neue Sequenz angefangen werden, und das ganze Spiel beginnt von neuem.

Sind beide Lieferbänder geleert, also alle Zahlen einmal bearbeitet, müssen zwecks Wiederholung vom Ergebnisband alle Zahlen wieder auf die beiden Lieferbänder verteilt werden. Am besten geschieht das, wenn immer abwechselnd eine Sequenz auf das erste und eine Sequenz auf das zweite Band kommt. (Hierzu später noch eine Bemerkung.)

Sind die Zahlen auf den Lieferbändern schon nach Sequenzen geordnet, so werden nach diesem Verfahren je eine Sequenz des ersten und des zweiten Bandes bei einem Durchlauf „gemischt", so daß sich die Anzahl der Sequenzen halbiert. (Man nennt diese Methode daher auch das M i s c h v e r f a h r e n .) Diese Durchläufe sind so lange fortzusetzen, bis eine einzige Sequenz übrig bleibt. Bild 3.19 zeigt ein Beispiel.

Erster Durchlauf		Zweiter Durchlauf		dritter Durchlauf	
				86	
		60		84	
26	60	26		64	
42	84	86	84	42	
64	22	64	42	22	60
06	86	06	22	06	26
60		60		86	
26		26		84	
84		86		64	
42		84		60	
22		64		42	
86		42		26	
64		22		22	
06		06		06	

3.19
Bandsortieren: In drei Durchläufen a) bis c) werden jeweils aus den untersten Zahlen der beiden oben eingetragenen Bänder „Sequenzen" gebildet. In den Zwischenschritten werden diese Sequenzen wieder auf die beiden oben liegenden Bänder verteilt. Die seitlich angetragenen Klammern werden nicht abgespeichert; sie veranschaulichen die Länge der Sequenzen und ihre Verteilung auf die oberen Bänder im Zwischenschritt

Das Verfahren läßt sich verbessern. Ein unerwünschter Schritt ist das Zurückbringen der Zahlen vom Ergebnisband auf die beiden Lieferbänder zu Beginn jedes neuen Durchlaufs. Man kann es vermeiden, wenn man vier Bänder verwendet, von denen zwei abwechselnd als Ergebnisbänder wirken. Die entstehenden Sequenzen werden dann immer abwechselnd auf die beiden Bänder gegeben.

Stehen weitere Geräte zur Verfügung, so kann man mehr Lieferbänder einführen und zur gleichen Zeit nicht zwei, sondern drei oder mehr Sequenzen (von ebensovielen Lieferbändern) mischen, so daß die Anzahl der Sequenzen bei jedem Durchlauf gedrittelt bzw. noch weiter verkleinert wird. Stehen ℓ Lieferbänder zur Verfügung, können mit maximal n Durchläufen ℓ^n Informationen in die richtige Reihenfolge gebracht werden.

Die beschriebenen Bandsortierverfahren werden in der Praxis nicht „rein" angewandt, da Magnetbänder nicht einzelne Zahlen anliefern, sondern nur eine blockweise Übertragung möglich ist. Je nach der Größe des zur Verfügung stehenden und sowieso benötigten Arbeitsspeichers wird man nach den für random-access-Speicher möglichen Verfahren vorsortieren.

Übungsaufgaben. 13. Führen Sie das oben beschriebene Bandsortieren (Erstellen von Sequenzen) durch für folgende Zahlen:

Band A:	27	55	33	1	4	7	300
Band B:	250	230	17	18	20	5	6

(Rechts werden die Zahlen abgenommen; die kleinsten Zahlen sollen nach links; es soll von zwei Bändern abgeholt und auf ein drittes Band aufgeschrieben werden.)

Kontrolle: Nach 3 Durchläufen (und zweimaligem Zurückschreiben auf die Bänder A und B) muß die richtige Reihenfolge vorliegen.

14. Programmieren Sie die Fallunterscheidung zu dem in Aufgabe 13. benutzten Sortiervorgang. (Abfragen von Bandanfang und Bandende sollen nicht betrachtet werden.) Die angebotenen ersten Zahlen der Lieferbänder seien a und b; die zuletzt an das Ausgabeband gegebene Zahl sei c. Bei (f1) werde c := a gesetzt und die erforderlichen Bandtransporte durchgeführt; bei (f2) das entsprechende mit c := b.

Gesucht sind Fallunterscheidungstabelle, Zerlegungsbaum, Ablaufplan und Programm. Letzteres soll in Abhängigkeit von a, b und c in den richtigen Fällen „go to (f1)" bzw. „go to (f2)" ausführen.

4. Hilfsmittel und Methodik

Als Hilfsmittel betrachten wir Geräte, Programmiersprachen und zweckmäßige Dokumentation. In Abschn. 4.4 werden Arbeitseinteilung und Zwischenschritte des Programmierens besprochen sowie allgemeine Hinweise gegeben.

4.1. Hardware-Hilfsmittel

Das Programmieren ist eine mühsame und fehleranfällige Arbeit. Man versucht daher, Erleichterungen verschiedener Art zu schaffen, um die Arbeit zu rationalisieren. In diesem Abschnitt wollen wir dazu die durch die Ausstattung der Anlage gegebenen Möglichkeiten betrachten.

Ein erster Punkt sind Spezialoperationen, die manche Programmierschritte vereinfachen. Technische Möglichkeiten zur besseren Eingabe und Kontrolle folgen. Eine besondere Bedeutung haben in diesem Zusammenhang auch Normen.

Rechenoperationen

Die oben aufgeführten Rechenoperationen sind primitiv und erfordern detaillierte und gelegentlich umständliche Programme. Welche Erleichterungen lassen sich für den Programmierer einführen?

In vielen größeren Rechenanlagen existieren Operationen, die viele Schritte selbständig durchführen, welche wir als kleine Programme zusammenstellen mußten. Wir können darauf nicht detailliert eingehen, da sie nicht in allen Anlagen vorhanden sind bzw. auf sehr verschiedene Art und Weise ausgelöst werden. Auch sie werden durch einen programmähnlichen Ablauf innerhalb der Maschine durchgeführt. Da wir gerade diese Abläufe studieren wollen, ist es für uns gleichgültig, ob sie als Programm im Speicher der Maschine untergebracht sind oder ob sie durch eine Ablaufsteuerung ausgelöst werden. Die Methoden sind in beiden Fällen weitgehend gleich. Auch besteht für den Benutzer wenig Unterschied zwischen einem Rechenablauf durch Mikroprogrammsteuerung und durch eines der von uns betrachteten Programme, wenn dies als Baustein vorhanden ist.

Zu solchen Spezialbefehlen können die Gleitpunkt-Operationen ebenso wie manche Matrizenoperationen gehören, ebenso die Berechnung von Standardfunktionen, Tabellensuchoperationen u.ä.

Kontrollen

Ein weiteres Hilfsmittel sind Alarmmeldungen, die automatisch ausgelöst werden, wenn Programmierfehler oder Störungen auftreten. Sie sind allerdings nur bei kleinen Geräten verdrahtet; größere Anlagen werden sie meistens durch kompliziertere Programme verarbeiten. Wir betrachten sie in Abschn. 4.2.

Ältere Geräte, die nicht auf Simultanarbeit eingerichtet sind, besitzen Möglichkeiten, die Maschine an einprogrammierten Stellen zu stoppen, damit man feststellen kann, welche Zwischenergebnisse mittlerweile berechnet wurden. Dadurch ist eine schrittweise Kontrolle eines Rechenganges möglich. Meistens ist eine Adresse beliebig einstellbar, bei der das Programm angehalten wird (A d r e s s e n s t o p).

Bei Großanlagen (und in Zukunft wohl auch bei kleineren) wird oft eine wichtige Kontrolle durch Verdrahtung automatisch durchgeführt: Der S p e i c h e r s c h u t z. Es ist sehr unangenehm, wenn Speicherinhalte versehentlich geändert werden. Wird ein solcher falscher Speicherinhalt bemerkt, kann oft nicht mehr festgestellt werden, wann und wo der Fehler begangen wurde. Besonders störend ist dies, wenn verschiedene Teilnehmer die Maschine gleichzeitig benutzen und man nicht weiß, wer die Störung verursachte. Über Speicherschutz und die dabei ebenfalls benötigten p r i v i l e g i e r t e n B e f e h l e, die nicht allen Benutzern zugänglich sind, sprechen wir in Abschn. 8.4.

Die Kontrolle der technischen Funktionsfähigkeit der Anlage sollte weitgehend automatisch erfolgen (z.B. durch p a r i t y c h e c k s u.a.). Wir können hier nicht darauf eingehen, weil dies außerhalb des Arbeitsbereichs des Programmierers liegt.

Maschinenbedienung

Das Ausprüfen von Programmen wird erleichtert, wenn der Benutzer unmittelbar an der Maschine arbeiten kann und dabei die nötige Ruhe zum Nachdenken hat. Andererseits ist es nicht tragbar, wegen langer Nachdenkpausen die Maschine zu blockieren. Eine Abhilfe schaffen moderne Groß-anlagen mit dem T e r m i n a l - B e t r i e b, bei dem eine große Anzahl von Schreibmaschinen oder ähnlichen Geräten (in engl. als terminals bezeichnet) angeschlossen ist und reihum bedient werden. Hier verfügt jeder der Benutzer scheinbar über die ganze Maschine. Jedoch werden die Zwischenzeiten ausgenutzt, indem im t i m e - s h a r i n g - V e r f a h r e n andere Benutzer (fast) gleichzeitig mit der Maschine arbeiten. Das setzt ein umfangreiches Programmpaket voraus, das wir in Abschn. 8.3 betrachten werden. Durch den Terminalbetrieb wird das Problem der unter-schiedlichen Geschwindigkeit von Mensch und Anlage gelöst.

Vorteilhaft sind optische Sichtgeräte, die mit einer schreibmaschinenähnlichen Tastatur für die Eingabe von Informationen in die Maschine ausgerüstet sind, aber auf einem Bildschirm angefor-derte Daten sichtbar machen. Auch eine optische Eingabe durch einen L i c h t g r i f f e l, mit dem man auf einzelne Teile des Bildes zeigt und dadurch Informationen (Bildpunkte, Symbole, Linienführungen) eingibt, stellt eine bequeme Lösung dar.

Normung

Wohl die wichtigste, aber leider auch die schwierigste und noch weitgehend ungelöste Möglich-keit zur Arbeitsvereinfachung ist die Normung. Es existieren bisher weder einheitliche Maschinen-operationen noch Befehle noch Wortlängen. Eine begrenzte Normung ist auf dem Gebiet der Ein-und Ausgabegeräte gelungen. Die Codierung des Datenverkehrs mit diesen Geräten ist z.B. festge-legt in DIN 66004, 66006, 66020, 66024, 44300.

In gewissen Grenzen sind dabei auch die auf diesen Geräten verfügbaren Schriftzeichen festge-legt. Leider bestehen aber auch hier noch immer wesentliche Unterschiede, eine völlige Verein-heitlichung ist nicht abzusehen. Der Programmierer muß häufig an anderen Anlagen oder an Zu-satzgeräten derselben Anlage gewohnte Zeichen durch andere umschreiben, was oft recht lästig ist. Gelegentlich sind auch umfangreiche Umsetzprogramme nötig.

Für Normung sind außer den deutschen Normen-Ausschüssen zuständig die ISO (International Standards Organization) und die ECMA (European Computer Manufacturers Association).

4.2. Assemblersprachen

Der Einsatz der eben beschriebenen Hardware-Hilfsmittel ist teuer und im Erfolg begrenzt. Wich-tiger sind für die Arbeitserleichterung Programme, die sich bereits fertig in der Anlage befinden und deren Aufbau wir später ausführlich betrachten wollen. Für das maschinennahe Arbeiten han-delt es sich in erster Linie um den A s s e m b l e r (im engeren Sinne), der das Einlesen von Pro-grammen und anderen Informationen besorgt, und eine Reihe von Hilfsprogrammen, die im weite-ren Sinne ebenfalls zum Assembler gehören. Wir wollen einige Aufgaben dieser Programme auf-zählen und Angaben über übliche A s s e m b l e r s p r a c h e n machen, d.h. über die durch Assembler ermöglichte vereinfachte Schreibweise von Programmen.

Assemblersprachen der verschiedenen Herstellerfirmen weisen Ähnlichkeiten, aber auch wesentliche Unterschiede auf. Sie führen Bezeichnungen wie TAS, SAP, Prosa, Freiburger Code u.ä. Verwirrung entsteht durch eine A s s e m b l e r s p r a c h e , die den Eigennamen Assembler führt. Einfachere Sprachen dieser Art werden oft auch als M a s c h i n e n c o d e bezeichnet (abweichend von der üblichen Bedeutung des Wortes Code).

Operationsteile

In Kapitel 2 haben wir zu den betrachteten Maschinenoperationen die üblichen Kurzbezeichnungen angegeben, die in Assemblersprachen benutzt werden. Diese Bezeichnungen sind der Befehlsliste der jeweiligen Anlage zu entnehmen. Ihre Verwendung wird durch den Assembler ermöglicht und stellt (gegenüber den Pionierzeiten der Rechnertechnik) eine wesentliche Erleichterung dar. Der Assembler wandelt sie in die interne Dualdarstellung um.

Feste und relative Adressen

Wenn man den Adreßteil der Befehle als Zahl angibt, ist eine Umwandlung von der dezimalen Schreibweise in die duale nötig, die der Assembler automatisch durchführt. — Ein gelegentlich nützlicher Spezialfall zahlenmäßiger Adreßteile von Befehlen sind r e l a t i v e A d r e s s e n . Ein Beispiel: Die Anweisung „go to übernächsten Speicherplatz" kann bei manchen Anlagen als „gto2+" geschrieben werden. Hier hat der Assembler die Aufgabe, den wirklichen Adreßteil des Befehls auszurechnen und einzusetzen.

Symbolische Adressen

Über die Schreibweise symbolischer Adressen haben wir in Abschn. 1.5 bei der Betrachtung eines ausführlichen Beispiels gesprochen. Man ist bei ihrer Verwendung nicht mehr gezwungen, die genauen Adressen zu ermitteln, sondern kann sie durch Buchstaben(gruppen) kennzeichnen, die sich leicht merken lassen. Dadurch lassen sich viele Fehler und Mühen vermeiden. Der Assembler ersetzt die Bezeichnungen durch die Zahlenwerte. Insbesondere ist es dadurch auch möglich, Programme oder Programmstücke in andere als die ursprünglich geplanten Speicherplätze zu verlegen. Manche Assembler gestatten eine Unterscheidung zwischen n o r m a l e n (lokalen) und g l o b a l e n symbolischen Adressen. Man kann die ersteren am Ende eines Programmstücks löschen und anschließend die entsprechenden Bezeichnungen in anderer Bedeutung wiederverwenden. Nur die globalen Adressen bleiben erhalten, um die Verbindung zwischen den einzelnen Programmteilen herzustellen.

Andere Adressenschreibweisen

Wenn man konstante Speicherinhalte benötigt, kann man bei manchen Assemblern eine Schreibweise benutzen, die gegenüber den symbolischen Adressen eine weitere Erleichterung bietet. Ein Beispiel: Man kann eine Zahl 1234567 in den Akku laden mit „LD: 1234567". Die Zahl wird in

einem anderen (vorher festgelegten) Teil des Speichers untergebracht, ihre Adresse wird vom
Assembler automatisch in den Befehl an Stelle des Doppelpunkts eingefügt. Entsprechendes ist
beliebig oft für alle Befehle möglich.

Zahlen und andere Informationen

Innerhalb von Programmen treten Zahlenwerte und Werte von B i t m u s t e r n auf (die z.B. für
Intersektion benötigt werden). Auch diese sind als Bestandteil des Programms in die Maschine einzugeben. Bei normalen Zahlen ist dies einfach. Hier wird die übliche dezimale Schreibweise auf
Lochstreifen oder Lochkarte benutzt, und durch den Assembler erfolgt die Umwandlung in die
entsprechende Dualzahl. Das gilt auch für Gleitpunktzahlen.

Schwieriger ist die Eingabe von Informationen, die in bestimmten Dualstellen Werte L bzw. O enthalten sollen. Man könnte für jede Dualstelle ein L bzw. O anschreiben und erhält die duale Zahlenschreibweise, für die der Assembler ein Leseprogramm enthalten müßte. Dualzahlen besitzen
jedoch viele Stellen (im Vergleich zu gleichwertigen Dezimalzahlen) und sind unbequem zu schreiben. Es ist üblich, für jede Vierergruppe von Dualstellen nur ein einziges Zeichen anzugeben. Bild 4.1
zeigt eine Tabelle für die verwendeten Abkürzungen.

OOOO	0	LOOO	8
OOOL	1	LOOL	9
OOLO	2	LOLO	A
OOLL	3	LOLL	B
OLOO	4	LLOO	C
OLOL	5	LLOL	D
OLLO	6	LLLO	E
OLLL	7	LLLL	F

4.1
Verschlüsselung von Vierergruppen bei
„Hexadezimal-Schreibweise"

Für die Gruppen OOOO bis LOOL handelt es sich um den BCD-Wert. Für die Vierergruppen von
LOLO bis LLLL existiert kein entsprechender Dezimalwert, so daß man dort die Buchstaben A
bis F gewählt hat. (Wegen der 16 möglichen Vierergruppen spricht man von h e x a d e z i m a l e r
oder stilistisch besser von s e d e z i m a l e r Schreibweise.)

Auch diese Informationen werden von Lochkarte oder Lochstreifen durch den Assembler automatisch in das entsprechende interne Dualwort umgesetzt. Zur Vermeidung von Verwechslung mit
Dezimalzahlen wird oft ein Erkennungszeichen (z.B. der Buchstabe H) vorgesetzt. Ein Beispiel:

H4A1F00 bedeutet OLOO LOLO OOOL LLLL OOOO OOOO.

Steuerbefehle

Charakteristisch für moderne Rechenanlagen ist, daß sie s p e i c h e r p r o g r a m m i e r t arbeiten. Das Programm wird vollständig in die Maschine eingegeben und dort im Speicher aufbewahrt,
bevor man mit dem Rechenprozeß beginnt. Die Maschinenbefehle sind also nicht unmittelbar
Steuerbefehle. Vielmehr muß der Start des Programms, das Abbrechen, das Einlesen usw. durch
besondere Steueranweisungen befohlen werden.

Steueranweisungen werden oft auf ähnliche Weise durch Buchstabengruppen oder Worte in die Maschine eingegeben wie die Maschinenoperationen. Ein Unterscheidungsmerkmal kann darin bestehen, daß man längere Buchstabengruppen verwendet.

Einige Anwendungen: Steueranweisungen geben u.a. an, in welche Speicherplätze ein Programm eingelesen werden soll. Sie sind dazu nötig, den Leseprozeß zu starten oder zu stoppen oder den Assembler darüber zu informieren, wie die folgenden Daten (z.B. in Hexadezimalschreibweise oder als Dezimal- oder Dualzahlen) geschrieben sind. Ferner ist ein Startbefehl nötig, der das Durchrechnen des Programms auslöst, sowie ein Stopbefehl, der das Rechenprogramm unterbricht. Auch müssen Kontrolldrucke durch solche Steuerinformationen ausgelöst werden.

Die Schreibweise der Steuerinformationen ist der Programmieranleitung der betreffenden Anlage zu entnehmen. Die Auswertung muß durch ein Leseprogramm erfolgen, das wieder Bestandteil des Assemblers ist.

Unterprogramme

Es gibt viele Programmteile, die immer wieder in derselben Form verwendet werden. Man denke an das Zerlegen einer Zahl in einzelne Ziffern und das Ausdrucken auf einem externen Gerät (Druckprogramme). Auch die in Kapitel 5 zu betrachtenden Gleitpunktoperationen gehören dazu. Es wäre sinnlos, wollte jeder Benutzer diese Programme neu erstellen. Sie sind im weiteren Sinne Bestandteil des Assemblers und können daher bequem mitbenutzt werden.

Äußerlich können es Unterprogramme sein (vgl. Abschn. 2.5), die durch einen Unterprogrammsprung erreicht werden. Der Programmierer braucht dann in sein Programm nur einen oder zwei Befehle einzufügen, um einen komplizierten Rechenprozeß auszulösen. Dieses Verfahren ist besonders bei umfangreichen Arbeiten rentabel (z.B. Berechnung einer Funktion, Auslösung von Matrizenoperationen o.ä.).

Gelegentlich kann ein solcher Unterprogrammsprung durch eine einprägsame Bezeichnung wie sein oder matmult abgekürzt sein, die für den Assembler „verständlich" ist, d.h. automatisch in den entsprechenden Sprungbefehl umgewandelt wird.

Makros

Weniger vorteilhaft ist Unterprogrammtechnik, wenn man Programmstücke benötigt, die nur aus sehr wenigen Befehlen bestehen. In diesen Fällen erfordern die zusätzlichen Sprungbefehle zuviel Zeit. Es sind dann M a k r o s (Makrobefehle) besser zu verwenden. Der Benutzer fügt scheinbar einen einzigen Befehl in sein Programm ein, der Assembler aber ersetzt diesen scheinbaren Befehl automatisch durch eine Gruppe von zwei oder mehr Befehlen, die im Speicher der Maschine abgelegt werden. Es handelt sich also nicht um eine Speicherplatzersparnis, sondern nur um eine vereinfachte Schreibweise. Vorteil derartiger Makros ist die Rechengeschwindigkeit, da Sprungbefehle (anders als bei Unterprogrammen) vermieden werden. Ihr Nachteil liegt darin, daß sie mehrere Speicherplätze beanspruchen, wodurch u.U. der Programmierer den Überblick darüber verliert, wieviel Speicherplätze sein Programm umfaßt. Makros werden gelegentlich als i n - l i n e - c o d e bezeichnet. Ihre Bezeichnungen und Wirkungsweisen sind meistens im Assembler festgelegt, können bei manchen Sprachen aber auch vom Benutzer nach eigenen Wünschen „vereinbart" werden.

Kontrolldrucke

Für das Ausprüfen von Programmen ist sehr wichtig, daß man auf bequeme Weise Kontrollen anfertigen und Meldungen ausdrucken lassen kann. Insbesondere bei symbolischen Adressen möchte der Benutzer wissen, welche wirklichen Adressen ihnen zugeordnet werden. Die Maschine muß dazu automatisch oder auf Wunsch eine entsprechende Tabelle erstellen. Darüber hinaus sollten auf Anforderung Angaben über die Länge des Programms, den ersten und letzten Speicherplatz usw. ausgegeben werden. Auch der Rechenablauf sollte möglichst durch einige Kontrolldrucke veranschaulicht werden.

Kontrolldrucke können zwangsweise erstellt werden. Sie enthalten dann oft Angaben über Rechenzeit, Speicherplatzbedarf, Materialbedarf und ähnliches. Andernfalls sollte man sie durch Steuerbefehle auslösen können. Hier ist insbesondere der S p e i c h e r a b z u g zu nennen, der auf ein Steuerwort und die Angabe einer Adresse hin Speicherinhalte tabellarisch auf das Papier bringt

Automatische Kontrollen

Der Assembler sollte automatische Kontrollen ausführen. Hierzu gehört u.a. die Frage, ob ein erlaubter Speicherbereich oder die genehmigte Rechenzeit überschritten wird, ob unerlaubte Rechenoperationen durchgeführt werden (z.B. Division durch Null oder Wurzel aus einer negativen Zahl) oder ob symbolische Adressen mehrfach verwendet werden.

Bei Fehlermeldungen während des Rechenganges (z.B. Division durch Null) sollte der Assembler automatisch die evtl. interessanten Speicherinhalte ausdrucken, damit der Fehler lokalisiert werden kann (p o s t - m o r t e m - d u m p).

Kommentare

Der Assembler sollte in der Lage sein, speziell gekennzeichnete (z.B. in Klammern gesetzte) Texte ohne Auswertung zu überlesen. Solche Texte können (als nur für den Programmierer bestimmte und in Umgangssprache geschriebene Kommentare) eine wesentliche Erleichterung bieten. Eine häufige derartige Angabe von Stichworten im Programm sei dringend empfohlen (z.B. Ende Teil A, Neuer Wert von n usw.).

Korrekturen

Ein wesentlicher Vorteil von Assemblersprachen gegenüber höheren Programmiersprachen besteht in der Möglichkeit einer einfachen nachträglichen Korrektur der Programme und Daten. Es können jederzeit neue Befehle, Zahlen usw. eingelesen werden. Der Assembler hat hierbei möglichst große Hilfestellung zu leisten (z.B. zum Auffinden der gewünschten Adressen usw.).

Zusammenfassung. Ein guter Assembler mit einer angenehmen Assemblersprache kann das Programmieren wesentlich erleichtern. Einen prinzipiellen weiteren Schritt stellen allerdings die höheren problemorientierten Sprachen dar (vgl. Abschn. 4.3). Diese bedingen zwar meistens längere Rechenzeiten, sparen jedoch so wesentlich Programmier- und Ausprüfzeit, daß sie unbedingt vorzuziehen sind, wenn die Aufgabestellung ihre Verwendung gestattet. Es gibt jedoch viele Aufgaben, wo sie nicht sinnvoll eingesetzt werden können und wo man auf Assemblersprachen zurückgreifen muß.

4.3. Problemorientierte Sprachen

Höhere Programmiersprachen

Eine Schwierigkeit des Programmierens liegt in der großen Menge von schematischen Arbeiten, die außerordentlich fehleranfällig und anstrengend sind. Bis zu einem gewissen Grade kann man sie der Maschine übertragen.

Es ist eine Anzahl h ö h e r e r   p r o b l e m o r i e n t i e r t e r P r o g r a m m i e r s p r a c h e n konzipiert worden, die die Programmierarbeit wesentlich erleichtern. Sie setzen ein kompliziertes Umwandlungsprogramm (einen Compiler) im Innern der Maschine voraus, der die genannten Arbeiten übernimmt. Die Arbeitsweise eines Compilers soll später illustriert werden. Hier soll nur dargestellt werden, wie weit eine Vereinfachung dieser Art gehen kann.

Zwei Programmiersprachen für technisch-wissenschaftliche Berechnungen sind ALGOL 60 und FORTRAN. Sie sollen im folgenden näher betrachtet werden. Aber auch für kommerzielle Anwendungen hat man entsprechende Sprachen konzipiert (z.B. COBOL). Allgemeinere Anwendungen in der Informatik werden durch ALGOL 68 und PL/1 erreicht. Für den direkten Verkehr mit der Rechenmaschine und sofortiges Durchführen kleinerer Rechenprogramme ist es günstiger, unmittelbar mit der Maschine korrespondieren zu können. Auch hierfür existieren neuerdings spezielle sogenannte D i a l o g s p r a c h e n (z.B. APL). Auf sie und die F o r m u l a r s p r a c h e n gehen wir am Ende dieses Abschnitts kurz ein. (Beschreibungen einzelner Programmiersprachen s. in [7], [8], [13] und [18].)

Als erste wurde ALGOL 60 bewußt nicht nur als Programmiererleichterung, sondern als Mitteilungssprache konzipiert, die auch in Lehrbüchern und Veröffentlichungen zur Beschreibung von Algorithmen Verwendung finden kann. Ihre bequeme Lesbarkeit und exakte syntaktische Definition haben sich auf alle später entstandenen Programmiersprachen ausgewirkt, die erst dadurch zu wirklichen Sprachen wurden.

Daß diese Sprachen überwiegend für mathematische Probleme eingesetzt werden, beruht auf der in Jahrhunderten entstandenen mathematischen Formelsprache, die allgemein bekannt ist und so weit wie möglich übernommen wurde. Auf anderen Arbeitsgebieten (z.B. der kaufmännischen Datenverarbeitung) bestehen keine vergleichbaren traditionellen Ausdrucksmöglichkeiten.

Zahlen (numbers)

Die Zahlenschreibweise entspricht dem auch sonst in Rechenmaschinen Üblichen. Ganze Zahlen werden normal geschrieben wie z.B.

$$-726$$

Bei gebrochenen Zahlen verwendet man oft die Gleitpunktschreibweise, die aber nicht bindend vorgeschrieben ist. Einige Beispiele für ALGOL 60:

$$-213.537_{10}-2 \qquad 3.4 \qquad {}_{10}2 \qquad -{}_{10}-3$$

und in FORTRAN:

$$-213.537E-2 \qquad 3.4 \qquad 1E2 \qquad -1E-3$$

Die kleingeschriebene $_{10}$ bzw. der Buchstabe E sind als Typen auf den verwendeten Schreibgeräten vorhanden. Sie haben beide die gleiche Bedeutung „mal 10 hoch", geben also indirekt an, wo das Komma steht. Dies wird allerdings dem englischen bzw. amerikansichen Gebrauch entsprechend als Punkt (.) geschrieben. Für die Zahlen gelten Größenbeschränkungen, die von Anlage zu Anlage verschieden sind und der jeweiligen Gebrauchsanweisung zu entnehmen sind.

Namen (identifier)

Vorläufig noch unbekannte Größen müssen wie in der Mathematik üblich durch Buchstaben oder Buchstabengruppen gekennzeichnet werden. Sie entsprechen in der Rechenanlage also einem (oder mehreren) Speicherplätzen. Es ist Aufgabe des Compilers, diesen Größen jeweils einen Speicherplatz zuzuordnen und seine Adresse in die entsprechenden Befehle einzusetzen. Mögliche Schreibweisen für Größen sind z.B.

$$x \qquad alpha \qquad b2 \qquad nummer$$

Da die üblichen Schreibgeräte keine Indizes erlauben, sind Zusammensetzungen aus mehreren Buchstaben oder aus Buchstaben und Ziffern auf Zeilenhöhe erlaubt. Jedoch werden meistens nur die ersten (z.B. 6) dieser Zeichen ausgewertet, so daß bei längeren Bezeichnungen Vorsicht am Platze ist. Auch hier sind Varianten je nach der betreffenden Rechenanlage vorhanden. Das erste Zeichen muß ein Buchstabe sein.

Namen werden nicht nur für Größen, sondern auch für andere Angaben verwendet.

Rechensymbole (delimiter)

Aus den eben beschriebenen Elementen lassen sich mathematische Formeln aufstellen. Sie werden in der üblichen Form geschrieben. Dabei ist jedoch zu berücksichtigen, daß sie in Wirklichkeit Rechenanweisungen sind. Sie müssen nach der zu berechnenden Größe mathematisch aufgelöst sein. Verboten ist also $x/2 := 0.25$. Vielmehr muß nach der Unbekannten (hier x) aufgelöst werden:

$$x := 2 \times 0.25$$

Die verwendeten Rechensymbole haben in ALGOL 60 die folgende Gestalt:

$$:= \quad + \quad - \quad \times \quad / \quad (\quad) \quad 'power'$$

Das Gleichheitszeichen wird mit einem vorgesetzten Doppelpunkt geschrieben und liest sich als „Ergibt sich aus . . .". Die Schreibweise in FORTRAN ist anders:

$$= \quad + \quad - \quad * \quad / \quad (\quad) \quad **$$

Das Malkreuz bzw. der Stern deuten die Multiplikation an. Das Wort 'power' bzw. der doppelte Stern bedeutet „hoch . . .". Klammern können bei beiden Schreibweisen beliebig ineinandergeschachtelt werden, wie das folgende Beispiel beweist, das wir hier je einmal in ALGOL 60 und FORTRAN wiedergeben:

$$a := -2.5/(q\times((d+e)/.23 + 7) \; 'power' \; 2);$$

$$a = -2.5/(q*((d+e)/.23 + 7.) \; ** \; 2)$$

Hierzu die mathematische Darstellung:

$$a = \frac{-2.5}{q \cdot \left(\frac{d+e}{0.23} + 7\right)^2}$$

In Apostroph eingeschlossene ALGOL 60-Bezeichnungen wie 'power' werden in Büchern oft in Fettdruck wiedergegeben, dann aber ohne Apostroph; vgl. Bild 3.17.

Indizes (array)

Oft treten in der Mathematik Größen auf, die man mit demselben Buchstaben bezeichnet, die aber aus einer großen Zahl von Komponenten, d.h. einzelnen reellen Zahlen, bestehen. Soweit Komponenten nur einzeln auftreten, kann man die Größe mit dem angehängten Index unmittelbar als reelle Zahl auffassen, z.B. b2. Ist es jedoch erwünscht, an Stelle der 2 gelegentlich einen mathematischen Ausdruck oder eine Veränderliche wie k zu schreiben, so ist eine besondere Schreibweise nötig, um Verwechslungen zu vermeiden. Indizes würde der Mathematiker klein und vertieft an den Buchstaben hängen: a_k. Dies ist in Programmiersprachen aus schreibtechnischen Gründen nicht möglich. Deswegen werden sie bei ALGOL 60 in eckige und bei FORTRAN in runde Klammern eingefügt, wie die folgenden Beispiele zeigen:

ALGOL 60:   a[i,k] := x × b[i+1] + c;

FORTRAN: a(i,k) = x * b(i+1) + c

Funktionen (procedures)

Eine Reihe von mathematischen Funktionen kann in diesen Programmiersprachen unmittelbar verwendet werden und in Formeln auftreten. Die üblichen Standardfunktionen in ALGOL 60 sind: sin, cos, arctan, exp (für e hoch), sqrt (für square root = Quadratwurzel), abs (Absolutbetrag), sign (Vorzeichenfunktion, = + 1, 0, −1), entier (größte ganze Zahl kleiner oder gleich . . .).

Es ist zu beachten, daß das Argument, von dem der Funktionswert gebildet werden soll, in Klammern eingefügt werden muß.

In FORTRAN sind meistens verfügbar: exp, alog (wie ln), alog10 (Zehnerlogarithmus), sin, cos, tan, cotan, arsin, arcos, atan (= arctan), sinh (Hyperbelsinus), cosh, tanh, sqrt, abs.

Ein Beispiel dazu in ALGOL 60 bzw. FORTRAN:

y := exp (0.5 × x) × sin (pi × x);

y = exp (0.5 * x) * sin (pi * x)

Sprunganweisungen (go to)

Auch in höheren Programmiersprachen ist es möglich, mit einer „go to"-Anweisung von einer Stelle eines Programms zu einer anderen Stelle zu springen. Sowohl Vorwärts- als auch Rückwärtssprünge sind erlaubt. Die Sprungstelle wird in ALGOL 60 durch einen Namen der oben beschriebenen Art gekennzeichnet, in FORTRAN durch Nummern, die an spezieller Stelle der Zeile angebracht werden. Eine Sprunganweisung hat in ALGOL 60 bzw. FORTRAN die folgende Gestalt:

```
    .                    .
    .                    .
    .                    .
  'go to' a;           go to 10
    .                    .
    .                    .
    .                    .
  a: x := 7;           10 x = 7
```

Kommentare (comment)

Außerordentlich wichtig ist auch in höheren Programmiersprachen das Einfügen von Kommentaren, die nur für den menschlichen Benutzer Bedeutung haben. In ALGOL 60 werden sie durch das Wort comment eingeleitet und durch ein Semikolon abgeschlossen. In FORTRAN ist der Buchstabe C an erster Position der Lochkarte bzw. Zeile üblich, woraufhin ein beliebiger Text in der betreffenden Zeile geschrieben werden kann. Beispiele hierfür in ALGOL 60 und FORTRAN:

> 'comment' beliebiger Text;
> C beliebiger Text

Der Compiler überliest Kommentare ohne jede Auswertung.

Trennung der Anweisungen (statement separator)

In ALGOL 60 werden die oben angegebenen Anweisungen formatfrei abgeschrieben, d.h., sie können beliebig auf verschiedene Zeilen verteilt werden, es können auch mehrere von ihnen hintereinanderstehen. Bei FORTRAN ist insbesondere bei Lochkarten vorgeschrieben, daß für jede Anweisung, also jede Gleichung o.ä., eine neue Karte (eine neue Zeile) begonnen wird. Die ersten Positionen auf der Lochkarte sind reserviert für die Angabe C bei Comments bzw. für eine Nummer als Marke für „go to"-Befehle.

Bedingungen (if-statements)

Von besonderer Bedeutung beim normalen Programmieren sind bedingte Sprünge, die hier mit dem Wort „if" formuliert werden können. Wir geben einige Beispiele für derartige Bedingungen in ALGOL 60:

> 'if' x 'less' 7 'then' 'begin' ☐ 'end';
>
> 'if' a + b 'greater' c x d 'then' 'begin' ☐ 'end'
>
> 'else' 'begin' ☐ 'end';

Hier stehen die Kästchen zwischen den Worten 'begin' und 'end' für ein beliebiges Programmstück, das nur bei erfüllter Bedingung ausgeführt wird. Im zweiten Beispiel (else) besteht eine Alternative: Wenn die Bedingung erfüllt ist, wird das erste Kästchen ausgeführt, sonst das zweite.

Statt 'greater' ($>$) können auch die Bedingungen 'less' ($<$), 'not greater' ($\leqslant$), 'not less' ($\geqslant$), 'equal' ($=$), 'not equal' ($\neq$) verwendet werden.

In FORTRAN sind entsprechende Formulierungen möglich, wie die Beispiele zeigen:

if (x ·ℓt· 7)   ☐

if (a + b ·ℓe· c * d) go to 2

☐

go to 3

2 ☐

3 . . .

Hierbei bedeutet die Abkürzung .ℓe. less or equal ($\leqslant$). Die übrigen Bezeichnungen:

.ℓt.   ($<$),   .gt. ($>$),   .ge. ($\geqslant$),   .eq. ($=$),   .ne. ($\neq$)

Beliebter und günstiger sind in FORTRAN allerdings die a r i t h m e t i s c h e n i f - s t a t e -
m e n t s der Form

if (a − b) 10, 120, 20

(Statt a − b ist ein beliebiger arithmetischer Ausdruck möglich; an Stelle von 10 und 120 und 20
können beliebige Marken, also statement-Nummern, stehen.) Die Wirkung: Wenn (a − b) negativ
ist, wird „go to 10" ausgeführt. Bei a − b = 0 erfolgt ein Sprung nach 120. Wenn (a − b) positiv
und ungleich Null ist, wird schließlich „go to 20" vorgenommen.

Boolesche Ausdrücke (Boolean)

Auch das Rechnen mit zweiwertigen Größen ist möglich. Die Formeln werden entsprechend den
obigen Zahlenwertgleichungen geschrieben. Die Rechenoperationen haben in ALGOL 60 die Gestalt:

'and'   'or'   'not'   'impl'   'equiv'

Die Schreibweise in FORTRAN entspricht dem:

.and.   .or.   .not.

Die beiden Wahrheitswerte ja oder nein (L bzw. O) werden hier geschrieben als 'true' und 'false'
(in FORTRAN .true. bzw. .false.).

Boolesche Ausdrücke können an Stelle der Bedingungen in if-Anweisungen eingesetzt werden.

Laufanweisungen (for-statements)

Oft ist es nötig, einen Programmteil in Gestalt einer Schleife häufiger zu durchlaufen. Hierbei ist
im allgemeinen eine Laufvariable erforderlich, die regelmäßige Schritte durchführt. Die entsprechenden Anweisungen in ALGOL 60 lauten:

'for' k := 1 'step' 2 'until' n 'do' 'begin'   ☐ 'end';

'for' m := 1, 2, 5, 8 'do' 'begin'   ☐ 'end';

Der an Stelle der Kästchen stehende Teil der ersten Zeile, der beliebig lang sein kann, wird für alle

Werte von k von 1 (immer um Zwei weiterzählend) bis n wiederholt. Insbesondere ist es möglich, in das Kästchen weitere Laufanweisungen einzusetzen, die dann ineinandergeschachtelt bearbeitet werden. In obiger zweiter Zeile wird für die vier gegebenen m-Werte das Kästchen je einmal gerechnet. Die Schreibweise in FORTRAN entspricht dem ersten Beispiel mit geringen Abweichungen:

> do 200 k = 1, n, 2

200 continue.

Die (willkürliche) Marke 200, die vor dem „continue" angegeben ist, zeigt, daß hier weitergerechnet werden soll, wenn das Kästchen genügend oft durchlaufen ist. In FORTRAN dürfen die Schritte nur konstant sein, und sie dürfen nur ganzzahlige Werte haben. Wenn die Schrittweite 1 ist, können Komma und Zwei hinter dem n entfallen: do 200 k = 1, n

Vereinbarungen (declarations)

Für die Rechenanlage ist das Arbeiten mit ganzen Zahlen günstiger als mit gebrochenen. Es ist zu diesem Zweck nötig, die Anlage darüber zu informieren, ob eine Größe nur ganzzahlige Werte annimmt oder ob sie auch gebrochene Werte erhalten kann. Immer ganzzahlige Größen werden mit 'integer' bezeichnet; solche, die auch gebrochene Werte annehmen können, mit 'real'.

Diese Klassifizierung heißt V e r e i n b a r u n g und erfolgt dadurch, daß hinter dem Stichwort 'real' bzw. 'integer' am Anfang des Programms die Bezeichnungen aller vorkommenden Größen aufgezählt werden. In ALGOL 60 hat dies die folgende Gestalt:

> 'real' a, x2, alpha;
>
> 'integer' nummer, k, ℓ min;

Die entsprechende Schreibweise in FORTRAN:

> real a, x2, alpha
>
> integer nummer, k, ℓmin

Bei FORTRAN gilt die vereinfachende Verabredung, daß diese Vereinbarungen fortgelassen werden können. Dann wird der Anfangsbuchstabe der Größe zur Unterscheidung herangezogen. Lautet er i, j, k, ℓ, m oder n, so wird automatisch eine integer-Größe gewählt (ganzzahlige Größen führen in der Mathematik ja oft diese Bezeichnung). In allen übrigen Fällen wird sonst vollautomatisch eine real-Größe benutzt. Will man von dieser Verabredung abweichen, so muß man ausdrücklich die oben beschriebenen Vereinbarungen vornehmen. — Neuere FORTRAN-Compiler gestatten außerdem die Vereinbarung complex für komplexe Zahlen.

Treten indizierte Größen auf, so muß hinzugefügt werden, wieviele Speicherplätze automatisch freigehalten werden sollen. Auch dies geschieht in Gestalt der Vereinbarungen. Soll eine Größe beispielsweise Indizes von 1 bis 20 haben, so würde die Vereinbarung in ALGOL 60 folgendermaßen lauten:

> 'array' a [1 : 20];

In FORTRAN:

    real a(20)

In der ALGOL 60-Schreibweise steht der Doppelpunkt an Stelle von drei Punkten, die „bis einschließlich" bedeuten. Mehrfache Indizes sind möglich und werden durch Komma getrennt.

Sonstige Möglichkeiten

Unterprogramme und weitere Funktionen können in beiden Sprachen formuliert werden. Sie sollen hier nicht erwähnt werden; ihre Benutzung ist komplizierter.

Wünschenswert wäre ein umfangreicher einheitlich genormter Satz von Unterprogrammen (Code-Prozeduren), die für die einfachsten mathematischen Probleme (Matrixoperationen usw.) in vielen Maschinen bequem aufrufbar vorhanden sein sollten.

Lese- und Druckanweisungen sollen hier nicht besprochen werden, da sie in ALGOL 60 nicht einheitlich gehandhabt werden und in FORTRAN durch die Formatanweisungen (Festlegung von Stellenzahl, Abständen usw.) etwas unübersichtlich werden. Einige Stichworte sind: read, print, write, outreal, outinteger, outsymbol, outstring, inreal, ininteger, format.

Wichtig sind möglichst frühzeitige Alarmmeldungen bei Schreibfehlern sowie die Möglichkeit ihrer nachträglichen Korrektur. Beides ist an manchen Anlagen vorhanden.

Zahlenwerte

Die mathematischen Funktionen beziehen sich üblicherweise als Winkelfunktionen auf das Bogenmaß und als übrige Funktionen auf die Größe e (wie der natürliche Logarithmus). Für Umrechnungen benötigt man die folgenden Zahlen und Formeln:

$$\pi := 3.14159265;$$
$$e := 2.71828183;$$
$$\lg x := \ln (x) \times 0.434294482;$$
$$\text{bogenmaß} := \text{gradmaß} \times 0.0174532925;$$
$$\text{gradmaß} := \text{bogenmaß} \times 57.2957795;$$
$$\text{dritte Wurzel} := \exp (\ln(x)/3) \quad \text{oder} = x \; 'power' \; (1/3); \quad (x > 0)$$
$$\arcsin x := \arctan (x/\text{sqrt}(1-x \times x)); \quad (0 \leqslant x < 1)$$
$$\arccos x := \arctan (\text{sqrt} (1-x \times x)/x); \quad (0 < x \leqslant 1)$$

Dialogsprachen

Problemorientierte Sprachen wie ALGOL 60 und FORTRAN sind für umfangreiche Programme geeignet. Bei kleineren Rechenvorhaben kann aber der Arbeitsgang (mit Vorplanung und systematischem Programmaufbau) zu umfangreich sein. Man möchte dann das Programm „aus dem Stegreif" in die Maschine tasten, wie es auch bei kleinen Tischrechenmaschinen üblich ist.

Für diesen Zweck sind D i a l o g s p r a c h e n vorhanden bzw. in Entwicklung (z.B. APL). Die Rechengeschwindigkeit ist bei ihnen zweitrangig, wünschenswert sind aber die folgenden Eigenschaften:

▶ 1. Steueranweisungen: Der Benutzer sollte durch kurze und prägnante Kennworte u.a. Rechtschreibkontrollen, Kontrollrechnungen, Programmkorrekturen, Programmausdrucke und Rechenwiederholungen auslösen können.

▶ 2. Standardprozeduren: Eine große Zahl von Programmen und Programmstücken (z.B. für Matrizen- und Listenbearbeitung, Lösen von Gleichungen und Differentialgleichungen usw.) sollte schon in der Maschine stehen und durch einfache Aufrufe ausgelöst werden können.

▶ 3. Einfache Programmierbarkeit: Programme sollten „von oben nach unten" geschrieben werden können. Das wird z.B. behindert durch eine zu Anfang des Programms anzugebende Typvereinbarung der auftretenden Größen. Andererseits müssen vorab eingegebene Anweisungen jederzeit geändert werden können (auch noch nach dem Rechengang!). Möglichst viele formale Kontrollen sollten (mit eventueller Fehlermeldung) bereits während der Programmeingabe automatisch erfolgen.

▶ 4. Normenanpassung: Eine solche Sprache sollte aus gerätetechnischen Gründen nur die üblichen Schriftzeichen verwenden. Sie sollte ferner einer der „großen" Programmiersprachen so ähnlich wie möglich sein, schon aus didaktischen Gründen, aber auch, um mit ihr zukünftige Programme der „großen" Sprache vorprüfen zu können.

Formularsprachen

Alle bisher betrachteten Arbeitserleichterungen beziehen sich auf leichteres Programmieren ohne wesentliche Beschränkung der Einsatzmöglichkeiten. Sie wurden durch einfacheres Formulieren neuer Programme und durch eine gute und möglichst große Auswahl fertig vorhandener Programmstücke und Unterprogramme erreicht.

Je flexibler und universeller ein Gerät ist, umso umfangreicher sind naturgemäß die Programmierarbeiten. Will man daher eine Anlage nur für einen begrenzten Aufgabenbereich einsetzen, kann das Programmieren wesentlich vereinfacht werden. Das Extrem bilden hier die F o r m u l a r s p r a c h e n .

Bei ihnen werden alle Einzelheiten für die gewünschten Berechnungen in einen fragebogenartigen Vordruck eingetragen. Diese Angaben werden zusammen mit einigen wenigen Kenndaten in die Maschine eingetastet und durch ein dort bereits vorhandenes Programm ausgewertet. Programmieren, Maschinenbedienung und Ergebnisauswertung können auf diese Weise ohne jegliche Vorkenntnisse erfolgen.

Das Ausfüllen eines Vordrucks ist natürlich kein Programmieren im eigentlichen Sinne, und das Eintragungsschema ist keine Programmiersprache; wir bezeichnen es besser als D a t e n s p r a c h e . Jedoch ist die Unterscheidung zwischen Programm und Daten fließend, da unter den Daten Kennzahlen vorhanden sind, die den Programmlauf wesentlich beeinflussen.

Zur Illustration ein (technisch allerdings uninteressantes) Beispiel: Zur allgemeinen Dreiecksberechnung kann ein Fragebogen vorliegen mit Fragen wie „Welche Seiten sind bekannt? Welche Winkel sind bekannt? Welche Werte haben sie? Welche Stücke sollen berechnet werden? Mit welcher Stellenzahl sollen sie ausgedruckt werden? " Das in der Maschine vorhandene Programm besteht aus verschiedenen Stücken, von denen je nach diesen Angaben automatisch die jeweils aktuellen Programmteile zum Zuge kommen. Die Daten werden also indirekt zum Steuern des Ablaufs benutzt.

Für die Anwendung relevanter Gebiete können z.B. die Strahlendurchrechnung bei optischen Linsensystemen oder die Meß-Auswertungen für Spezialgeräte sein. Anwendungen sind überall dort möglich, wo ähnliche Berechnungen mit einer gewissen Anzahl von Varianten von Hilfskräften ausgeführt werden sollen.

Die in den Vordruck einzutragenden Angaben werden im allgemeinen numerisch verschlüsselt sein. Dann können die zugehörigen wirklichen Programme ohne besondere Maßnahmen z.B. in ALGOL 60 oder FORTRAN geschrieben sein.

Sehr wünschenswert für mathematische Anwendungen wäre ein Eingabesystem, das auch auf dem Vordruck eingetragene mathematische Formeln (z.B. in ALGOL 60-Schreibweise) entgegennimmt und in ein vorhandenes Programm an vorgegebener Stelle einfügt. Es könnten dann Vordrucke (und zugehörige Programme) vorbereitet sein z.B. für das Lösen von Gleichungen oder für die Integration von Funktionen oder Differentialgleichungen.

4.4. Methodik des Programmierens

Wie bei jeder Arbeit ist beim Programmieren die rationelle Arbeitseinteilung wichtig.

Es bestehen zwei wesentliche Schwierigkeiten. Die erste bereitet insbesondere dem Anfänger Kopfzerbrechen: Wie kann man ein vorgegebenes Problem überhaupt angehen und mit einer Maschine bearbeiten? Wenn dies geklärt ist (oder wenn es sich um eine Routine-Arbeit handelt), bleibt beim I m p l e m e n t i e r e n (= Verwirklichen) ein zweites Problem, das leicht übersehen wird. Das Programmieren enthält einen derartigen Umfang an mühsamer Detailarbeit, daß Flüchtigkeits- und Denkfehler praktisch unvermeidbar sind und ein langwieriger Ausprüfprozeß nötig ist, bis ein Programm einwandfrei „läuft". Auch diese Arbeit sollte vereinfacht werden; eine Reihe von Hilfestellungen wird im folgenden beschrieben.

Der erste Teil, nämlich das Finden eines passenden Verfahrens, kann durch Kenntnis anderweitig benutzter Methoden erleichtert werden. Programmierpraxis und dadurch errungene Übung sowie eingehende Kenntnis verschiedener Programme, in denen ähnliche Probleme behandelt werden, dürften für den Programmierer das wichtigste Kapital darstellen. Weitere Hilfestellung kann die Literatur bieten sowie eine umfangreiche Programmbibliothek eines Rechenzentrums. Letzteres setzt allerdings eine gute Beschreibung der vorhandenen Programme voraus.

Oft kann auch eine sorgfältige Analyse der Aufgabestellung hilfreich sein (Was ist gegeben? Was ist gesucht? Welche Zwischenschritte sind möglich?) und immer wieder die Überlegung, wie man die gleiche Aufgabe ohne Rechenanlage schrittweise lösen würde.

Allgemeine Regeln lassen sich kaum angeben, so daß wir gerade diesen ersten Schritt (Suche des passenden Verfahrens) etwas vernachlässigen müssen und nur in unseren Beispielen Anregungen geben können (vgl. u.a. Kapitel 2 und 3).

Das beste Mittel gegen Schwierigkeiten der zweiten Art (Erleichterung des Codierens) besteht darin, daß man von vornherein die Aufgabestellung in möglichst vielen Details exakt fixiert und in die mühsamen Einzelarbeiten des Programmierens nicht eintritt, bevor alle Voraussetzungen einwandfrei geklärt sind.

Arbeitsschritte

Einige Schritte, die beide Fragen des Arbeitsablaufes betreffen, sollen im folgenden aufgeführt werden. Dabei ist zu beachten, daß in verschiedenen Firmen bzw. Programmierergruppen Normen bestehen, an die man sich halten muß und die in Einzelheiten abweichen können. Das folgende ist keine vollständige Aufzählung, die alle Zwischenschritte erschöpfend darstellt. Darüber hinaus können bei vielen Aufgaben einzelne entfallen.

Als erstes sollte die Aufgabestellung kritisch untersucht werden. Dies gilt insbesondere, wenn sie von einer anderen Stelle vorgegeben wird. Vielfach werden wesentliche Schwierigkeiten verschwiegen oder übersehen. Gelegentlich wird sogar ein Problem vorgegeben, das nur unvollständig oder gar nicht lösbar ist. Auch ein Computer kann keine Wunder vollbringen, sondern nur Aufgaben lösen, die prinzipiell mit Papier und Bleistift bearbeitet werden können (sofern man von der Arbeitszeit absieht).

Der zweite Schritt besteht darin, daß man einzelne Wünsche an das Programm sammelt, um z.B. zweckmäßige Erweiterungsmöglichkeiten oder Bequemlichkeiten in der Anwendung zusätzlich erfassen zu können.

Nun beginnt das Schwierigste, nämlich das Finden eines geeigneten Verfahrens. Hierüber wurde schon gesprochen.

Parallel dazu kann man schon einzelne Teile in spielerischer Weise versuchsweise programmieren. Es sollte sich dabei um die kritischen Stellen handeln, die man auf diese Weise „abtasten" kann. Dieser Schritt entfällt bei Routinearbeiten, ist bei extremen Programmen aber wichtig, um eine Grobabschätzung der erforderlichen Rechenzeit und des Speicherbedarfs zu ermöglichen. Insbesondere die Rechenzeit, mit der manches Programm steht und fällt, richtet sich ja in erster Linie nach der i n n e r s t e n   S c h l e i f e, die man auf diese Weise schon untersuchen und optimieren kann. Darüber hinaus erhält man durch das Programmieren erfahrungsgemäß auch Anregungen zur Verbesserung des Verfahrens oder zur Ausdehnung des Programms auf weitere Anwendungen.

Sind die bisher beschriebenen Schritte durchgeführt, so ist schon eine Grobkalkulation möglich bezüglich Rechenzeit, Speicherbedarf, Arbeitszeit für das Programmieren und bezüglich der erreichbaren Termine, bis zu denen das Programm einsatzfähig ist. Gerade dies sollte man nicht vernachlässigen. Beim Programmieren besteht die Gefahr, daß man sich zu große Aufgaben auflädt, denen man nachher zeitlich nicht gewachsen ist.

Erscheint eine weitere Bearbeitung sinnvoll, so sollte an dieser Stelle die Aufgabestellung endgültig im Detail fixiert und mit den Auftraggebern abgesprochen werden. Schriftliche Festlegung ist zu empfehlen (vgl. Abschn. 4.5). Insbesondere bei schwierigeren Programmen werden später Änderungswünsche auftreten. Das läßt sich niemals ganz vermeiden, sollte aber doch auf ein Minimum reduziert werden, da nachträgliche Änderungen zu erheblicher Mehrarbeit führen.

Zur Fixierung der Aufgabestellung empfiehlt sich u.a. eine sehr detaillierte Zusammenstellung der Ein- und Ausgabedaten, die das Programm benötigt bzw. erstellt. Für den Anwender tritt das Programm (abgesehen von der finanziell bedeutsamen Rechenzeit) nur in diesen Ein- und Ausgabedaten in Erscheinung. Es ist nützlich, hier schon Formatangaben für das Ausdrucken, die Reihenfolge der Daten u.ä. festzulegen.

Größere Programme sollten anschließend möglichst organisch unterteilt werden in einzelne Teilaufgaben, die man getrennt bearbeiten kann. Unterprogramm- und Teilprogrammtechnik gestatten es, einzelne Teile getrennt zu erarbeiten und auszuprüfen. Gleichzeitig damit ist ein Grob-Ablaufdiagramm nützlich, in dem das Zusammenfügen dieser Teile dargestellt wird.

Die Aufgabestellung der Teilprogramme sollte wieder sorgfältig festgelegt werden, damit keine Überschneidung oder Lücke auftritt. Dazu gehört auch die Beschreibung der Ein- und Ausgangsparameter der einzelnen Teile. Bei Unterprogrammen ist besonderer Wert auf eine möglichst einheitliche interne Normung der Parameter zu legen. Es erschwert die Arbeit sehr, wenn jedes Teilprogramm andere Anschlußbedingungen hat und die Parameterübernahme anders durchführt. Oft werden schon Normungsvorschriften hierfür vorliegen, an die man sich unbedingt halten sollte. Von der Einheitlichkeit sollte man nicht zu Gunsten von Tricks abweichen: „Trickreiches Programmieren" bereitet oft mehr Ärger als Vorteile!

Nützlich für das weitere Verfahren ist ein Variablenplan, in dem alle Speicherplätze mit veränderlichen Größen aufgeführt sind. Er wird in Abschn. 4.5 besprochen.

Nun können für Teilprogramme (falls notwendig) Ablaufpläne angefertigt werden. Es ist besonders für Ungeübte lohnend, diese Pläne sorgfältig auf mögliche Vereinfachungen durchzusehen.

Bestehen bei den Teilschritten Schwierigkeiten, sind die Veranschaulichungen des Abschn. 4.5 brauchbar. Für Rechen- und Transportoperationen hat sich die ALGOL 60-Schreibweise bewährt (insbesondere die Wertzuweisung := zur Unterscheidung von der Gleichheitsabfrage), beim Splitten und Verschieben ein Wortaufteilungsplan. Bedingte Operationen werden natürlich durch den Ablaufplan am besten wiedergegeben; evtl. hilft eine Fallunterscheidungstabelle oder gar ein Zerlegungsbaum. Bei Indexoperationen sollte man Adresse und Inhalt sauber in der Schreibweise unterscheiden und Adressenzuordnungsfunktionen als Rechenoperationen aufschreiben. Bei Unterprogrammtechnik ist ein Unterprogrammverzeichnis mit tabellarischer Parameterspezifizierung nützlich. Im ganzen jedoch beschränke man sich auf das Notwendige, da Schreibfehler leicht auftreten und spätere Änderungen in gar zu vielen Schriftstücken umständlich sind.

Anschließend sind diese Teilprogramme zu codieren. Diese mehr oder weniger schematische Arbeit bereitet oft kaum Schwierigkeiten. Eingestreute Kommentare (comments) sollten nicht vergessen werden. „Tricks" sind wieder gefährlich.

Für jedes Teilprogramm sollte man sofort während des Programmierens bzw. Codierens ein Prüfprogramm anfertigen bzw. Prüfdaten festlegen, die möglichst alle vorkommenden Fälle testen. Bei schwierigen Aufgaben muß man vorher schriftlich einige Fälle ausrechnen, um die Ergebnisse der Maschine nachprüfen zu können.

Das Ausprüfen von Teilprogrammen und des ganzen Programms wird erleichtert durch eine checklist, in der stichwortartig die durchzuführenden Arbeiten aufgeführt sind. Soweit das Arbeiten an der Maschine durch einen Operator durchgeführt wird, sind hierzu verbindliche Normen in den Rechenzentren festgelegt. Aber auch bei eigener Maschinenbedienung sollte man sich vorher überlegen und notieren, in welcher Reihenfolge die Arbeiten stattfinden sollen. Besonders wichtig sind die Maßnahmen beim Auftreten von Programmierfehlern (Welche Speicherinhalte sind von Bedeutung? Können mit anderen Daten andere Programmstücke weitergeprüft werden?).

Bevor die einzelnen Teilprogramme zum Gesamtprogramm zusammengefügt werden, sollte man sie in möglichst kleinen Teilen ausprüfen und erst dann zu größeren Komplexen übergehen, wenn die Teilstücke einwandfrei arbeiten.

Für das Zusammenfügen der Teilprogramme zum Gesamtprogramm und das Programmieren und Ausprüfen der restlichen Teile gilt dasselbe wie oben.

Es hat sich als sinnvoll erwiesen, Programme nicht unbedingt „von oben nach unten" in der Reihenfolge des Rechenablaufs zu schreiben, sondern die wesentlichen Teile vorrangig zu bearbeiten. Dabei wird man oft aus der innersten Schleife, die sehr häufig durchlaufen wird, einzelne Teile noch herausnehmen können. Dies ist zur Rechenzeitersparnis außerordentlich wichtig, auch wenn dadurch noch kleine Änderungen an anderen Teilen vorzunehmen sind.

Wichtig sind einige Arbeiten, die nach der Fertigstellung eines Programms leicht vernachlässigt werden. Dazu gehört eine Programmbeschreibung mit Angabe der „äußeren Eigenschaften". Sie gibt an, wie das Programm zu benutzen, einzulesen, zu starten ist, und wie die Daten bereitzustellen sind (Reihenfolge, Anordnung, Stellenzahl usw.).

Auch eine Programmbeschreibung mit den „inneren Eigenschaften" ist nötig, also eine Beschreibung von Aufgabe und Arbeitsweise der einzelnen Teile, Unterprogramme, Teilprogramme usw., sowie die Angabe von Ablaufplänen. Ein Ändern, Vervollständigen oder Umarbeiten von Programmen ist nur möglich, wenn eine sehr gute Beschreibung vorliegt (vgl. auch Abschn. 4.5).

Eine spezielle Aufgabe ist das Archivieren vorhandener Programme und der zugehörigen Unterlagen, die aber zentral für alle Programme gemeinsam geregelt werden muß.

Eine gute Programmbeschreibung erfordert guten Willen und Einfühlungsvermögen. Durch rein formale Vorschriften ist nicht immer ein Optimum zu erreichen.

Kleinere Programme

Die Schritte für das Bearbeiten kleinerer Programme insbesondere durch Anfänger seien noch einmal tabellarisch aufgeführt:

▶ 1. Festlegen der genauen Aufgabestellung und der Ein- und Ausgabedaten,
▶ 2. Suchen eines geeigneten Verfahrens und evtl. Durchspielen von Hand,
▶ 3. Suchen gefährlicher Sonderfälle,
▶ 4. Gliedern des Programms, evtl. Aufstellen des Ablaufplans,
▶ 5. Untersuchen des Ablaufplans auf mögliche Vereinfachungen,
▶ 6. Codieren und Überprüfen,
▶ 7. Abschätzen der Rechenzeit,
▶ 8. Einfügen von Kommentaren,
▶ 9. Bereitstellen von Prüfdaten und möglichst von deren Ergebnissen,
▶ 10. Heraussuchen derjenigen Variablen, die Aufschluß über eventuelle Programmierfehler geben können,
▶ 11. Festlegen der Prüfstrategie.

Ausprüfen

Es sollen noch Hinweise zur Erleichterung des Ausprüfens gegeben werden.

Besonders schwer zu findende Fehler liefern nicht nur falsche Ergebnisse, sondern lösen falsche Programmzweige aus (z.B. als Sprungbefehle). Die B a h n v e r f o l g u n g kann erleichtert werden, wenn in den einzelnen Zweigen des Programms, den Unterprogrammen usw. provisorisch einige Druckbefehle ausgeführt werden, die zeigen, in welcher Reihenfolge die Programmstücke durchlaufen wurden. Diese Druckanweisungen müssen später wieder entfernt werden.

Den gleichen Zweck kann ein B a h n v e r f o l g u n g s s p e i c h e r erfüllen, in dem die einzelnen Teilprogramme eine jeweils charakteristische Zahl ablegen, an der man feststellen kann, in welchem Stadium sich das Programm gerade befindet bzw. wo es abgebrochen wurde. Auch können einzelnen Programmstücken (Schleifen, Unterprogrammen, Verzweigungen) Zählspeicher zugeordnet werden (deren Inhalt bei jedem Durchlauf weitergezählt wird), in denen man nach Fehlermeldungen (also p o s t   m o r t e m) nachsehen kann, wie oft diese Teile durchlaufen wurden.

Wird ein Programm wegen offensichtlich falscher Arbeit gestoppt, so ist es außerdem wichtig, die Zahlenwerte aus dem Programm entnehmen zu können. Sehr unpraktisch ist es, wenn derselbe Speicher von verschiedenen Programmstücken für verschiedene Daten benutzt wird. Man sollte mit Speicherplätzen etwas verschwenderisch sein und jeden nur einmal für ein Teilprogramm verwenden. Werden darüber hinaus diese Speicherplätze einheitlich am Beginn des Programms gelöscht, kann man auch sicher sein, bei einem Kontrolldruck nicht noch Daten von einem vorhergehenden Probelauf vorzufinden.

Auch kleine Programme sollten in jedem Fall w i e d e r s t a r t b a r sein, da man immer mit einem Abbrechen und Neubeginn der Rechnung ohne Neueinlesen rechnen muß. Nicht wiederstartbar sind Programme, in denen schon beim Einlesen des Programms Speicherinhalte Anfangswerte erhalten, die im Laufe der Rechnung geändert werden. Bei einem neuen Start werden ja ihre Anfangswerte nicht erneut zugewiesen! Alle Variablenspeicher müssen also erst während des Rechenganges durch Abspeicherbefehle ihre Anfangswerte bekommen.

Terminplanung

Bei allen Programmierarbeiten sollte die Terminplanung besonders sorgfältig vorgenommen werden. In der Industriekalkulation werden bei hohem Schwierigkeitsgrad gelegentlich Leistungen von einem bis zehn Befehlen pro Arbeitsstunde genannt. Das umfaßt natürlich alle Vorbereitungsarbeiten, das Ausprüfen usw. Bei umfangreichen Arbeitsvorhaben, die eine Aufteilung auf mehrere Arbeitsgruppen verlangen, ist eine Zeitkalkulation nach der Netzplantechnik erforderlich.

Programmpflege

Bei umfangreichen, gelegentlich aber auch bei kleineren Programmierarbeiten muß damit gerechnet werden, daß u.U. noch nach längerer Zeit Programmierfehler festgestellt werden, die sich nur in Sonderfällen auswirken. Große Programmsysteme werden in diesem Sinne eigentlich nie „fertig". Es sollte von vornherein geklärt werden, wer während welcher Zeit die nötigen Arbeiten durchführt. Es kann vorkommen, daß ein Programm nach einiger Zeit nicht mehr benutzt werden kann, weil der Programmierer nicht mehr zu erreichen ist.

Betriebsprogramme großer Anlagen werden von der Herstellerfirma geliefert und während einer Reihe von Jahren durch Fehlerberichtigungen und Erweiterungen (z.B. für neue Zusatzgeräte) auf dem letzten Stand gehalten. Die regelmäßig an die Kunden verteilten Änderungen werden als release (Freigabe) bezeichnet.

4.5. Dokumentation

D o k u m e n t a t i o n ist das Erstellen und Ordnen schriftlicher Unterlagen. Dem kommt beim Programmieren besondere Bedeutung zu. Wir führen die wichtigsten Zusammenstellungen, Tabellen usw. vor.

Formelsammlungen und Verzeichnisse

Der Programmierer muß mit einer Fülle von Detailkenntnissen arbeiten, die er nicht immer vollständig im Gedächtnis behalten kann. Verzeichnisse und ähnliche Unterlagen geben Hilfestellung. Sie haben den Charakter einer Formelsammlung und sollten daher schnell aufschlagbar und nicht zu umfangreich sein, sondern nur das Notwendige enthalten, damit Gesuchtes rasch gefunden werden kann. Verzeichnisse dieser Art sind oft gedruckt von den Herstellerfirmen zu erhalten. Sie enthalten u.a. Befehlsliste, Schreibnormen und Eingabeformate. Dem sollte man ein Verzeichnis der vorhandenen Unterprogramme und Hilfsprogramme beilegen, die man häufig benutzt.

Bei der Behandlung mathematischer Probleme ist eine mathematische Formelsammlung nützlich. Zu ihr sollte eine Tabelle von Zahlenwerten gehören. Die Stellenzahl numerischer Konstanten ist ja an Rechenanlagen wesentlich höher als in der normalen Mathematik. Man benötigt oft Zahlenwerte wie π, e, ln (2) sowie Vielfache und Bruchteile hiervon.

Außerdem sind verwendete Codes von Interesse, z.B. Fernschreib-, Lochkarten- oder Lochstreifencodes. Entsprechendes gilt für die Codierung innerhalb der Rechenanlage (Tafeln für positive und negative Zweierpotenzen).

Oft enthalten Betriebsprogramme in besonderen Speicherzellen Konstante oder Programmteile. In diesem Fall sollte auch eine Tabelle der benutzten Adressen beigefügt sein.

Ausdrücklich sei darauf hingewiesen, daß ein solches Verzeichnis wie jede Formelsammlung nur dann seinen Zweck erfüllt, wenn es nur die wirklich notwendigen Angaben enthält, wenn es also so klein ist, daß man es während der Arbeit stets mit sich führen kann, und wenn es außerdem (z.B. als Ringbuch) so gestaltet ist, daß jederzeit Nachträge angefügt werden können.

Bürotechnische Hilfsmittel

Das Arbeiten an Programmen wird durch bürotechnische Hilfsmittel wesentlich erleichtert. Für das Zeichnen von Ablaufplänen ist eine passende Schablone nützlich, die im Handel oder von den Herstellerfirmen erhältlich ist.

In der Regel werden für das Programmieren Vordrucke verwendet, in die die einzelnen Befehle einzutragen sind. Diese müssen nach den Normen des jeweiligen Rechenzentrums gestaltet werden.

Gelegentlich dienen auch Stempel der Arbeitsvereinfachung. Sie können Ablaufplan-Symbole wiedergeben, es kann sich um Datum- oder Nummernstempel handeln, sie können den Namen des Programmierers enthalten oder Texte wie „überholt", „ersetzt durch . . ." usw.

Übersichtspläne für Programme

Wichtig sind Beschreibungen des jeweils in Arbeit befindlichen Programms. Seine Eigenschaften sollten vor der eigentlichen Programmierung in möglichst vielen Einzelheiten festgelegt werden. Dies geschieht am besten in Gestalt von graphischen Veranschaulichungen, von Tabellen u.ä. So sollte man bei umfangreichen Programmierungsarbeiten für jedes Teilprogramm eine Kurzbeschreibung in Stichworten zusammenstellen. Sie kann erweitert werden durch ein Grobdiagramm, das den Aufbau des Programms graphisch veranschaulicht. Hierbei können z.B. ineinandergeschachtelte Schleifen durch ineinandergefügte Kästchen wiedergegeben werden.

Die DIN-Normen unterscheiden Datenflußpläne und Programmablaufpläne. Erstere geben eine vollständige Bearbeitung insbesondere dann wieder, wenn manuelle Arbeiten wie Transport von Lochkarten oder Magnetbändern, Bedienung von Maschinen u.ä. erfolgen. Sie brauchen keine Einzelheiten der Programme zu enthalten.

Programmablaufpläne

Programmablaufpläne geben recht detailliert die einzelnen Rechenschritte und die Reihenfolge ihrer Ausführung an. Da sie eine zweidimensionale Veranschaulichung des Weges durch ein Programm darstellen, eignen sie sich besonders zur Darstellung von bedingten „go to"-Befehlen. Wo diese in größerer Zahl auftreten, sind Ablaufpläne unerläßlich. (Anders strukturierte Programme können oft durch andersartige Beschreibungen besser vorbereitet werden.)
Bild 4.2 zeigt nach DIN 66001 genormte und für Programmablaufpläne vorgesehene Symbole.

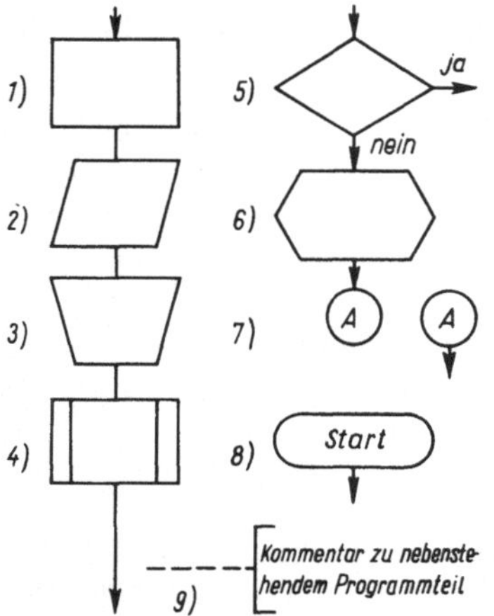

4.2
Einige nach DIN 66001 genormte Symbole für Ablaufpläne:
1) Rechenschritte, 2) Ein- und Ausgabeoperationen, 3) Eingriffe von Hand, 4) Unterprogrammaufrufe, 5) Verzweigungen (Bedingungen), 6) Vorbereitung einer Programmodifikation, 7) Übergangsstellen (Konnektoren), 8) Start und Ende, 9) angefügter Kommentar

Einzelne Rechenschritte werden in rechteckige Kästchen eingeschlossen (1). Spezialschritte weichen jedoch hiervon ab, da man sie der Deutlichkeit halber herausheben möchte. Zu diesen gehört insbesondere die Ein- und Ausgabe von Daten (2) (Parallelogramm) und Eingriffe von Hand (3) (Trapez).

Wird innerhalb eines solchen Programms ein Unterprogramm benutzt, so erscheint es als Kästchen, an dem die seitlichen Linien doppelt ausgeführt sind wie in (4).

Von besonderer Bedeutung sind Verzweigungen, die auf Grund von Abfragen vorgenommen werden (bedingte Sprünge). Sie werden dargestellt durch rautenförmige Kästchen (5), die auf einer Spitze stehen und an denen zwei Ausgänge mit der Beschriftung ja und nein zeigen, bei welchen Antworten der betreffende Zweig weiterverfolgt wird. Sollen „Weichen" gestellt werden, die erst später zu einer Verzweigung führen, oder werden auf andere Weise Programmodifikationen vorbereitet, sollte dies in Form von sechseckigen Kästchen (6) deutlich herausgehoben werden.

Nicht immer lassen sich alle Pfeile wirklich bis zu der Stelle durchziehen, an der die Rechnung fortgeführt werden soll. Diese Stelle kann u.U. weitab liegen. In diesen Fällen kann man Übergangsstellen (Connectors) antragen: Bezeichnungen werden in kleine Kreise (7) eingeschrieben,

an denen ein Pfeil endet bzw. von denen ein Pfeil ausgeht. Im einen Fall bedeutet es einen Sprung
an eine andere Stelle, im zweiten Fall deren Kennzeichnung.

Start und Ende eines Programms werden ähnlich dargestellt, da auch sie Sprungziele bzw. Sprung-
anweisungen darstellen. Allerdings verwendet man hier nicht Kreise, sondern Rechtecke, deren
Seiten halbkreisförmig ausgebuchtet sind (8). Sowohl in Programmablaufplänen als auch in Programmen sollten unbedingt Kommentare zu einzelnen Stellen beigefügt werden. Sie werden nicht
in Kästchen eingeschlossen, sondern mit Klammern angefügt (9).

Das Arbeiten mit Ablaufplänen ist wegen seiner Zweckmäßigkeit in vielen Rechenzentren verbind-
lich vorgeschrieben. Man sollte jedoch zwei Gefahren dieser Darstellung beachten. Die erste liegt
darin, daß das Innere der Kästchen, also die Beschreibung der einzelnen durchzuführenden Schritte, nicht genormt ist. Der Vorteil liegt ja gerade darin, daß man einige Details global angeben kann.
Das hat zur Folge, daß gelegentlich auch Schwierigkeiten übersehen werden, wenn man nicht zwingend jede Einzelheit vorbereitet.

Andererseits (z.B. bei Schleifen in höheren Programmiersprachen) gibt es eine Reihe von Fällen,
in denen Ablaufpläne unübersichtlicher als das zu erstellende Programm sind.

Variablenplan

Bei großen Programmen ist oft ein Variablenplan sinnvoll, in dem in tabellarischer Form Speicherplätze mit veränderlichen Größen aufgeführt sind. Man sollte möglichst vollständig alle Variablen
erfassen und für jede u.a. angeben:

▶ Ihre abgekürzte Bezeichnung,
▶ ihre (symbolische und eventuell feste) Adresse,
▶ ihre Bedeutung (durch ein paar Stichworte),
▶ bei Zählern den Laufbereich („von Null bis $n-1$"),
▶ bei gesplitteten Speicherplätzen die Aufgliederung des Wortes in einzelne Informationen
▶ sowie Angaben, w o die Laufvariable zum ersten Mal einen Wert zugewiesen bekommt (das vergißt man leicht!), an welchen Stellen er verändert und wo er benutzt wird (die erste Wertzuweisung muß erfolgen, b e v o r der Wert erstmals benötigt wird!).

Ein Variablenplan sollte nach den einzelnen Programmteilen unterteilt sein und inhaltlich zusam-
mengehörige Größen nebeneinander darstellen. Mit seiner Hilfe lassen sich die mehrfache Verwendung derselben Bezeichnung für verschiedene Dinge vermeiden, Mißverständnisse über den Laufbereich beseitigen, die rechtzeitige Zuweisung eines Anfangswertes feststellen u.a.m.

EA-Verzeichnis

Ein Sonderfall des Variablenplanes ist das Verzeichnis der ein- bzw. auszugebenden Daten. Diese
sind nicht nur für den Programmierer, sondern auch für den Benutzer von Bedeutung und in ihren
Eigenschaften mit diesem abzustimmen. Bei ihnen sind zusätzlich zum Variablenplan der erlaubte
Wertebereich und die Formatangaben (Zahlendarstellung, Stellenzahl, Anordnung, Reihenfolge
usw.) wichtig.

Liste der Störungsmeldungen

Umfangreiche Programme sollten viele Kontrollen enthalten, die insbesondere die eingegebenen Daten überprüfen. Da Störungsmeldungen im allgemeinen nur in Kurzform stichwortartig erfolgen können, wird eine Liste benötigt, die zu jeder möglichen Meldung ausführliche Angaben über Störungsquelle und Gegenmaßnahmen aufgezählt.

Unterprogrammverzeichnis

Eine tabellarische Zusammenstellung der verwendeten (und vor allem der selbst erstellten) Unterprogramme ist zweckmäßig, da auch hier eine Fülle von Eigenschaften immer wieder benötigt wird, die man sehr leicht vergißt oder verwechselt. Ein Unterprogrammverzeichnis sollte für alle Unterprogramme u.a. enthalten:

▶ Den Namen,
▶ die Adresse (fest oder symbolisch),
▶ die Wirkung in Stichworten,
▶ die Eingangsparameter (ihre Bedeutung, ihren Namen, ihre Darstellung, ihren erlaubten Wertebereich),
▶ die Ausgangsparameter (mit derselben Aufstellung wie bei den Eingangsparametern).

Angaben über Speicherplatzbedarf und Rechenzeit sowie eine ausführliche Beschreibung und ein Ablaufdiagramm sollten wegen ihres großen Umfanges anderweitig aufbewahrt werden.

Wortaufteilungsvordruck

Wird hinreichend oft mit gesplitteten Worten gearbeitet, ist ein Vordruck nützlich, der die Aufteilung der Dualstellen eines Wortes schnell einzutragen gestattet. Er sollte untereinander die verschiedenen Dualstellen wiedergeben und zu jeder u.a. enthalten: Die fortlaufende Nummer, den Dezimalwert der Stelle (soweit dieser nicht zu groß ist), die Bedeutung der Stelle im Befehlswort, die Einteilung in Vierer- oder Achtergruppen (für Hexadezimalschreibweise u.ä.) sowie reichlich Platz für handschriftliche Eintragungen.

Änderungsverzeichnis

Ein Problem spezieller Art stellen nachträgliche Programmänderungen dar. Gelegentlich werden sie durch Änderung der Aufgabestellung hervorgerufen. Immer haben Programmierfehler zwangsweise Änderungen zur Folge. In diesem Zusammenhang kann ein Verzeichnis über alle durchgeführten Änderungen erforderlich werden. Auf jeden Fall sind alle Änderungen sofort in sämtliche aktuellen Unterlagen einzutragen. Dies setzt jedoch voraus, daß man von vornherein für das Programmieren nicht zu viele Unterlagen vorsieht und insbesondere nicht dieselben Angaben in mehreren Verzeichnissen gleichzeitig aufführt. Es ist außerordentlich gefährlich, Änderungen nur an einzelnen Stellen einzutragen und an anderen zu vergessen. So ist u.a. die Frage diskutabel, ob man das Programm in der ursprünglichen handgeschriebenen Fassung aufbewahren soll oder ob statt dessen vorteilhafter Protokollauszüge aus der Rechenmaschine zu verwenden sind, sobald das Programm das erste Mal eingelaufen ist. Diese können dann durch die jeweils letzte Fassung ersetzt werden.

Andererseits ist es für späteres Nachschlagen (etwa im Zusammenhang mit Fehlersuche) von Vorteil, wenn man nicht alle Unterlagen sofort vernichtet. Es ist besser, sie in einer genormten Form zu entwerten und von den laufenden Unterlagen deutlich getrennt aufzubewahren, bis sie endgültig nicht mehr benötigt werden.

Gelegentlich müssen Programmunterlagen geändert werden, die durch Vervielfältigung an eine größere Zahl von Mitarbeitern verteilt wurden. Für diesen Fall ist eine spezielle Arbeitsorganisation unerläßlich, die dafür sorgt, daß dann alle verbindlichen Exemplare korrigiert werden.

Sämtliche Unterlagen sollten außer dem Namen des Programmierers und der Angabe des Programms bzw. des Aufgabenbereichs einen Vermerk „Fassung Nr. . . ." oder besser „Stand vom . . ." enthalten (mit späterer Ergänzung „Änderung vom . . .").

Auftragsbeschreibung

Sind mehrere Mitarbeiter oder gar Firmen an einer Programmieraufgabe beteiligt, ist eine schriftliche Einteilung der Aufgaben meistens unerläßlich. Bei Großaufträgen findet sie in Gestalt eines oft recht umfangreichen Pflichtenheftes statt. Bei kleineren Arbeiten sollten mit dem Auftraggeber u.a. abgesprochen und fixiert werden:

▶ Art und Format der Ein- und Ausgabedaten,
▶ die vom Programm durchzuführenden Arbeiten,
▶ Grenzen für Rechenzeit und Speicherbedarf,
▶ zur Verfügung stehende Geräte (Anzahl der Drucker, Leser, Bandgeräte usw.),
▶ erlaubte Ausprüfzeiten,
▶ erlaubter Materialverbrauch sowie
▶ (als allerwichtigstes) Fertigstellungstermine.

Notwendige Abweichungen von der Planung, Ausfall oder Störungen von Geräten usw. sind sofort (!) schriftlich allen Beteiligten mitzuteilen oder mindestens als Aktennotiz festzuhalten.

Schreibweisen von Wertzuweisungen

Die am häufigsten auftretenden Rechenschritte sind Wertzuweisungen an Speicher. Wir haben in diesem Buch als Mitteilungssprache dafür die ALGOL 60-Schreibweise verwendet: $x := y$ bedeutet, daß der die Größe x enthaltende Speicher einen neuen Zahlenwert, nämlich den von y, erhält. Handelt es sich um Speicherplatz Nr. 2000 für x und 2001 für y, so setzt man diese Zahlen in spitze Klammern mit der Bedeutung „Inhalt von": $\langle 2000 \rangle := \langle 2001 \rangle$. Es ist also $x = \langle 2000 \rangle$ und $y = \langle 2001 \rangle$. Umgekehrt haben wir in diesem Buch für „Adresse von" runde Klammern benutzt: $(x) = 2000$ und $(y) = 2001$. Dies geschah wegen der entsprechenden Schreibweise symbolischer Adressen in manchen Assemblersprachen.

Das oben benutzte Symbol := kann gedeutet und veranschaulicht werden als Pfeil, wenn man den Doppelpunkt als Pfeilspitze interpretiert: $x \Leftarrow y$. Der Pfeil gibt dann die Transportrichtung wieder. Er wird oft auch in der anschaulicheren, aber in der Mathematik unüblichen Richtung von links nach rechts benutzt: $y \Rightarrow x$ bedeutet einen Zahlenwerttransport von y nach x.

Zu unterscheiden ist davon der einfache Pfeil, der in älteren Abhandlungen oft anzutreffen ist: $\langle 2001 \rangle \rightarrow 2000$ bedeutet (wie oben), daß der Inhalt von Speicher Nr. 2001 in den Speicher Nr. 2000 gebracht werden soll. Unglücklich ist, daß links und rechts vom Pfeil verschiedene Dinge stehen, links ein Zahlenwert (als Speicherinhalt), rechts eine Adresse. Da oft wieder Adressen in Speichern untergebracht werden, also ihrerseits Speicherinhalte sind, kann Verwirrung entstehen.

Linguistische Schreibweisen, in denen die Programmiersprachen selbst formuliert werden, betrachten wir in Abschn. 7.4.

Namen

Eine Buchstabenbezeichnung (ein „Name") wie x oder y kann in der Literatur den Inhalt eines Speicherplatzes oder aber den Speicherplatz selbst bezeichnen. Eine Wertzuweisung müßte im ersten Fall x := 1.5 und im zweiten Fall ⟨y⟩ := 1.5 lauten. y selbst hätte im zweiten Fall als Wert die Adresse des Speicherplatzes, in dem die Zahl 1.5 steht.

In höheren Programmiersprachen kann man nicht ausdrücklich von Adressen sprechen, da sie maschinenunabhängig sein sollen und da dieselben Zahlen gelegentlich in einfachen, in anderen Maschinen wiederum in zwei oder drei Speicherplätzen untergebracht werden. In ALGOL 60 und FORTRAN bezeichnen Buchstabenbezeichnungen (identifier) daher einheitlich den Speicherinhalt. Adressenrechnungen sind nur implizit durch Indizes möglich. a [i] bedeutet dann in gewissem Sinne (mit Vorbehalten) den i-ten Speicherplatz der a; i ist also Bestandteil einer Adresse.

Allgemeiner ist ALGOL 68. Namen können vereinbart werden in Analogie zur Bezeichnung von Inhalten in der Form

real x

Sie können aber auch vereinbart werden als eine R e f e r e n z , die (in grober Analogie) einer Adresse entspricht:

ref real y

Eine ausführliche Wertzuweisung lautet im ersten Fall x := 1.5 und im zweiten Fall **cont** y := 1.5, wobei **cont** y (= content = Inhalt von y, auch D e r e f e r e n z i e r u n g genannt) obigem ⟨y⟩ entspricht.

Verwirrung kann beim Anfänger entstehen, wenn das Fortlassen selbstverständlicher Zusätze erlaubt ist und man daher im zweiten Fall auch y := 1.5 schreibt (y als Referenz kann ja selbst keinen Zahlenwert wie 1.5 annehmen, also ist natürlich „Inhalt von" zu ergänzen).

Wir bezeichnen in diesem Buch einheitlich mit Buchstaben oder -gruppen nur Inhalte von Speicherplätzen. Andernfalls schreiben wir „Adresse von x" oder Adr(x) oder abgekürzt (x).

5.   Gleitpunktrechnung

Dieses Kapitel enthält zur Gleitpunktrechnung Betrachtungen über Fehlerquellen und benötigte Genauigkeit (Abschn. 5.1), Arbeiten mit mehrfacher Wortlänge (Abschn. 5.2), Darstellung und Gliederung von Gleitpunktzahlen (Abschn. 5.3) sowie Details über deren Lese- und Druckprogramme (Abschn. 5.4) und über Programme für Gleitpunktarithmetik (Abschn. 5.5). Sorgfältiges Betrachten aller Details ist beim Programmieren wichtig. Wer sich trotzdem mit einem vorläufigen Überblick begnügen möchte, lese Abschn. 5.1 und 5.3 sowie Teile von Abschn. 5.5.

5.1. Genauigkeit und Rundung

In vielen heutigen Rechenanlagen reicht ein Wort zur Unterbringung einer Zahl nicht aus. Seine Länge, also die Anzahl seiner Dualstellen, orientiert sich meistens an den Befehlen, die im Gegensatz zu Zahlen für technische und naturwissenschaftliche Berechnungen relativ wenig Information erfordern.

Relative Fehler

Die Stellenzahl solcher Zahlen wird bestimmt durch die gewünschte Genauigkeit. Auf den ersten Blick ist dies die Genauigkeit, die sich bei technischen Problemen durch Herstellungs- und Meßmethoden realisieren läßt; dazu sollten im normalen Betrieb drei bis vier Dezimalstellen meistens ausreichen. Wegen der erforderlichen Zwischenrechnungen trifft dies aber nicht zu. Es ist eine erhöhte Rechengenauigkeit erforderlich, weil Fehler der verschiedensten Art auftreten.

Eine leicht verständliche, aber in der Praxis meistens unwichtige Fehlerquelle ist das Aufsummieren von Rundungsfehlern.

Bei oberflächlicher Betrachtung entsteht der Eindruck, daß ein Rundungsfehler, mit dem eine Zahl behaftet ist, sich entsprechend vervielfacht, wenn man eine größere Anzahl von Summanden zusammenzuzählen hat. In der Praxis dürfte eine Summation sehr vieler Zahlen nur selten anzutreffen sein. Kommt sie vor, so hat ja auch die Summe selbst meistens einen vielfachen Wert, der Fehler wird daher relativ (prozentual) nicht stärker ins Gewicht fallen als bei den einzelnen Summanden. Darüber hinaus besteht die Möglichkeit, durch exakte Rundungsvorschriften den Fehler klein zu halten.

Um einen Summenfehler der beschriebenen Art zu reduzieren, ist es nötig, daß in etwa ebenso vielen Fällen ein positiver wie ein negativer Fehler auftritt, daß also die ursprünglichen Zahlen ebenso oft nach oben wie nach unten gerundet waren. Diese Rundungsvorschrift ist wichtiger als etwa eine Dezimale mehr in der Genauigkeit. Sie erfordert, daß genau in der Mitte zwischen zwei noch darstellbaren Zahlenwerten die Grenze für eine Rundung nach oben (Aufrundung) und nach unten (Abrundung) liegt. Bei den Eingabedaten muß diese Bedingung durch die Ablesung der Meßinstrumente erfüllt werden. Dies ist besonders wichtig bei der Benutzung digital anzeigender Geräte, bei denen entsprechende Justagen vorzunehmen sind. Bei analoger Anzeige ist diese Rundung allgemein üblich; man denke an das gleichartige Problem beim Ablesen einer Zahl auf dem Rechenschieber, wo der Ablesefehler in beiden Richtungen gleich oft erfolgen und sich im Mittel daher aufheben soll.

Bei Zwischenergebnissen, die sich im Verlauf eines Rechenprozesses mit mehr Stellen ergeben, als untergebracht werden können, muß ebenfalls eine Rundung nach diesen statistischen Gesetzmäßigkeiten erfolgen. Wir betrachten das dazu erforderliche Vorgehen.

Das einfachste Rezept besteht darin, daß man zu der Zahl, die gerundet werden muß, die Hälfte der kleinsten stehenbleibenden Stelle hinzuzählt. Anschließend werden die überflüssigen Stellen ersatzlos abgeschnitten. Für Dezimalstellen zwei Beispiele dazu:

$$
\begin{array}{r}
0.53|2 \\
+ \quad |5 \\
\hline
0.53|7 \\
\approx 0.53|
\end{array}
\qquad\qquad
\begin{array}{r}
0.53|6 \\
+ \quad |5 \\
\hline
0.54|1 \\
\approx 0.54|
\end{array}
$$

Hier ist links eine Zahl angegeben, die nach unten abgerundet werden muß, da sie unterhalb der Mitte 0.535 liegt. Entsprechend muß rechts eine Rundung nach oben erfolgen. Beides geschieht in der Tat richtig.

Die Rundung bei Dualzahlen ist noch einfacher, wie die folgenden Beispiele zeigen:

$$
\begin{array}{r}
0.LOL|OL \\
+ \quad |L \\
\hline
0.LOL|LL \\
\approx 0.LOL|
\end{array}
\qquad\qquad
\begin{array}{r}
0.LOL|LO \\
+ \quad |L \\
\hline
0.LLO|OO \\
\approx 0.LLO|
\end{array}
$$

Zu der letzten noch stehenbleibenden Stelle soll hier wieder eine halbe Einheit addiert werden. Dies ist aber nicht wie oben eine 5, sondern ganz einfach ein L in der nächsten Stelle.

In manchen Rechenanlagen wird Rundung mit gleicher Wirkung etwas anders durchgeführt.

Bei Beachtung der Rundungsvorschriften spielt nun die Fehlersummation nur noch eine untergeordnete Rolle. Die Fehler heben einander weitgehend auf, nur die Ergebnisse werden addiert. Wir haben dann (im statistischen Mittel) im Endergebnis sogar einen relativ geringeren Fehler als bei den ursprünglichen Zahlen.

Bei Multiplikation, Division und Wurzelziehen ändert sich an obigen Betrachtungen nichts Wesentliches: Sind bei a x b bzw. a/b bzw. $\sqrt{a}$ die Operanden mit kleinen relativen Fehlern Δ_1 bzw. Δ_2 behaftet, so ergibt sich im ungünstigsten Falle

$$[a \times (1+\Delta_1)] \times [b \times (1+\Delta_2)] \approx a \times b \times (1+\Delta_1+\Delta_2)$$

$$[a \times (1+\Delta_1)] / [b \times (1-\Delta_2)] \approx (a/b) \times (1+\Delta_1+\Delta_2)$$

$$\sqrt{a \times (1+\Delta_1)} \approx \sqrt{a} \times (1+\Delta_1/2)$$

Kleine Differenzen

Die entscheidenden Fehler treten auf bei k l e i n e n D i f f e r e n z e n r e l a t i v g r o ß e r Z a h l e n. Ein Beispiel: Es seien zwei Zahlen gegeben, die einen relativen Fehler von der Größenordnung 10^{-6} haben. Wir subtrahieren sie:

$$
\begin{array}{r}
5536.24 \pm 0.005 \\
- \quad 5534.11 \pm 0.005 \\
\hline
2.13 \pm 0.01
\end{array}
$$

Der absolute Fehler des Ergebnisses entsteht im ungünstigsten Fall durch einfache Summation der Teilfehler. Angesichts des kleinen Ergebnisses fällt er aber sehr viel stärker ins Gewicht, der relative Fehler ist wesentlich größer geworden (aus 10^{-6} wurde fast 10^{-2}).

Dieser Effekt ist in der Praxis des numerischen Rechnens fast ausschließlich für die auftretenden Ungenauigkeiten verantwortlich. Die einzige numerische Möglichkeit der Abhilfe besteht darin, die beiden voneinander zu subtrahierenden Zahlen mit höherer Genauigkeit zu kennen. Das setzt voraus, daß alle vorhergehenden Rechenoperationen und meistens auch die Ermittlung der Eingabedaten mit entsprechend höherer Genauigkeit ausgeführt werden.

Daher benutzen elektronische Rechenanlagen eine relativ hohe Stellenzahl, z.B. 9 oder 12 Dezimalen. Natürlich ist auch dies ein Kompromiß. Auch bei sehr großer Ausgangsgenauigkeit kann gelegentlich ein unerträglich falsches Ergebnis entstehen.

Als Faustregel gilt, daß Fehler der betrachteten Art in nur zwei Fällen häufiger auftreten. Im ersten wird ein technisches oder mathematisches Problem behandelt, bei dem an der „kritischen" Stelle ein größerer Rundungsfehler einen Hinweis auf besondere Schwierigkeiten im apparativen Aufbau des vorhergehenden Meßprozesses oder des folgenden Herstellungsprozesses enthält. Das geschieht vor allem da, wo schon geringfügige Änderungen einer in der Rechnung auftretenden Ausgangsgröße zu sehr großen Änderungen im Endergebnis führen. Man denke etwa an nahe benachbarte Resonanz- und Erregerfrequenzen bei Schwingkreisen. Hier hängt die Amplitude, also die Stärke des Mitschwingens, außerordentlich stark davon ab, wie gut die Frequenzen aufeinander abgeglichen sind. Diese k l e i n e D i f f e r e n z muß auch in der Praxis äußerst sorgfältig eingestellt werden.

Im zweiten Fall ist das zugrunde liegende Problem keineswegs kritisch, aber es wird mit einem mathematisch unglücklichen Verfahren, mit ungünstigen Formeln o.ä. behandelt. Ein vereinfachtes Beispiel möge dies zeigen.

In die Formeln

$$a := x + d;$$

$$z := \frac{a - b}{a + b};$$

sollen die Zahlenwerte:

$$x := 86537.24$$

$$d := 5.332513$$

eingesetzt werden.

Eine siebenstellige Ausrechnung zeigt außerordentlich starke Rundungsfehler. Da jedoch die Ausgangsgleichungen exakt gegeben sind, kann man das Problem in einer angemesseneren Weise vorbereiten. Die oben angegebenen Gleichungen lassen sich vereinfachen zu:

$$z := \frac{d}{x},$$

sieben Dezimalen reichen jetzt voll aus.

Man sollte in der Praxis immer dann, wenn große Rundungsfehler auftreten, sehr sorgfältig prüfen, ob diese nur in einem ungeschickten mathematischen Verfahren begründet sind oder ob ihnen wirklich ein ernsthaftes Problem zugrunde liegt.

Starke Fehler können sich auch dann einstellen, wenn eine Funktion berechnet werden soll, die stellenweise eine große Steigung hat. Bild 5.1 zeigt ein Beispiel hierfür.

Variiert der x-Wert geringfügig, so erhalten wir eine große Differenz im y-Wert.

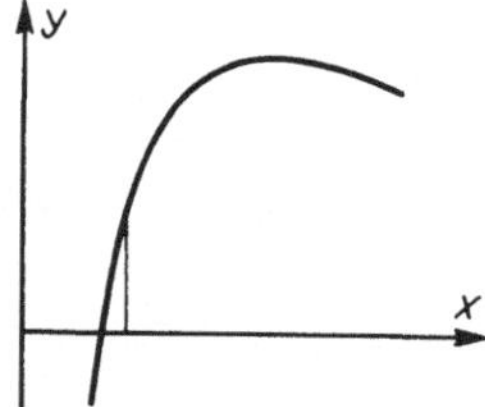

5.1
Fehler bei Auftreten einer steilen Funktion:
Eine kleine Ungenauigkeit in x
führt zu einem größeren Fehler in y

Dies ist jedoch kein prinzipiell neues Problem: Funktionswerte werden von Fall zu Fall nach einem bestimmten algebraischen Verfahren berechnet. Fehler dieser Art sind damit aber zurückgeführt auf Fehler der vorher betrachteten Kategorie: Wir erhalten ein kleines Ergebnis als Differenz großer Zahlen. Wenn derartige Funktionen durch Potenzreihen dargestellt werden, müssen die einzelnen Glieder addiert bzw. subtrahiert werden und können sich teilweise aufheben.

Abbrechfehler

Ein anderes Problem sind die A b b r e c h f e h l e r: In Iterationen oder Potenzreihen kann man vor der Notwendigkeit stehen, an einer Stelle abzubrechen, bei der noch nicht die volle Genauigkeit der Rechenanlage erreicht ist.

Hier hilft nur entweder das Zugestehen einer gewissen zusätzlichen Rechenzeit, das dann weitere Iterationsschritte bzw. die Berechnung weiterer Glieder erlaubt, oder aber die Verwendung eines besseren mathematischen Verfahrens.

Stellenzahlen

Es ist in elektronischen Rechenanlagen vielfach üblich, einen festen relativen Fehler von der Größenordnung 10^{-9} bis 10^{-12} zuzulassen. Um den Benutzer nicht unnötig mit den erwähnten Schwierigkeiten zu belasten und um ein rationelles und einheitliches Arbeiten zu ermöglichen, ist eine derartige Normung notwendig. Prinzipiell besteht natürlich immer die Möglichkeit, auch mit anderen Genauigkeiten zu arbeiten. Dann jedoch müssen die erforderlichen Programme u.U. mühsam beschafft oder selbst erstellt werden.

Bitzahl n	dezimale Stellenzahl	Begründung
20	6	$2^{20} = 1024^2 \approx 10^6$
30	9	$2^{30} = 1024^3 \approx 10^9$
40	12	$2^{40} = 1024^4 \approx 10^{12}$

5.2
Zusammenhang zwischen Bitzahl und (dezimaler) Genauigkeit

Innerhalb der Rechenanlagen werden normalerweise Dualzahlen benutzt, die wir hier fast ausschließlich betrachten. Interessant ist der Zusammenhang zwischen der dualen und der entsprechenden dezimalen Stellenzahl. Keine zwei dezimal unterscheidbaren Zahlen dürfen dual die gleiche Darstellung haben. Wir erhalten — da bei n Bits die Anzahl der darstellbaren Zahlen 2^n ist — die Tabelle in Bild 5.2.

Die Wortlänge einer Rechenanlage orientiert sich im allgemeinen an der Wortlänge der in der Anlage benutzten Befehle und reicht dann für Zahlen der hier betrachteten Genauigkeit nicht voll aus. Zur Abhilfe zertrennt man die Dualstellen, die zu einer Zahl gehören, in zwei oder mehr Stücke und bringt jedes in einem anderen Wort unter. Dies ergibt einige Komplikationen beim Rechnen, da die einzelnen Stücke im allgemeinen getrennt verarbeitet werden müssen. Methoden zur Durchführung der Grundrechenarten werden wir hierfür in Abschn. 5.2 betrachten. In Extremfällen können drei oder mehr Teile nötig sein. Die hier beschriebenen Verfahren sind dann entsprechend zu verallgemeinern.

5.2. Mehrfache Wortlänge

Eine allgemeine Programmiererfahrung besagt, daß die scheinbar primitivsten Dinge oft den unangenehmsten Arbeitsaufwand erfordern. Erst wenn durch sie gewissermaßen das Fundament gelegt ist, kann man relativ schnell zu äußerlich effektvolleren Arbeiten übergehen. Aus diesem Grunde muß uns das Rechnen mit mehrfacher Wortlänge besonders interessieren.

Beim Arbeiten mit d o p p e l t e r Z a h l e n l ä n g e wirkt sich der Unterschied zwischen Dual- und Dezimalzahlen für grundlegende Betrachtungen kaum aus. Wir werden also in erster Linie dezimale Beispiele vorführen. Dabei benutzen wir eine Wortlänge von vier (oder gelegentlich sechs) Ziffern, im Rechenwerk können dann höchstens vierstellige Zahlen verarbeitet werden. Die folgenden Überlegungen sind hinfällig, wenn ein Rechenwerk mit d o p p e l t e r Z a h l e n l ä n g e und D o p p e l w o r t - O p e r a t i o n e n eingebaut ist. Das ist bei kleinen Anlagen selten der Fall.

Addition und Subtraktion

Die Addition

$$(a_1 + a_2) + (b_1 + b_2) = \underline{0.534}\ \underline{4615} + \underline{0.416}\ \underline{7211}$$

wird so ausgeführt:

1. $a_2 + b_2 \Rightarrow U + c_2$	$(0.000)\underline{4165} + (0.000)\underline{7211} = (0.001)\underline{1826}$
2. $a_1 + U \Rightarrow C_1^*$	$0.534 + 0.001 = \underline{0.535}$
3. $C_1^* + b_1 \Rightarrow C_1$	$0.535 + 0.416 = \underline{0.951}$

Zur Bezeichnungsweise: Der Pfeil $\Rightarrow$ bedeutet „ergibt". Eingeklammerte Zahlenstücke werden nicht im Rechenwerk bearbeitet, sondern nur in Gedanken hinzugefügt oder (z.B. als Übertrag) gesondert registriert. Gestrichelte Linien trennen die einzelnen Stücke der Zahlen. Die unter den Zahlen befindlichen klammerartigen Unterstreichungen geben an, welche Stellen zusammen in einem Register oder im Rechenwerk stehen.

Die beiden Zahlen wurden in ihren Bruchstücken mit $a_1 + a_2$ bzw. $b_1 + b_2$ bezeichnet, wobei die kleinerwertigen Stellen a_2 bzw. b_2 sind. Man addiert zuerst diese beiden und notiert das Ergebnis getrennt als c_2. Anschließend werden die beiden anderen Stücke zusammengezählt. Die Schwierigkeiten beginnen, sobald von dem rechten Teil des Ergebnisses ein Übertrag auf den linken Teil übernommen werden muß (hier U = 0.001). Günstig ist es, wenn eine gesonderte Überlaufstelle (gewissermaßen als fünfte Stelle des Rechenwerks) eingebaut ist, die diesen Übertrag automatisch registriert. Sie braucht nur die Ziffern 0 oder 1 aufzunehmen und kann oft durch besondere Befehle ausgewertet werden, die diesen Inhalt zu der linken Hälfte des Ergebnisses addieren. Technisch wird sie durch ein spezielles Ü b e r l a u f f l i p f l o p verwirklicht.

Ein Programm dafür lautet dann so:

> Lade von (a_2)
> Addiere aus (b_2)
> Speichere nach (c_2)
> Lade von (a_1)
> Addiere Überlauf dazu
> Addiere aus (b_1)
> Speichere nach (c_1)

Anders ist es, wenn derart bequeme Vorrichtungen nicht vorhanden sind. Zweckmäßigerweise wird man hier die Zahlen a_2 und b_2 um eine Stelle nach rechts versetzt abspeichern und verwenden. Dadurch wird am linken Ende dieser Zahlen eine zusätzliche Stelle frei, in der der Übertrag registriert werden kann. Zu beachten ist allerdings, daß dabei eine Stelle verloren geht, daß also nicht mit der vollen Genauigkeit im rechten Zahlenteil gearbeitet werden kann. Handelt es sich um Bruchstücke von Gleitpunktzahlen, bei denen dort sowieso der Exponent untergebracht ist (vgl. 5.3), so ist ein derartiger Verlust tragbar. Eine dezimale Durchführung des obigen Beispiels soll dies illustrieren:

$$
\begin{array}{l|l}
a_2 + b_2 \Rightarrow c_2 & (0.00)\,0462 + (0.00)\,0721 = (0.00)\,1183 \\
\text{Zerlegen von } c_2 & (0.00)\,1183 = (0.00)\,1 + (0.00)\,0183 \\
a_1 + U \Rightarrow c_1^* & 0.534 + (0.00)\,1 = 0.535 \\
c_1^* + b_1 \Rightarrow c_1 & 0.535 + 0.416 = 0.951
\end{array}
$$

Das Programm muß, um die Überlaufstelle freizubekommen, die rechten Stücke der Ausgangszahlen um eine Stelle rechtsverschieben. Das Umgekehrte gilt für den rechten Teil des Ergebnisses. Dabei genügt bei Dualzahlen eine Dualstelle. Die Schritte:

> Lade von (b_2)
> Verschiebe um eine Stelle nach rechts (dabei muß eine Null an die oberste Stelle)
> Speichere nach (b_2)
> Lade von (a_2)
> Verschiebe um eine Stelle nach rechts (dabei muß eine Null an die oberste Stelle)
> Addiere aus (b_2)
> Speichere nach (U)
> Verschiebe um eine Stelle nach links
> Speichere nach (c_2)
> Lade von (a_1)
> Wenn oberste Stelle in (U) eine Eins ist: Addiere die Zahl 1
> Addiere aus (b_1)
> Speichere nach (c_1)

Die beiden hier angegebenen Methoden sind auch bei negativen Zahlen richtig, wenn diese durch das B-Komplement dargestellt werden.

Die Subtraktion doppelt langer Zahlen wird normalerweise auf die sowieso vorhandene soeben beschriebene Addition zurückgeführt, indem man vorher von der abzuziehenden Zahl das B-Komplement bildet.

Aber auch das ist nicht problemlos: Das B-Komplement wird durch das (B-1)-Komplement und die Addition einer 1 hergestellt (vgl. Abschn. 1.3). Bei dieser Addition kann aber wieder ein Überlauf von den unteren Stellen auf die oberen erfolgen.

Bei der Addition zweier doppelt langer Zahlen kann ein zu großes Ergebnis entstehen. Bei unserer Kommastellung (nach der zweiten Stelle von links) wäre jede Zahl größer oder gleich Eins zu groß. Bei ihrem Auftreten muß eine Alarmmeldung erfolgen oder bei Gleitpunktzahlen nachnormiert werden (vgl. die folgenden Abschnitte).

Da wir die oberste Stelle zum Erkennen des B-Komplements, also indirekt des Vorzeichens, benutzen, ist hier die von uns vorgesehene zweite Stelle vor dem Komma nützlich: Sie muß normalerweise denselben Wert wie die erste haben. Ist das nicht der Fall, hat sie einen Übertrag aufgenommen, der nicht geduldet werden kann. Wir haben somit im Dualen die Unterscheidung:

OO.x...   positive Zahl
OL.x...   zu große positive Zahl
LL.x...   negative Zahl
LO.x...   zu große negative Zahl.

Multiplikation

Bei der Addition brauchten wir nur vorauszusetzen, daß die Kommata (besser: Dezimalpunkte) der beiden zusammenzuzählenden Zahlen an derselben Stelle (also untereinander) standen. Die entsprechenden Regeln für die Multiplikation sind komplizierter.

Die in einfacheren Geräten eingebaute Grundform der Multiplikation wird meistens (wie in Abschn. 2.2 beschrieben) so wirken, wie es der Punktsetzung bei ganzen Zahlen entspricht. Das Ergebnis wird dann mit doppelter Wortlänge aufgebaut (vgl. hierzu unser Beispiel in Abschn. 2.2).

Bei einem sechsstelligen dezimalen Rechenwerk wäre also die Anordnung:

$$008234 \times 007211 = 000059\,375374$$
$$a \quad\quad \times \quad b \quad\quad = \quad\quad (c,d)$$

wobei alle Punkte rechts der Zahlen gedacht werden müssen.

Bei gebrochenen Zahlen erhalten wir ebenfalls einfache Regeln, wenn wir den Punkt jeweils vor das linke Ende der Zahl setzen. Unser Beispiel bedeutet dann

$$.008234 \times .007211 = .000059375374$$

Komplizierter werden sie jedoch, wenn die Punkte nach der zweiten Stelle von links stehen sollen. Das würde bedeuten:

$$00.8234 \times 00.7211 = 0000.59\,375374$$

Soll das Ergebnis dieselbe Punktstellung wie die Anfangszahlen haben, so muß hier offenbar durch eine zweifache Linksverschiebung n a c h p o s i t i o n i e r t werden: 00.5937 537400

Wir gehen vorläufig davon aus, daß der Punkt unmittelbar links des äußersten Wortes steht, lassen also das eben beschriebene und im allgemeinen benötigte Nachpositionieren der Übersichtlichkeit halber fort. Darüber hinaus sollen die ersten beiden Stellen hinter unserem Punkt nicht gefüllt sein, die Zahlen also mit .00 beginnen. Negative Zahlen wollen wir ausschließen; wenn ein Faktor negativ ist, soll zu Anfang sein Betrag und zum Schluß wieder das B-Komplement des Ergebnisses gebildet werden (sofern nicht der andere Faktor auch negativ war).

Da die eigentliche Multiplikation doppelt langer Zahlen $(a_1 + a_2)$ und $(b_1 + b_2)$ nur in Bruchstücken geschehen kann, müssen wir ausmultiplizieren nach der Formel

$$(a_1 + a_2) \times (b_1 + b_2) = a_1 \times b_1 + a_1 \times b_2 + a_2 \times b_1 + a_2 \times b_2$$

Diese gilt für mathematische Größen, die ihren Stellenwert bereits beinhalten. Da wir hier aber durch Verschiebungen, richtige Additionen und Zuordnungen usw. zugleich die Stellenposition verarbeiten müssen, ist es zweckmäßig, ein Zahlenbeispiel (dezimal, mit zweimal 6 Stellen) anzugeben.

Berechnet werden soll:

$$\underline{.008234}\,\underline{121200} \times \underline{.007211}\,\underline{231201}$$
$$\qquad a_1 \qquad\quad a_2 \qquad\quad b_1 \qquad\quad b_2$$

Ausrechnen der Einzelstücke liefert:

$$
\begin{array}{lll}
 & & \overline{c_1\ c_2} \ \big| \\
a_1 \times b_1 & = & .000059\ 375374\ \big| \\
a_1 \times b_2 & = & (.000000)\,001903\ \big|\ 709034 \\
a_2 \times b_1 & = & (.000000)\ 000873\ \big|\ 973200 \\
a_2 \times b_2 & = & (.000000\ 000000)\big|\ 028021\ 561200
\end{array}
$$

Es folgt die Rechenvorschrift:

▶ 1. Man multipliziere a_1 mit b_1 und erhält ein doppelt langes Ergebnis.
▶ 2. Man transportiere den ersten Teil des Ergebnisses nach c_1 und den zweiten Teil nach c_2.
▶ 3. Man multipliziere a_1 mit b_2 (und erhält wieder ein doppelt langes Ergebnis).
▶ 4. Man addiere den ersten Teil des Ergebnisses zu c_2 (der zweite Teil wird nicht benötigt).
▶ 5. Falls bei der Addition ein Übertrag auftritt, muß dieser zu c_1 addiert werden.
▶ 6. Man multipliziere b_1 mit a_2.
▶ 7. wie 4.
▶ 8. wie 5.

Da wir die zu weit rechts stehenden Teile der Produkte ohne Rundung fortgelassen haben, kann das Ergebnis zu klein ausfallen. Bei Gleitpunktzahlen spielt dies keine Rolle, da wir ohnehin noch einige Stellen (nach Rundung) abzuschneiden haben, um Platz für den Exponenten zu gewinnen.

Es kann (je nach der Zahlendarstellung) nötig sein, das Resultat vorher auf B e r e i c h s u n t e r - s c h r e i t u n g zu untersuchen. Sollten alle drei addierten Teilprodukte Null sein, so liegt ein zu kleines Ergebnis vor und man muß mit Null weiterrechnen.

Zusammengefaßt: Zur vollständigen D o p p e l w o r t - M u l t i p l i k a t i o n gehören die Ermittlung des Ergebnis-Vorzeichens, die Betragbildung der beiden Operanden (evtl. durch Bilden des B-

Komplements), die oben unter 1. bis 8. beschriebenen Teilschritte, das Nachpositionieren (das sich nach der Punktstellung richtet), die Kontrolle auf Bereichsunterschreitung und schließlich das Bilden des B-Komplements, falls das Ergebnis negativ sein muß.

Division

Wir teilen nur Absolutbeträge, Vorzeichen müssen also getrennt verarbeitet werden.

Da die Division einer „rückwärts ablaufenden Multiplikation" gleichkommt, sind die meisten Rechenwerke so ausgelegt, daß eine doppelt lange Zahl durch eine einfache geteilt werden kann und dabei ein einfach langes Ergebnis entsteht (vgl. unser Beispiel in Abschn. 2.2). Wollen wir also zwei doppelt lange Zahlen durch einander teilen, so muß auch dieses wieder in Teilstücken geschehen, die schließlich zum Endergebnis entsprechend zusammengefügt werden müssen.

Bei Divisionen treten sehr leicht Überläufe mit erforderlicher Alarmmeldung auf. Es ist also zweckmäßig, wenn man sich vorher überzeugt, daß das Ergebnis ebenso wie die Ausgangszahlen kleiner als 1 ist.

Zur Vereinfachung setzen wir auch hier vorläufig voraus, daß der Punkt links der Zahl steht und daß die ersten beiden Stellen zur Überlaufkontrolle die Werte 00 haben, daß also das Endergebnis ebenso wie die beiden vorhergehenden Zahlen kleiner als 0.01 ist. Diese Abfrage kann durch Vergleich der Stellenzahlen (d.h. der führenden Nullen) der beiden zu teilenden Zahlen geschehen.

Die gesamte ursprüngliche Division soll zu einem doppelt langen Ergebnis führen, das wir wie folgt schreiben wollen:

$$\frac{a_1 + a_2}{b_1 + b_2} = c_1 + c_2 \qquad (1)$$

Die erste Teildivision kann dabei nur mit dem ersten Bruchstück des Nenners durchgeführt werden. Wir erhalten damit folgendes Ergebnis:

$$\frac{a_1 + a_2}{b_1} = c_1 + \frac{r_1}{b_1} \qquad (2)$$

Der letzte Bruch rechts enthält oben den Rest r_1 der Division, der in Ausnahmefällen Null sein kann. Diesen Rest müssen wir später weiter durch b_1 teilen.

Das Divisionsergebnis c_1 ist nicht korrekt, da wir nur durch b_1 und nicht durch $(b_1 + b_2)$ geteilt haben. Der Fehler kann aber nicht groß sein, da $b_2 \ll b_1$ ist.

Man kann die vorgenommene Division nun so auffassen, daß wir von $(a_1 + a_2)$ bisher c_1-mal den Nenner b_1 abgezogen haben, wobei der Rest r_1 übrigblieb. Wir wollten aber eigentlich c_1-mal den ganzen Nenner $(b_1 + b_2)$ abziehen, haben also als Korrektur noch c_1-mal das zweite Stück b_2 zu subtrahieren. Was dann noch vom Rest r_1 übrigbleibt, muß weitergeteilt werden:

$$\frac{r_1 - c_1 \times b_2}{b_1} = c_2 + \frac{r_2}{b_1} \qquad (3)$$

Der neue Rest r_2 kann vernachlässigt werden (wir kommen darauf zurück). Bei der letzten Formel ist Vorsicht am Platze: Der Zähler des Bruches (und damit auch c_2) kann negativ sein. Dies kann auftreten, wenn sich bei der ersten Division oben ein „eigentlich zu großes" c_1 ergeben hat. Das Endergebnis lautet aber in jedem Fall $(c_1 + c_2)$. Sollte c_2 negativ sein, muß sein Betrag natürlich von c_1 abgezogen werden.

Diesen Fall führen wir in einem dezimalen Beispiel vor. Gesucht wird:

$$.000026\,534821\,/\,.001234\,222345 \tag{4}$$

Zuerst die Division $(a_1 + a_2)\,/\,b_1$:

$$.000026\,534821\,/\,.001234 = .021503\ \text{Rest}\ (.000000)\,000119 \tag{5}$$

Jetzt das Produkt $c_1 \times b_2$:

$$.021503 \times (.000000)\,222345 = (.000000)\,004781\,084535 \tag{6}$$

Der Zähler in (3) lautet $r_1 - c_1 b_2$:

$$(.000000)\,000119 - (.000000)\,004781 = -(.000000)\,004662 \tag{7}$$

Wir dividieren

$$(.000000)\,004662\,/\,.001234 = .000003\,777958 \tag{8}$$

und haben zum Schluß zu berechnen

$$
\begin{aligned}
c_1 + c_2 &= .021503 - .000003\,777958\\
&= .021503 - .000004 + (.000000)\,222042 = .021499\,222042 \quad (9)
\end{aligned}
$$

Eine korrektere Herleitung: Man kann eine binomische Reihe entwickeln:

$$
\frac{a_1 + a_2}{b_1 + b_2} = \frac{a_1 + a_2}{b_1}\left(\frac{1}{1 + \dfrac{b_2}{b_1}}\right) = \frac{a_1 + a_2}{b_1}\left(1 - \frac{b_2}{b_1} + \left(\frac{b_2}{b_1}\right)^2 + \ldots\right)
$$

$$
= \frac{a_1 + a_2}{b_1} - \frac{a_1 + a_2}{b_1}\cdot\frac{b_2}{b_1} + \frac{a_1 + a_2}{b_1}\left(\frac{b_2}{b_1}\right)^2 \mp \ldots
$$

$$
= c_1 + \frac{r_1}{b_1} - \left(c_1 + \frac{r_1}{b_1}\right)\frac{b_2}{b_1} + \left(c_1 + \frac{r_1}{b_1}\right)\left(\frac{b_2}{b_1}\right)^2 \mp \ldots \tag{10}
$$

$$
\approx c_1 + \frac{r_1}{b_1} - \left(c_1 + \frac{r_1}{b_1}\right)\frac{b_2}{b_1} = c_1 + \frac{r_1 - c_1 b_2}{b_1} - \frac{r_1 b_2}{b_1^2}
$$

$$
\approx c_1 + \frac{r_1 - c_1 b_2}{b_1}
$$

Als klein wurden die Summanden $\dfrac{b_2^2}{b_1^2}$ und $\dfrac{r_1 b_2}{b_1^2}$ vernachlässigt, da b_2 und r_1 nur „in der rechten Zahlenhälfte liegen", also kleiner als 10^{-6} sind. Für realistische Verhältnisse (Dualzahlen, mehr Stellen, Abschneiden der letzten Stellen des Ergebnisses für den Exponententeil) folgt jetzt eine Abschätzung.

Bei den später zu betrachtenden Gleitpunktzahlen (zweimal 24 Bits) können wir eine Normierung voraussetzen, d.h. die Zahl vor der Division seitlich in eine gewünschte Stellung verschieben. Wir stellen z.B. folgende Form her:

$$(a_1 + a_2) = .0000\ \text{L}xxxx\ldots \qquad \text{mit}\ \frac{1}{32} \leqslant a_1 + a_2 < \frac{2}{32}$$

und

$$(b_1 + b_2) = .OOLx\ xxxx... \qquad \text{mit} \begin{cases} \dfrac{1}{8} \leqslant b_1 < \dfrac{2}{8} \\[2mm] 0 \leqslant b_2 < 2^{-24} \end{cases}$$

(mit x wurden Stellen bezeichnet, deren Wert beliebig sein kann). Aus dem Divisionsvorgang und der Gleichung

$$\frac{a_1 + a_2}{b_1} = c_1 + \frac{r_1}{b_1}$$

folgt:

$$\frac{1}{8} < c_1 < \frac{1}{2} \qquad\qquad 0 \leqslant r_1 < b_1 \cdot 2^{-23}$$

Das ergibt die Abschätzungen

$$\frac{b_2}{b_1} < 2^{-21} \qquad\qquad \frac{r_1}{b_1} < 2^{-23}$$

An sich berechnen wir den Quotienten mit 48 Stellen, wobei die letzte also den Wert 2^{-48} hat. Die letzten (z.B. 8) dieser Stellen müssen wir aber zu Gunsten des Exponenten abschneiden, so daß die obige Genauigkeit ausreicht.

```
...
'comment'
vorzeichenberechnung  und  vorbereitung;
c[o] := a[o] x b[o];
'for' i := 1 'step' 1 'until' m + n 'do'
c[i] := o;

'comment'
berechnen  und  aufsummieren  der  teilprodukte;
'for' i := 1 'step' 1 'until' m 'do'
'for' k := 1 'step' 1 'until' n 'do'
c[i+k-1] := c[i+k-1] + a[i] x b[k];

'comment'
nachnormieren  der  einzelnen  ergebnis-dezimalen;
u := o;
'for' i := 1 'step' 1 'until' m + n 'do'
'begin'
h := c[i] + u;
u := entier(h/1o);
c[i] := h - u x 1o;
'end';
...
```

5.3 ALGOL 60-Programm zur Addition bei beliebiger Stellenzahl. Die Komponenten von a, b und c enthalten jeweils den Ziffernwert einer Dezimalen

Höhere Stellenzahl

Zahlen mit noch größerer Stellenzahl lassen sich entsprechend behandeln. Werden sie jedoch nur in Ausnahmefällen benötigt, ist ein Programm in einer problemorientierten Sprache vertretbar. Wir geben als Beispiel ein Programm in ALGOL 60 für die Multiplikation beliebig langer ganzer Zahlen an.

Die beiden Faktoren seien als Felder $a[i]$ bzw. $b[i]$ vereinbart, das Ergebnis soll aus den $c[i]$ bestehen. Die Komponenten $a[0]$, $b[0]$ und $c[0]$ sollen in Gestalt der Werte $+1$ bzw. -1 nur das Vorzeichen angeben. Als $a[1]$ bzw. $b[1]$ bzw. $c[1]$ seien die Einer der Beträge angegeben. Da wir dezimal arbeiten, müssen die entsprechenden Zahlenwerte also zwischen einschließlich 0 und 9 liegen. Entsprechend sollen $a[2]$ und $b[2]$ und $c[2]$ die Zehner enthalten, $a[3]$ usw. die Hunderter usw. Die Zahlen seien m- bzw. n-stellig, das Produkt also (m+n)- oder (m+n−1)-stellig. Bild 5.3 zeigt das Multiplikationsprogramm.

h bezeichnet einen Hilfsspeicher. u ist der Übertrag, der von einer Ergebnisstelle auf die nächste übernommen werden muß. Der erlaubte Wertebereich der ganzzahligen $c[i]$ muß so groß sein, daß alle zusammengehörigen Teilprodukte aufsummiert werden können.

Das Verfahren läßt sich auf alle vier Grundrechenarten und auf die in Abschn. 5.3 zu betrachtenden Gleitpunktzahlen ausdehnen.

5.3. Gleitpunktdarstellung

Der Bereich der in einer Rechenanlage zu bearbeitenden Zahlen variiert stark. Die Stellenzahl kann einen so großen Spielraum nicht überbrücken. Man wählt daher eine sog. Gleitpunktdarstellung: Die ersten Stellen des Zahlenwertes werden angegeben, soweit Platz innerhalb der Worte der Anlage zur Verfügung steht. Dies geschieht ohne Rücksicht auf die Stellung des Punktes. Deren Angabe erfolgt in Gestalt eines Exponenten der Potenz einer passenden Zahl, der sog. Basis. Ein Beispiel für dezimale Gleitpunktdarstellung:

$$0.53748 \times 10^5$$
oder in anderer Schreibweise
$$.53748_{10}5$$

Es ist üblich, innerhalb des linken Teils, der M a n t i s s e , den Punkt vor die erste gültige Stelle zu setzen, so daß grundsätzlich Zahlen kleiner als 1 angegeben werden. Eine derartige Mantisse ist n o r m i e r t, wenn in der ersten Stelle hinter dem Punkt eine von Null verschiedene Ziffer steht. Wir wollen im folgenden voraussetzen, daß die Zahlen immer normiert sind. Der zweite Teil, der E x p o n e n t, ist eine (positive oder negative) Potenz der Zahl 10. Die Unterbringung der beiden so entstehenden Zahlenbruchstücke braucht nicht notwendigerweise in verschiedenen Speicherplätzen zu erfolgen. Man kann sie auch scheinbar zu einer einzigen Zahl zusammenfassen:

$$\boxed{00\ 53748\ 05}$$
$$_{10}$$

Diese Schreibweise besagt, daß nur die eingerahmten Ziffern innerhalb der Maschine dargestellt (d.h. gespeichert und umgerechnet) werden. Der Punkt und die B a s i s z e h n geben die Art der Codierung an; man kann sie sich als Beschriftung an der Rechenanlage angebracht denken.

Die kleine Zehn soll natürlich m a l Z e h n h o c h bedeuten. Daß man hier Zehn und nicht eine andere Basis wählt, liegt an der dezimalen Schreibweise der Mantisse: Der Exponent soll einer Punktverschiebung entsprechen, und diese bedeutet eine (evtl. mehrfache) Multiplikation mit bzw. Division durch den Faktor 10. Bei den von uns eigentlich gemeinten Dualzahlen wird es sich also um die Basis Zwei handeln müssen, da sich dann eine Punktverschiebung auf Faktoren Zwei beziehen muß.

Betrachten wir duale Gleitpunktzahlen. Es ist dann nicht zwingend, daß der Exponent wirklich die Basis Zwei hat. Wir können statt dessen jede Potenz von 2 nehmen, da auch deren Angabe einer (mehrfachen) Punktverschiebung in der Mantisse entsprechen würde. Als Beispiel wollen wir die Zahl 83.75 mit verschiedenen Exponenten schreiben:

$$83.75 = \text{L OLO OLL.LL}$$
$$= \text{OO.LOL OOL LLL OOO }_2 \text{ OLLL}$$
$$= \text{OO.OLO LOO LLL LOO }_4 \text{ OLOO}$$
$$= \text{OO.OLO LOO LLL LOO }_{16} \text{ OOLO}$$

Alle drei Darstellungen haben (fast) die gleiche Mantisse, da der Exponententeil in jedem Fall nur den Punkt verschiebt. Im ersten Fall (Zweierexponent) werden die einzelnen Verschiebungen gezählt, im zweiten Fall (Viererexponent) bedeutet jede Eins im Exponenten eine Verschiebung um zwei Stellen ($4 = 2^2$). Schließlich gibt der letzte Exponent zur Basis 16 ($= 2^4$) an, wie oft der Punkt um jeweils eine Vierergruppe von Mantissenstellen verschoben wurde.

Das Beispiel zeigt, daß (bei gleicher Mantissenlänge) die Genauigkeit in den beiden letzten Fällen schlechter ist: Wir können nicht vollständig normieren, da der Punkt nicht um einzelne Stellen verschoben werden kann. Dadurch treten hinter dem Punkt Nullen auf, und deren Platz fehlt am Ende der Zahl, wo eine Stelle weniger untergebracht werden konnte. Beim Exponenten 16 kann dieser Verlust drei Stellen betragen: OO.OOOL könnte nicht mehr nachnormiert werden, da nur Verschiebungen um Vierergruppen möglich sind. Allerdings gilt das nicht in allen Fällen, man kann auch wie in unserem Beispiel „Glück haben" und nur eine oder gar keine Stelle verlieren, wenn die Zahl zufällig einen passenden Wert hat.

Diesem möglichen Stellenverlust steht ein Gewinn gegenüber. Wenn wir für das später zu betrachtende Vorzeichen des Exponenten die erste Null im Exponententeil reservieren (wir kommen darauf zurück), so ist der höchste Exponent OLLL = 7. Das bedeutet aber im ersten Fall $2^7 = 128$, im zweiten $4^7 = 16384$ und im dritten $16^7 \approx 2 \times 10^8$. Anders ausgedrückt: Soll der Exponentenbereich dem Wert nach in allen drei Fällen ungefähr gleich sein, können wir beim Viererexponenten (fast) eine Exponentenstelle und beim Sechzehnerexponenten eine weitere einsparen (und dafür eventuell die Mantisse entsprechend länger machen).

Sonstige Vor- und Nachteile der drei Basen: Beim Zweierexponenten werden wegen der einfachen Verschiebungen die im folgenden betrachteten Programme oft etwas einfacher. Dagegen wird beim Vierer- und besonders beim Sechzehnerexponenten die im nächsten Abschnitt betrachtete Gleitpunktaddition gelegentlich schneller, da die Wahrscheinlichkeit für gleiche Exponenten zweier Summanden größer ist und dann Verschiebungen überhaupt fortfallen.

Um der Übersichtlichkeit willen wollen wir hier immer nur einfache Verschiebungen betrachten und daher mit der Basis Zwei arbeiten, obwohl auch Sechzehnerexponenten häufig verwendet werden. Wir bemerken noch, daß der Exponent oft auch C h a r a k t e r i s t i k genannt wird.

Bei negativen Zahlen wird man am besten wie bei den ganzen Zahlen für die Mantisse das B-Komplement wählen. Wir schreiben vor dem Punkt (überflüssiger-, aber bequemerweise) zwei Dualstellen, die dann also bei positiven Zahlen den Wert OO und bei negativen LL haben.

Eine andere Frage ist, wie man etwa auftretende negative Exponenten darstellt. Man könnte auch hier das B-Komplement wählen. Das wird in einer Reihe von Anlagen getan, kann sich aber u.U. auf Rechenprozesse erschwerend auswirken.

Eine andere, bequemere Regelung: Man vergrößere alle Exponenten grundsätzlich um eine bestimmte Konstante, so daß sie (scheinbar) positiv werden.

Zur Veranschaulichung ein achtstelliger dualer Exponent, der um $128 = LOOO\ OOOO$ vergrößert dargestellt wird:

$$_2LOOO\ LOLO_{(-128)}\text{ soll bedeuten }2^{138-128} = 2^{10}$$
$$_2OLLL\ OLLO_{(-128)}\text{ soll bedeuten }2^{118-128} = 2^{-10}$$

Die in Klammern gesetzte (-128) wird wiederum nicht in der Maschine dargestellt, sondern „in Gedanken hinzugefügt". Das wirkliche Vorzeichen des Exponenten ist an der ersten Stelle erkennbar: O bedeutet negativ, L positiv (also anders als beim B-Komplement). Der Rest des Exponenten stimmt mit dem B-Komplement überein.

Beispiele:

$$+5 \quad = \boxed{OOLOLOOOLOOOOOLL} \quad = OO.LOLOOO_2LOOOOOLL_{(-128)}$$
$$= 0.625 \times 2^3$$
$$-5 \quad = \boxed{LLOLLOOOLOOOOOLL} \quad = LL.OLLOOO_2LOOOOOLL_{(-128)}$$
$$= -0.625 \times 2^3$$
$$-0.078125 = \boxed{LLOLLOOOOLLLLLOL} \quad = LL.OLLOOO_2OLLLLLOL_{(-128)}$$
$$= -0.625 \times 2^{-3}$$

Der Exponentenbereich gibt im wesentlichen an, wie groß bzw. wie klein die Zahlen werden können. Treten zu große Zahlen als Ergebnis auf, wird man eine Alarmmeldung ausdrucken und die Rechnung beenden bzw. gar nicht erst beginnen. Treten zu kleine Zahlen auf, so kann man sie im allgemeinen durch Null ersetzen. Dabei benötigt man für die Zahl 0 eine besondere Darstellung, die von dem hier gegebenen Schema abweicht. Eine Null kann ja niemals so normiert werden, daß in der ersten Stelle hinter dem Komma eine von Null verschiedene Ziffer steht.

Um die Ziffer Null und einige andere Sonderfälle auszuscheiden, ist eine neue Codierung nötig, die z.B. aus der Verabredung bestehen kann, daß der Exponent -128 (in unserer erhöhten Darstellung also dargestellt als $OO\ OOO\ OOO$) unter den üblichen Zahlen nicht mehr auftreten darf. Damit hat man alle Zahlen, die diesen Exponenten enthalten, als Sonderfälle charakterisiert und kann sie aus dem normalen Rechenprozeß ausscheiden. Man kann diesen Sonderfall für die Zahl 0

Dualstellen (ohne Vorzeichen)	Genauigkeit
10	10^{-3}
20	10^{-6}
24	10^{-6}
30	10^{-7}
33	10^{-9}
40	10^{-12}

5.4 Bitzahl und relative Genauigkeit bei Mantissen

verwenden. In Abhängigkeit vom Wert der Mantisse sind für besondere Zwecke aber auch weitere Verabredungen möglich.

Wieviele Dualstellen sind nun nötig, um bei hinreichender Genauigkeit eine duale Zahlendarstellung zu ermöglichen?

Wir haben festgestellt, daß es vorteilhaft ist, die ersten beiden Stellen als Vorzeichenstellen zu betrachten. Üblicherweise setzt man den Punkt dann rechts neben diese beiden Stellen.
Für die Mantisse sind für einige Fehlergrenzen Stellenangaben in Bild 5.4 wiedergegeben.

Bitzahl des Exponenten	Anzahl der Möglichk.	Zahlenbereich der Dualzahl	Zahlenbereich dezimal $\approx$
5	32	$2^{-15} \ldots 2^{+16}$	$10^{-4.5} \ldots 10^{+4.8}$
6	64	$2^{-31} \ldots 2^{+32}$	$10^{-9} \ldots 10^{+9.6}$
7	128	$2^{-63} \ldots 2^{+64}$	$10^{-18.9} \ldots 10^{+19.2}$
8	256	$2^{-127} \ldots 2^{+128}$	$10^{-38.2} \ldots 10^{+38.5}$
9	512	$2^{-255} \ldots 2^{+256}$	$10^{-76.7} \ldots 10^{+77}$

5.5 Bitzahl des Exponenten und Zahlenbereich bei Gleitpunktdarstellung zur Basis 2

Der Zweierexponent bestimmt durch die für ihn zur Verfügung stehende Stellenzahl den Zahlenbereich. Beispiele gibt Bild 5.5. Man kann ihm entnehmen, daß ein brauchbarer Exponentenbereich 7 bis 9 Bits umfassen sollte; wir werden im folgenden 8 Bits voraussetzen. Die Darstellung der von uns betrachteten Zahlen bei doppelter 24-Bit-Wortlänge (einschließlich des betrachteten Exponenten) zeigt dann die Struktur in Bild 5.6.

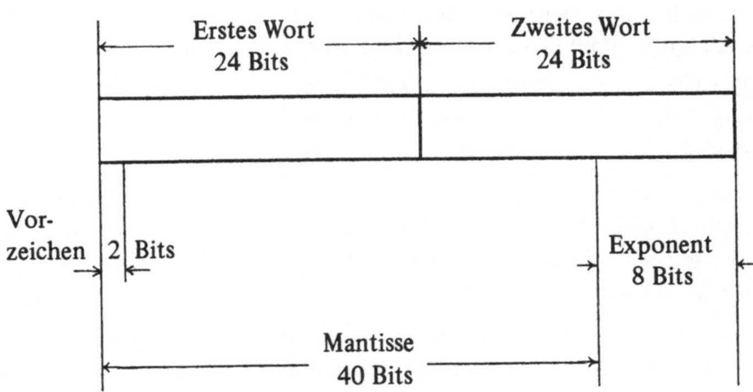

5.6
Mögliche Aufteilung einer Gleitpunktzahl mit zwei Vorzeichenstellen und acht Exponentenstellen bei Unterbringung in zwei 24-Bit-Worten

Es ist oft versucht worden, zu Gleitpunktzahlen eine automatische Genauigkeitsangabe zu berechnen und hinzuzufügen. In gewissem Sinne geschieht dies, wenn man bei allen Zahlen nur die bekannten Ziffern anschreibt und auf eine strenge Normierung verzichtet. Zwischenergebnisse werden dann gelegentlich nach dem Punkt erst eine Anzahl von Nullen haben, bevor das erste L erscheint. Bei Addition und Subtraktion bedeutet dies sogar eine Vereinfachung. Ein anderer Versuch fügt zur Gleitpunktzahl zusätzliche Informationen über Fehlergrenzen hinzu, die bei jedem Rechenprozeß neu ermittelt werden müssen, was zu Zeitverlust führt.

Für komplexe Zahlen sind zwei Gleitpunktzahlen (für Realteil und Imaginärteil) nötig, die (eventuell durch ein einziges Unter- oder sogar Mikroprogramm) getrennt zu verarbeiten sind (vgl. Abschn. 2.1). Entsprechendes gilt für Matrizen (vgl. Abschn. 3.2) und andere mehrkomponentige Größen über dem reellen Zahlkörper.

Wenn ganze Zahlen, die insbesondere für Adressenrechnung benutzt werden, eine bestimmte Größe nicht überschreiten können, ist für sie Gleitpunktdarstellung zu aufwendig. Man kann für sie eine verkürzte Wortlänge verwenden und eine feste Stellung des Punktes verabreden, und zwar fast immer am rechten Ende der Dualzahl. Die Ersparnis ist so wesentlich, daß I n t e g e r - Z a h l e n sogar in problemorientierte Sprachen allgemein Eingang gefunden haben.

5.4. Lesen und Drucken

Einlesen

Vor der Benutzung der Gleitpunktzahlen sind Programme erforderlich, um diese Zahlen in die Maschine einlesen und nach der maschinellen Bearbeitung ausdrucken zu können. Diese Lese- und Druckprogramme (die wesentlich komplizierter sind als die Programme für die vier Grundrechenarten) müssen uns zuerst beschäftigen.

Betrachten wir zunächst den Lesevorgang. Das eigentliche Einlesen erfolgt mit Warteschleife (vgl. Abschn. 3.1) oder besser Interruptsteuerung (vgl. Abschn. 8.2) sowie mit Umcodieren (vgl. Abschn. 2.4) und Aufbauen der Dualzahl (vgl. Abschn. 2.1); das dort Gesagte wird hier vorausgesetzt. Die verbleibende Schwierigkeit besteht darin, daß ein Zehnerexponent eingelesen wird, daß aber innerhalb der Maschine mit einem Zweierexponenten gerechnet werden soll.

Es ist also eine zweifache Umwandlung nötig: Der dezimal geschriebene Zehnerexponent muß wie in Abschn. 2.1 zuerst in einen dual geschriebenen Zehnerexponenten und dann weiter in einen dual geschriebenen Zweierexponenten umgerechnet werden.

Die im folgenden benötigten Mantissenumrechnungen beziehen sich auf doppelte Zahlenlänge (falls nötig) und werden nach den in Abschn. 5.2 dargestellten Methoden durchgeführt. Allerdings ist das zweite Mantissenwort nicht ganz gefüllt, da gemäß Bild 5.6 hier ein Stück von z.B. 8 Bits für den Exponenten reserviert ist.

Die beiden Teile der gelesenen Zahl, Mantisse und Zehnerexponent, müssen miteinander multipliziert werden. Es ist daher zweckmäßig, beide vorerst getrennt zu verarbeiten.

Die Mantisse können wir wiederum aus zwei Teilen aufgebaut denken, nämlich den Stellen vor und den Stellen hinter dem Dezimalpunkt. Für beide wären verschiedene Einleseprogramme nötig.

Da wir ohnehin später mit einer Zehnerpotenz malnehmen müssen, können wir hiervon schon jetzt Gebrauch machen, indem wir die Mantisse wie eine einzige ganze Zahl einlesen, deren Punkt am rechten Ende der letzten einzulesenden Ziffer steht. Diese dezimale Punktverschiebung ist später zu berücksichtigen, d.h. der Exponent muß entsprechend modifiziert werden.

Beim Lesen ist die eingelieferte Stellenzahl zu erfassen. Die entstehende Dualzahl muß ja in zwei Worten untergebracht werden und darf auf keinen Fall zu groß sein. Wenn also bei unseren Beispielen mehr als 13 Dezimalstellen einlaufen, so müssen die überschüssigen Stellen überlesen werden (die 13. Dezimale wird zu Rundungszwecken erfaßt, die entsprechenden Dualstellen fallen später fort).

Die Stellenzahl wird ermittelt, indem man in einem (anfangs auf Null gesetzten) Speicherplatz, dem Z i f f e r n z ä h l e r , bei jeder einlaufenden Ziffer um Eins weiterzählt.

Schwierigkeiten, welche bei der Eingabe von „führenden Nullen" entstehen, übergehen wir hier. Diese müssen wegen der Punktstellung mitgezählt, bei den auszuwertenden Ziffern aber ignoriert werden.

Weiter muß registriert werden, an welcher Stelle der Punkt eingelaufen ist. Man wird den Inhalt des Ziffernzählers dann, wenn der Punkt einläuft, in einen getrennten Speicher überführen. Nach dem Zahlenschluß wird wiederum der Ziffernzähler abgelesen und mit der Stellenzahl beim Punkt verglichen. Die Differenz ist (negativ) zum folgenden Zehnerexponenten hinzuzufügen, um die oben besprochene Korrektur zu bewirken. Erscheint eine Basiszehn, welche die Mantisse vom Exponenten trennt, so wird man die eben eingelesenen Bruchstücke der Zahl sicherstellen. Der Exponent wird getrennt eingelesen. Ein eventuelles Minuszeichen vor ihm wird zweckmäßigerweise in einem speziellen Speicherplatz registriert werden.

Wir erhalten insgesamt eine Reihe von Bruchstücken der Zahl, die in verschiedenen Speicherplätzen abgelegt sind und die wir nun zu einer kompletten dualen Gleitpunktzahl zusammenfügen wollen.

Die eben beschriebenen vorbereitenden Schritte führen zu folgendem Zahlenbeispiel (bei einer Wortlänge von 8 Bits). Gelesen werde $-33.3_{10}-1$. Die Hilfsspeicher werden so gefüllt:

VM	= Vorzeichen d. Mantisse	=	−1	= LLLL LLLL
M	= Mantisse (ganzzahlig)	=	333	= $\Big\{$ OOOO OOOL
	(Doppelwortdarstellung)			OLOO LLOL
SV	= Stellenzahl vor d. Komma	=	2	= OOOO OOLO
SG	= Gesamt-Stellenzahl	=	3	= OOOO OOLL
VZ	= Vorzeichen des Zehnerexp.	=	−1	= LLLL LLLL
BZ	= Betrag des Zehnerexpon.	=	1	= OOOO OOOL

Nun das Zusammenfügen zur Gleitpunktzahl:

▶ 1. Es muß eine Formkontrolle und Nullabfrage der Daten vorgenommen werden. Es ist erlaubt, daß Mantisse oder Exponent ganz fehlen oder daß die Mantisse = 0 ist. Dann sind Sonderbehandlungen nötig.

▶ 2. Die eingelesene Mantisse ist zu normieren. Wir nehmen eine Linksverschiebung vor, bis ihre höchsten Stellen OO.L lauten. Gleichzeitig wird der Anfang zur Berechnung des Zweierexponenten (mit der Bezeichnung E) gemacht. Wegen

$$\text{OOOO OOOL OLOO LLOL} = \text{OO.LO LOOL LOLO OOOO} \times 2^9$$

ergibt sich

$$M = \text{Mantisse} = \Big\{ \begin{array}{l} \text{OOLO LOOL} \\ \text{LOLO OOOO} \end{array}$$

$$E = \text{Zweierexponent} = 9 = \text{OOOO LOOL}$$

$$E = 16 \text{ (doppelte Wortlänge!)} - 2 \text{ (Vorzeichenstellen)} - 5 \text{ (Anzahl der Verschiebungen)}.$$

▶ 3. Der Zehnerexponent muß korrigiert und in der Größe überprüft werden:

$$EZ \quad = \text{Zehnerexponent} = -2 = \text{LLLL LLLO}$$

EZ ergibt sich aus VZ (Vorzeichen) x BZ (eingelesener Betrag) − (SG − SV) (Kommaverschiebung in der Mantisse), hier also:

$$EZ = -1 \text{ x } 1 - (3{-}2) = -2$$

EZ liegt im erlaubten Bereich; eine Feinkontrolle auf Bereichsüberschreitung erfolgt später.

▶ 4. Der Zehnerexponent muß in eine duale Gleitpunktzahl umgewandelt werden. Diese besteht natürlich wieder aus einer Mantisse (Doppelwort) und einem Exponenten (der zweckmäßigerweise vorläufig in einem getrennten Wort untergebracht ist). Da die Anzahl der möglichen Zehnerexponenten nicht gar zu groß ist (wir erlauben später bei 24 Bits Wortlänge Zehnerexponenten zwischen ca. −38 und +38), ist es sinnvoll, alle vorkommenden Fälle fertig ausgerechnet in Gestalt einer Tabelle bereitzuhalten. Aus diesen Tabellen werden nun die zu (−2) gehörigen Werte (mit Hilfe von Indexbefehlen) entnommen. Es sind drei Worte mit den Zahlenwerten

$$
\begin{array}{llll}
\text{MK} & = \text{Mantissenkorrektur} & = 0.64 & = \begin{cases} \text{OOLO LOOO} \\ \text{LLLL OLLO} \end{cases} \\
 & \text{(doppelt lang)} & & \\
\text{EK} & = \text{Exponentenkorrektur} & = -6 & = \text{LLLL LOLO}
\end{array}
$$

(denn $10^{-2} = 0.64 \text{ x } 2^{-6}$)

▶ 5. Die beiden von Zehnermantisse und Zehnerexponent stammenden Stücke sind zu multiplizieren. Bei den Mantissen ist dies eine Doppelwort-Multiplikation, bei den Exponenten eine einfache Addition. Das Ergebnis:

$$
\begin{array}{llll}
\text{M} & = \text{Mantisse (doppelt lang)} & & = \begin{cases} \text{OOOL LOLO} \\ \text{LOLO OLOO} \end{cases} \\
\text{E} & = \text{Exponent} & = 3 & = \text{OOOO OOLL}
\end{array}
$$

Wir erhalten also M := M x MK und E := E + EK.

▶ 6. Mantisse und Exponent müssen aufbereitet und überprüft werden. Bei der Mantisse bedeutet das eventuell ein Nachnormieren und eventuell das Bilden des B-Komplements.

Für den Exponenten sehen wir hier nur vier Stellen vor, er muß also (nach dem Nachnormieren) zwischen OOOO OLLL = 7 und LLLL LOOL = −7 liegen. Ist er kleiner, so ist das ganze Ergebnis = 0 zu setzen.

Außerdem wollen wir alle Exponenten hier um 8 vergrößert angeben, haben also 8 = LOOO zu addieren. Die Ergebnisse:

$$
\begin{array}{llll}
\text{M} & = \text{Mantisse (doppelt lang)} & & = \begin{cases} \text{LLOO LOLO} \\ \text{LOLL LOOO} \end{cases} \\
\text{E} & = \text{Exponententeil} & = 2 + 8 & = \text{OOOO LOLO}
\end{array}
$$

▶ 7. Die Mantisse muß gerundet und abgeschnitten werden, der Exponent ist in das entstehende Wort einzufügen. Rundung erfolgt bei der Mantisse durch Addition von OOOO LOOO und Intersektion mit LLLL OOOO im zweiten Wort. Ergebnis:

$$
\begin{array}{lll}
\text{GZ} & = \text{Gleitkommazahl (doppelt lang)} = -3.33 & = \begin{cases} \text{LLOO LOLO} \\ \text{LLOO LOLO} \end{cases}
\end{array}
$$

Das Ergebnis ist zu lesen als

$$\text{LL.OO LOLO LLOO }_2 \text{ LOLO}_{(-8)}$$

Unangenehm ist bei der betrachteten Umrechenmethode die relativ lange Tabelle für die Gleitpunktdarstellung der Zehnerpotenzen. Bei 8 Bits dualem Exponententeil, den wir (abgesehen von den verkürzten illustrierenden Zahlenbeispielen) verwenden wollen, wären für alle Potenzen zwischen 10^{-38} und 10^{+38} je drei Worte nötig. Eine Platzersparnis ist möglich: Alle diese Potenzen lassen sich schreiben als Produkte von 10^{-64}, 10^{32}, 10^{16}, 10^8, 10^4, 10^2 und 10^1. Wenn man also den Zeitaufwand für das (doppelt lange) Multiplizieren dieser Faktoren und das Addieren der Zweierexponenten nicht scheut, sind nur diese sieben Faktoren (mit je drei Worten) nötig. Das Programm ist einfach: Zu jedem Bit im Zehnerexponenten EZ gehört einer dieser Faktoren. Steht an der betreffenden Stelle ein L, so muß der Faktor hereinmultipliziert werden, andernfalls nicht.

In der Praxis sind noch (wie bei jedem Programm) unangenehme Sonderfälle zu berücksichtigen. So kann z.B. die Rundungsaddition in Schritt 7 zu einem Überlauf mit notwendigem Nachnormieren und evtl. sogar zu einer Bereichsüberschreitung mit Alarmstop führen.

Ausdrucken

Beim Ausdrucken wird (dezimal) entweder Gleitpunkt- oder Festpunktform gewünscht. Im ersten Fall steht auf dem Papier der Punkt immer an einer festen Stelle, und ein dezimaler Exponent wird angefügt. Im zweiten Fall kann der Programmierer die Stellenzahlen vor und nach dem Punkt beliebig vorgeben, ein Exponent erscheint nicht (sofern die Zahl in den gewünschten Stellen untergebracht werden kann).

Wir betrachten zunächst den ersten Fall. Er ist gewissermaßen die Umkehrung des beschriebenen Leseprozesses. Im einzelnen handelt es sich daher um die folgenden Schritte:

▶ 1. Untersuchung auf Sonderfälle: Es muß eine Kontrolle durchgeführt werden, ob die Zahl Null ist, da die Null im allgemeinen eine abweichende Darstellung hat. − Ferner muß eventuell die Behandlung negativer Zahlen vorbereitet werden: Es ist der Absolutbetrag zu bilden, also das B-Komplement herzustellen, sowie getrennt davon das Vorzeichen zu registrieren. Vorbereitend können Vorzeichen und Dezimalpunkt ausgegeben werden.

▶ 2. Das entscheidende Problem liegt wieder in der Umwandlung des dualen Exponenten in den dezimalen. Auch hier empfiehlt sich das Tabellenverfahren: Man kann zu dem vorliegenden Dualexponenten den zugehörigen Dezimalexponenten ermitteln, indem man an Hand der beim Einlesen benutzten Tabelle feststellt, welches die höchste in der Dualzahl enthaltene Zehnerpotenz ist. Durch die aus der Tabelle entnommene Mantisse ist dann zu teilen; der aus der Tabelle entnommene Exponent ist zu subtrahieren.

Wenn man eine neue Tabelle anlegt, die für jeden Zweierexponenten den Korrekturfaktor enthält, wird das Verfahren zwar beschleunigt, zugleich jedoch komplizierter: Einerseits spielt auch die Größe der Mantisse bei dieser Umwandlung eine Rolle, andererseits würde diese Tabelle zu groß, wenn man sie vollständig angeben würde (der Dualexponent kann bei 8 Bits 256 Werte annehmen). Es sind also Tricks nötig.

Wir erhalten auf diese Weise die Mantisse (besser: ihren Betrag) und den Zehnerexponenten als Dualzahlen, die im folgenden auszudrucken sind. Es sollte an dieser Stelle bei der Mantisse die R u n d u n g s a d d i t i o n erfolgen. Dazu muß die Hälfte einer Eins der letzten auszudruckenden Dezimalen (besser: die entsprechende Dualzahl) addiert werden.

▶ 3. Das Zerlegen der Mantisse in die einzelnen Dezimalziffern kann nach der folgenden Methode geschehen.

Wir benötigen dazu links vom Punkt vier freie Dualstellen und verschieben die Mantisse also um zwei Stellen nach rechts. Um nun die einzelnen Dezimalstellen zu ermitteln, multiplizieren wir mit 10 (dies ist wieder eine Doppelwort-Operation). Danach steht vor dem Dezimalpunkt der Zahlenwert der ersten Dezimalen (nämlich die mit Zehn malgenommenen früheren Zehntel), und alle übrigen Dezimalen wurden auch mit 10 multipliziert. Wenn wir an der Stelle des (neuen) Dualpunkts die Zahl durch Intersektion zerschneiden, können wir vor dem Punkt nun den Dualwert der gewünschten Dezimalziffer in BCD entnehmen. Der bei diesem Zerschneiden hinter dem Punkt verbleibende Rest enthält die übrigen Stellen. Multiplikation des Restes mit 10 und Zerschneiden werden für jede Dezimale wiederholt.

▶ 4. Die berechneten Stellen müssen zusammengefügt werden mit Hilfszeichen wie Zwischenräumen, Vorzeichen, Dezimalpunkt, Basiszehn, Vorzeichen des Exponenten usw.

▶ 5. Der Exponent wird nach einem entsprechenden Verfahren in Zehner und Einer zerlegt und ausgegeben.

Wie oben erwähnt, kann das Ausdrucken von Gleitpunktzahlen auch in Festpunktausgabe gewünscht sein, bei der die Anzahl der Stellen links und rechts vom Punkt oder ein hinreichend enger Bereich ein für allemal vorgegeben ist. In diesem Fall kann zuerst die Umwandlung in duale Festpunktdarstellung erfolgen: Entsprechend dem vorliegenden Dualexponenten verschieben wir die Zahl von vornherein auf eine fixierte Punktstellung und brauchen im übrigen keine Korrekturen für den Exponenten mehr vorzunehmen. Die Umwandlung kann dadurch u.U. einfacher werden.

Programmumfang

Lese- und Druckprogramme werden im allgemeinen je mehrere hundert Befehle enthalten, sofern nicht gar zu extreme zugelassene Formatwünsche einen größeren Umfang erfordern.

5.5. Grundrechenarten

Addition und Subtraktion

Verglichen mit dem Einlesen und Ausgeben sind die eigentlichen Rechenoperationen für Gleitpunktzahlen relativ einfach.

Bei der Addition müssen vor dem Additionsschritt die Zahlen „Punkt unter Punkt" geschoben werden. Mathematisch gesprochen: Man muß bei beiden Zahlen, nachdem sie in Mantisse und Exponent zerlegt sind, den gleichen Exponenten herstellen, um diesen ausklammern zu können. Dazu ermittelt man zunächst die Differenz der beiden Exponenten, die angibt, um wieviele Dualstellen die kleinere Zahl nach rechts (oder aber die größere Zahl nach links) zu verschieben ist. Dabei ist eine Rechtsverschiebung vorzuziehen, da die Zahlen üblicherweise an den linken Rand der Worte herangeschoben (n o r m i e r t) sind.

Bei der Rechtsverschiebung muß eine Reihe von Fällen unterschieden werden, die einer Sonderbehandlung bedürfen. Die Differenz der beiden Exponenten kann so groß sein, daß die kleinere von beiden Zahlen ohne weiteres fortgelassen werden kann.

Beim Arbeiten mit doppelter Wortlänge kann ferner die eine Zahl so viel kleiner als die andere sein, daß sie sich nur im zweiten Teil des Ergebnisses bemerkbar macht. Dann können Vereinfachungen eine Beschleunigung bringen.

Die eigentliche Addition kann in Extremfällen zu einem Überlauf führen. Das Ergebnis kann maximal doppelt so groß wie eine der beiden Mantissen sein, also um eine Dualstelle nach links überlaufen. Wir haben vorausgesetzt, daß wir zwei Dualstellen am linken Ende der Zahl für das Vorzeichen reservieren, die normalerweise den gleichen Wert haben sollen. Durch den erwähnten Überlauf reicht in eine dieser Stellen das Ergebnis hinein, so daß sie nicht mehr übereinstimmen. Dann muß man n a c h r e c h t s n a c h n o r m i e r e n , d.h. die Mantisse um eine Dualstelle nach rechts verschieben und gleichzeitig den Exponenten um Eins erhöhen. Eine anschließende Abfrage hat zu klären, ob der Exponent zu groß geworden ist und eine Alarmmeldung ausgelöst werden muß.

Wir haben eben den Fall außer acht gelassen, daß einer der beiden Summanden oder auch beide negativ sein können. Dann sind sie als B-Komplement dargestellt. Es könnte der Eindruck entstehen, daß nunmehr das obige Verfahren versagt. Durch einen kleinen Trick kann man dies aber beheben. Für eine dezimale Addition sei dieser Fall im folgenden illustriert:

$$\left.\begin{array}{rcl} -5 \;\hat{=}\; 99.500_{10}1 & = & 99.950_{10}2 \\ -27 \;\hat{=}\; 99.730_{10}2 & = & 99.730_{10}2 \end{array}\right\} +$$
$$\overline{\phantom{-27 \;\hat{=}\; 99.730_{10}2 \qquad}}$$
$$-32 \qquad\qquad\qquad = (1)99.680_{10}$$

Wir sehen, daß das richtige Endergebnis entsteht. Der Trick besteht darin, daß bei der Rechtsverschiebung negativer Zahlen nicht Nullen nachgeschoben werden, sondern Neunen (siehe oberste Stelle in 99.950). Genau die entsprechende Regel lautet bei dualen Gleitpunktzahlen so, daß bei Rechtsverschiebungen die frei werdenden Stellen aufgefüllt werden durch L oder O, je nachdem, was vorher an der obersten Stelle stand. Anders ausgedrückt: Bei jeder Rechtsverschiebung wird der vorherige Wert der obersten Stelle nachher einmal in der obersten und einmal in der zweitobersten Stelle auftreten. Vorsichtsmaßnahmen sind nicht erforderlich.

In dualer Darstellung muß die Abfrage, ob ein Nachnormieren nötig ist, feststellen, ob die beiden oberen Stellen gleiche Zahlenwerte haben.

Eine andere Schwierigkeit ergibt sich noch durch die negativen Zahlen: Es kann eine kleine Differenz großer Zahlen auftreten, bei der wir hinter dem Punkt im Ergebnis eine Reihe von Nullen erhalten (oder bei negativen Zahlen eine Reihe von Neunen bzw. L), bis die erste wirklich benötigte Ziffer auftritt. In diesem Fall wäre im Rahmen unserer Normierungsvorschriften ein L i n k s - N a c h n o r m i e r e n nötig. Die Zahl muß dann so weit nach links verschoben werden, bis die Normierungsvorschriften erfüllt sind, bis also in der ersten Stelle hinter dem Punkt bei positiven Zahlen ein L erscheint. Selbstverständlich muß der Exponent korrigiert und dann überprüft werden, ob er noch im erlaubten Zahlenbereich liegt.

Die Nachnormiervorschrift verlangt für negative Dezimalzahlen, daß in der ersten Stelle hinter dem Punkt nunmehr keine Neun mehr stehen darf, sondern eine andere Ziffer herangeschoben sein muß. Bei Dualzahlen heißt das Entsprechende, daß in der ersten Stelle hinter dem Punkt nunmehr eine Null erscheinen muß. Geringfügige Abweichungen von dieser Normierungsvorschrift sind in einigen Rechenanlagen üblich und u.U. zweckmäßig. Wir wollen sie hier aber nicht betrachten.

Das Links-Nachnormieren ist etwas umstritten. Eine höhere Genauigkeit kann dadurch entgegen dem ersten Eindruck nicht erreicht werden. Denn die Ausgangszahlen, hier also die Summe, werden im allgemeinen einen Rundungsfehler haben, der in der ersten entfallenen Dualstelle liegt. Ein Linksnachnormieren bedeutet, daß dieser Rundungsfehler nur heraufgeschoben wird in höhere Dualstellen. Sein Wert wird dadurch weder relativ noch absolut verändert, aber es entsteht der

Nachteil, daß man nun nicht mehr weiß, in welcher Stelle er wirklich vorliegt. Es hat auch wenig Sinn, mit einer so nachnormierten Zahl in den unteren Stellen weiterzurechnen. Natürlich können andere Zahlen mit mehr gültigen Stellen hinzugezählt werden, als es sonst möglich wäre. Aber diese zusätzlichen Stellen werden ja mit einem Rundungsfehler kombiniert, der sie ohnehin unsicher macht.

Wir wollen hier, wie es in vielen Geräten geschieht, trotzdem eine Links-Nachnormierung vornehmen. Dies hat für den technischen Ablauf anderer Rechenoperationen gelegentlich einige Vorteile, weil dann eine einheitliche Zahlendarstellung vorliegt.

Die Substraktion zweier Zahlen knüpft an das eben Gesagte unmittelbar an. Man wird zweckmäßigerweise von der zu subtrahierenden Zahl vorweg in einem kleinen Vorlauf das B-Komplement bilden (wobei der Exponent natürlich unverändert bleiben muß) und anschließend in das eben beschriebene Additionsprogramm einspringen. Dadurch ist für Addition und Subtraktion im wesentlichen nur ein einziges Programm nötig, was zu Speicherplatzersparnis und vereinfachter Programmierung führt.

Die einzelnen Schritte, die bei einer Gleitpunktaddition oder -subtraktion durchzuführen sind, sollen hier noch einmal tabellarisch zusammengestellt werden:

▶ 1. Formkontrolle, Nullabfrage, Zerlegen in Mantisse und Exponent, Abfrage der Sonderfälle (z.B. Vernachlässigen eines Operanden).

▶ 2. Falls Subtraktion gewünscht: B-Komplement der betreffenden Operanden-Mantisse bilden.

▶ 3. Differenz der Exponenten ermitteln, kleineren Operanden um diese Differenz rechtsverschieben.

▶ 4. Addition der beiden Mantissen, Bereitstellung des größeren Exponenten.

▶ 5. Eventuell Rechts-Nachnormieren, Exponenten berichtigen.

▶ 6. Eventuell Links-Nachnormieren, Exponenten berichtigen.

▶ 7. Kontrolle, ob Mantisse gleich Null, ob Exponent zu klein oder ob Exponent zu groß geworden ist.

▶ 8. Untere Stellen der Mantisse nach Rundung abschneiden, Exponenten einfügen.

Multiplikation

Bei der G l e i t p u n k t m u l t i p l i k a t i o n haben wir nur die Mantissen zu multiplizieren und die Exponenten zu addieren. Insbesondere benötigen wir keine Verschiebungsoperationen wie bei der Addition.

Es ist zu beachten, daß wir uns oben auf die Multiplikation der Beträge beschränkt haben. Das Vorzeichen ist also getrennt zu verarbeiten. Wir müssen von beiden Mantissen zu Anfang Betrag und Vorzeichen isolieren, also eventuell das B-Komplement bilden, und wir müssen auch nachher eventuell das B-Komplement des Ergebnisses berechnen.

Die Normierung von Multiplikationsergebnissen ist ebenfalls einfach. Da die Mantissen der Operanden kleiner als Eins sind, kann bei der Multiplikation niemals ein Ergebnis entstehen, dessen Mantisse zu groß ist. Ein Rechtsnachnormieren ist also nicht nötig.

Ein Links-Nachnormieren kommt nur um eventuell eine einzige Stelle in Frage. Wir haben es ja mit zwei Faktoren zu tun, von denen jeder mindestens einen Zahlenwert von 0.5 repräsentiert. Das Produkt muß also mindestens 0.25 = O.OL sein.

Häufig tritt eine B e r e i c h s ü b e r s c h r e i t u n g auf, da die Exponenten addiert werden. Eine Abfrage hierfür wird bei der Multiplikation in derselben Weise wie bei der Addition erfolgen.

Die einzelnen Schritte der sich so ergebenden G l e i t p u n k t m u l t i p l i k a t i o n fassen wir wieder stichwortartig zusammen:

▶ 1. Zerlegen beider Operanden in Mantisse und Exponent. Formkontrolle. Abfrage, ob einer oder beide Operanden gleich Null.

▶ 2. Bilden der Beträge, Notieren der Vorzeichen.

▶ 3. Falls vorher unnormiert gearbeitet wurde: Beide Operanden nach links nachnormieren, beide Exponenten entsprechend berichtigen.

▶ 4. Addition der Exponenten. Korrektur, falls erhöhte Darstellung
(vgl. Abschn. 5.3).

▶ 5. Falls Exponentensumme zu groß: Bereichsüberschreitung melden. Falls Exponentensumme zu klein: Ergebnis gleich Null setzen.

▶ 6. Multiplikation der Mantissen.

▶ 7. Eventuell nach links nachnormieren. Dann Exponenten um Eins verkleinern.

▶ 8. Falls Exponent zu klein: Ergebnis gleich Null setzen.

▶ 9. Ergebnis-Vorzeichen ermitteln, eventuell B-Komplement der Mantisse bilden.

▶ 10. Zusammenfügen der Gleitpunktzahl: Untere Stellen der Mantisse nach Rundung gleich Null setzen, Exponenten hinzufügen.

Division

Bei der Division zweier Gleitpunktzahlen liegen im wesentlichen die gleichen Probleme vor wie bei der Multiplikation, so daß eine detaillierte Betrachtung hier nicht erforderlich ist. Wir stellen auch hier wieder die erforderlichen Schritte in Stichworten tabellarisch zusammen:

▶ 1. ⎤
▶ 2. ⎬   wie bei der Multiplikation
▶ 3. ⎦

▶ 4. Subtraktion der Exponenten. Korrektur, falls erhöhte Darstellung
(vgl. Abschn. 5.3)

▶ 5. wie bei der Multiplikation

▶ 6. Division der Mantissen

▶ 7. Eventuell ein- oder zweimal nach rechts nachnormieren, dann Exponenten um Eins oder Zwei erhöhen.

▶ 8. Falls Exponent zu groß: Bereichsüberschreitung melden.

▶ 9. ⎤
▶ 10. ⎦   wie bei der Multiplikation

Programmumfang

Die Anzahl der für G l e i t p u n k t r e c h n u n g benötigten Befehle hängt sehr von den verfügbaren Maschinenoperationen ab, da oft Spezialoperationen zur Vereinfachung vorgesehen sind. Mittelwerte können bei jeder Rechenart bei 50 bis 100 Befehlen liegen, von denen aber nicht bei jeder auftretenden Zahlenkombination alle durchlaufen werden.

Bei etwas größeren Anlagen sind die beschriebenen Vorgänge oft vollständig verdrahtet, d.h. als Mikroprogramme eingebaut, und erfordern dann nur einen einzigen Befehl. Der Unterschied zu obigen Angaben liegt aber nur in der Geschwindigkeit und der Art der Auslösung; der Rechengang ist der gleiche.

Abweichende Gleitpunktdarstellungen und -operationen sind vielfach diskutiert und untersucht worden. Sie unterscheiden sich hauptsächlich in Basis, Wortaufteilung, Anordnung von Mantisse und Exponent, Normierungsvorschriften und Handhabung der Rundung. Wesentliche Vereinfachung und Beschleunigung ist aber offenbar nicht möglich.

6.   Funktionen

Methoden zur Berechnung der üblichen Standardfunktionen werden detailliert wiedergegeben. Wer sich zur ersten Information mit einem repräsentativen Beispiel begnügen möchte, betrachte den Logarithmus in Abschn. 6.2 und informiere sich über die Tschebyscheff-Approximationen am Anfang von Abschn. 6.4.

6.1. Wurzelziehen

Die Grundrechenoperationen genügen für ein numerisches Rechnen nicht, da in mathematischen Formeln sehr oft Funktionen benötigt werden. Diese werden durch Iterationsverfahren, durch Reihenentwicklungen oder ähnliche Methoden berechnet, sofern sie nicht — wie z.B. Polynome — direkt aus Elementaroperationen aufgebaut sind.

Es ist zweckmäßig, wenn in die Basisprogramme einer Rechenanlage ein Satz von häufig benutzten Funktionen eingefügt ist, deren Berechnung möglichst schnell und optimal vor sich gehen sollte. Man nennt sie die S t a n d a r d f u n k t i o n e n . Da sie außerordentlich häufig benutzt werden, lohnt die Mühe, ihre Berechnung mit ausgefeilten Methoden zu beschleunigen. Die wichtigste ist die Quadratwurzel, deren Berechnung nach einem häufig benutzten Verfahren im folgenden geschildert werden soll.

Eine Gleitpunktzahl ist ein Produkt aus Mantisse und Exponentialfaktor. Beim Exponenten ist das Wurzelziehen einfach. Er braucht lediglich halbiert zu werden, sofern er gerade ist, was wir aber in einem vorbereitenden Schritt erreichen können (es gilt ja $\sqrt{2^E} = 2^{E/2}$).

Für das Wurzelziehen aus der Mantisse existiert ein schnell konvergierendes Iterationsverfahren, das in wenigen Schritten das Ergebnis liefert, sofern man einen brauchbaren Näherungswert kennt. Auch dieser ist leicht zu erhalten, wenn wie bei Gleitpunktzahlen der Zahlenwert normiert ist, also in einem einigermaßen eng abgegrenzten Bereich liegt.

Wenn wir den Exponenten in eine gerade Zahl verwandeln, so bedeutet dies, daß wir eventuell einen Faktor 2^1 hinzufügen und diesen dadurch berücksichtigen müssen, daß wir die Mantisse um den Faktor 2^{-1} verändern, also um eine Stelle nach rechts verschieben. Das Wurzelziehen aus dem Exponenten (Halbieren) geschieht durch Verschieben um eine Dualstelle nach rechts. Damit ist der Exponent des Ergebnisses bekannt.

Nun ist die Wurzel zu ziehen aus einer Mantisse M, deren numerischer Wert zwingend zwischen O.OL (wenn wir soeben um eine Stelle rechtsverschoben haben) und O.LLLLL ... liegt, also zwischen 1/4 und 1.

Eine recht günstige erste Näherung für die Wurzel $y_1 = \sqrt{M}$ erhalten wir mit Hilfe der Formel:

$$y_1 := 0.625 \times M + 0.375$$

Im Koordinatenkreuz ist $y_1(M)$ eine gerade Linie, die sich recht gut der quadratischen Parabel der Wurzel annähert. Die Abweichung vom Sollwert, also der Fehler, ergibt sich an den interessierenden Stellen zu

$$\Delta_1 = y_1 - \sqrt{M} = \begin{cases} 0.031 & \text{für M = 0.25} \\ -0.025 & \text{für M = 0.64 (rel. Maximum)} \\ 0 & \text{für M = 1} \end{cases}$$

Die Näherung hat einen maximalen relativen Fehler von wenigen Prozent:

$$0.031 / \sqrt{M} = 0.031/0.5 = 0.062 = 6.2\,\%$$

Die angegebene Näherung ist nicht optimal, aber u.a. wegen der einfachen Dualschreibweise der Koeffizienten schnell zu berechnen (0.375 = O.OLL, 0.625 = O.LOL).

Der absolute Fehler zwischen M = 0.25 und 1 wird optimiert durch

$$y_1 = 0.667 \times M + 0.354$$

der relative Fehler durch

$$y_1 = 0.686 \times M + 0.343$$

(Berechnung durch Gleichsetzen der Fehlerbeträge am Rand und im relativen Maximum).

Die weiteren Näherungen für die Wurzel aus der Mantisse erhalten wir ebenfalls sehr schnell nach der Iterationsformel

$$y_{n+1} = (y_n + M/y_n) / 2$$

Sie liefert jeweils einen wesentlich besseren Wert y_{n+1}, wenn wir rechts die vorherige Näherung y_n einsetzen. Die Berechnung ist rasch möglich: Im wesentlichen ist eine Division durch y_n nötig, die Addition und das Teilen durch 2 (durch Rechtsverschiebung) fallen kaum ins Gewicht. Auch Bereichsüberschreitungen sind nicht zu erwarten.

Drei Iterationsschritte werden meistens genügen. Dazu eine Fehlerabschätzung: Der richtige Wert ist $\sqrt{M}$, die beiden Näherungen

$$\begin{aligned} y_{n+1} &= \sqrt{M} + \Delta_{n+1} \\ y_n &= \sqrt{M} + \Delta_n \end{aligned}$$

werden in die Iterationsformel eingesetzt:

$$\sqrt{M} + \Delta_{n+1} = \left(\sqrt{M} + \Delta_n + \frac{M}{\sqrt{M} + \Delta_n}\right)/2 = \frac{\sqrt{M}}{2} + \frac{\Delta_n}{2} + \frac{\sqrt{M}}{2}\,\frac{1}{1 + \Delta_n/\sqrt{M}}$$

$$= \frac{\sqrt{M}}{2} + \frac{\Delta_n}{2} + \frac{\sqrt{M}}{2}\left(1 - \frac{\Delta_n}{\sqrt{M}} + \left(\frac{\Delta_n}{\sqrt{M}}\right)^2 - \left(\frac{\Delta_n}{\sqrt{M}}\right)^3 \pm \ldots\right)$$

Die letzte Zeile folgte aus der Binomial-Reihe. Wir subtrahieren $\sqrt{M}$:

$$\Delta_{n+1} = \frac{\sqrt{M}}{2}\left(\frac{\Delta_n}{\sqrt{M}}\right)^2 - \frac{\sqrt{M}}{2}\left(\frac{\Delta_n}{\sqrt{M}}\right)^3 \pm \ldots$$

$$\approx \frac{\sqrt{M}}{2}\left(\frac{\Delta_n}{\sqrt{M}}\right)^2 = \frac{\Delta_n^2}{2\sqrt{M}} \leqslant \frac{\Delta_n^2}{2 \times 0.5} = \Delta_n^2$$

Die Abschätzung ist etwas ungenau: Δ_n kann negativ sein. Sein Betrag ist aber recht klein.

Es ergeben sich folgende Zahlenwerte:

    1. Näherung: Maximaler Fehler etwa $0.31_{10}-1$
    2. Näherung: Maximaler Fehler etwa $0.96_{10}-3$
    3. Näherung: Maximaler Fehler etwa $0.92_{10}-6$
    4. Näherung: Maximaler Fehler etwa $0.85_{10}-12$

Zur Illustration stellen wir noch einmal die Schritte zusammen und berechnen dazu die Wurzel aus

$$1/9 = OO.LL\ LOOO\ LLLO_2 OLOL_{(-8)}$$

(Wir verwenden wieder zwei Worte zu je 8 Bits.)

▶ 1. Formkontrolle, Abfrage der Sonderfälle Argument negativ und Argument Null, Zerlegen in Mantisse M und Exponent E, Abziehen der Korrektur (-8) vom Exponenten ergeben:

$$M = OO.LL\ LOOO\ LLLO\ OOOO\ ;\quad E = LLLL\ LLOL\quad = -3$$

▶ 2. Exponent gerade machen, Mantisse eventuell verschieben:

$$M = OO.OL\ LLOO\ OLLL\ OOOO\ ;\quad E = LLLL\ LLLO\quad = -2$$

▶ 3. Exponent halbieren: $E = LLLL\ LLLL\quad = -1$

▶ 4. Erste lineare Näherung $y_1 := O.LOL \times M + O.OLL$ liefert

$$y_1 = OO.LO\ LOOL\ LLOO\ OLLO$$

▶ 5. Erste Anwendung der Iterationsformel:

$$\text{Quotient } M/y_1 = OO.LO\ LOLL\ LOOL\ OOOL$$
$$y_2 = OO.LO\ LOLO\ LOLO\ LOLL$$

▶ 6. Zwei weitere Anwendungen der Iterationsformel geben hier nur Rundungsabweichungen in der letzten Stelle.

▶ 7. Ergebnis eventuell nachnormieren, Exponent dann berichtigen: entfällt hier.

▶ 8. Erhöhen des Exponenten (hier um 8), Verkürzen der Mantisse mit Rundung, Zusammenfügen von Mantisse und Exponent:

$$y = \sqrt{M} = OO.LO\ LOLO\ LOLL_2 OLLL_{(-8)}$$

Übungsaufgaben. 15. Für die erste (lineare) Näherung wurden oben zwei Gleichungen angegeben, die a) die Grenze des absoluten Fehlers und b) die Grenze des relativen Fehlers minimieren. Beweisen Sie diese Gleichungen! (Nötig sind: Bestimmen des relativen Maximums des Fehlers, Berechnen der Fehler in den Randwerten x = 1/4 und x = 1 und im Maximum, dann Gleichsetzen der Fehlerbeträge.)

16. Für die dritte Wurzel gilt entsprechend die Iterationsformel

$$y_{n+1} = \frac{1}{3}\left(2y_n + \frac{x}{y_n^2}\right)$$

Bestätigen Sie durch eine Abschätzung, daß für kleine Fehler Δ_n hier folgt:

$$\Delta_{n+1} \approx \frac{\Delta_n^2}{y}$$

6.2. Logarithmus und Arcustangens

Die meisten mathematischen Funktionen lassen sich mit Hilfe einer Reihenentwicklung berechnen. Wir greifen die wichtigsten unter ihnen heraus und benutzen die in jeder Formelsammlung angegebenen Potenzreihen, die normalerweise aus der T a y l o r - bzw. M a c L a u r i n s c h e n R e i h e hergeleitet werden. Die betrachteten Funktionen sind üblicherweise in ALGOL 60-Compilern als Standardfunktionen enthalten.

Der Konvergenzbereich der Reihen ist z.T. beschränkt; zumindest der Bereich, in dem eine schnelle Konvergenz mit kleinen Abbrechfehlern zu erreichen ist, erweist sich als recht eng. Die gewünschte Genauigkeit mit z.B. ca. 12 Dezimalstellen stellt eine außerordentlich hohe Anforderung dar, die für ungünstige Argumentwerte mit Hilfe der Reihenentwicklung nur schwer erreichbar ist. Es sind also einige Tricks nötig, um diese Schwierigkeiten zu bewältigen.

Am ehesten ergibt sich eine Verbesserung der Konvergenz, wenn der Argumentwert der Reihenentwicklung klein genug ist. Da es sich um Potenzreihen handelt, kommt in jedem Glied mindestens eine weitere Potenz der Variablen hinzu. Ist diese z.B. kleiner als 0.1, so gewinnen wir dadurch schon von Glied zu Glied eine Dezimalstelle.

In jedem Falle sind aber universelle Programme nötig, die der Benutzer ohne besondere Rücksichtnahme verwenden kann und die für jeden beliebigen Argumentwert ein Ergebnis liefern. Zwei Einschränkungen sind dabei unvermeidbar: Nicht alle Funktionen sind im Bereich sämtlicher reeller Argumente definiert, und die Überschreitungen des Bereichs der Gleitpunktzahlen bedingen Eingrenzungen.

Bei der Berechnung wird man derartige Funktionen zunächst in einen Bereich transformieren, innerhalb dessen die Potenzreihe konvergiert. Dazu sind die Eigenschaften der betreffenden Funktion zu betrachten. Bei der S i n u s f u n k t i o n beispielsweise werden die P e r i o d i z i t ä t s - e i g e n s c h a f t e n benutzt: Man braucht sie nur innerhalb des Bereichs von $0°$ bis $90°$ berechnen zu können und die übrigen Werte auf diesen Bereich umzurechnen. Entsprechendes gilt für die Exponentialfunktion, bei der das Abziehen einer Konstanten vom Argument kompensiert werden kann durch das Multiplizieren der Funktion mit einem bekannten Faktor.

Auf diese Weise ist eine erste Reduktion möglich, die natürlich von Fall zu Fall verschieden ist.

Der so erhaltene eingeschränkte Bereich ist aber bei vielen Funktionen immer noch zu groß für eine gute Konvergenz der Potenzreihe, das Argument der Reihe sollte ja einen einigermaßen kleinen Wert (von z.B. 0.1) nicht überschreiten. Benötigt man Funktionswerte für $0 \leqslant x < 1$, will man aber in der Reihe nur kleine x-Werte benutzen, so kann man den Gesamtbereich in z.B. zehn Teilbereiche unterteilen und für jeden Teilbereich eine eigene Potenzreihe benutzen. Nach der Taylorformel

$$f(x_0+h) = f(x_0) + f'(x_0) \cdot h + \frac{f''(x_0)}{2} \cdot h^2 + \ldots$$

ist dies ohne weiteres möglich. Nachteilig ist lediglich, daß die Koeffizienten aller dieser Reihen abgespeichert werden müssen, daß also für jede Funktion ein zehnfacher Koeffizientensatz nötig ist.

Daher soll hier eine andere oft benutzte Methode angegeben werden. Wir zerlegen das Argument in zwei Teile $x = x_1 + x_2$ und berechnen getrennt $f(x_1)$ und $f(x_2)$. Den gewünschten Funktionswert $f(x) = f(x_1+x_2)$ können wir dann mit Hilfe des A d d i t i o n s t h e o r e m s der betreffenden Funktion bestimmen, wenn dieses eine passende Form hat. Das Verfahren ist also nicht für alle Funktionen anwendbar.

Was ist nun gewonnen? Wir betrachten als Beispiel $x = 0.76324$ und wählen für x_1 grundsätzlich die erste Dezimale nach dem Punkt: $x_1 = 0.7$ und $x_2 = 0.06324$. $f(x_2)$ ist mit der Reihe schnell zu berechnen, da ja immer $x_2 < 0.1$ ist.

Schwieriger ist $f(x_1)$. Hier hilft ein Trick: x_1 kann nur die zehn Werte $0.0, 0.1, 0.2, \ldots, 0.9$ annehmen. Für diese aber kann man die Ergebnisse $f(x_1)$ in einer Tabelle fertig berechnet bereithalten. Durch eine umfangreichere Tabelle kann die Größe x_2 noch kleiner gehalten werden. Kritisch ist jedoch der dann erforderliche Platzbedarf.

Das von Logarithmentafeln bekannte Extrem, alle vorkommenden Werte in die Tabelle aufzunehmen und die Berechnung dadurch entfallen zu lassen oder auf eine Interpolation zu reduzieren, ist wegen des Speicherbedarfs indiskutabel.

Der Logarithmus

Wir beginnen mit dem natürlichen Logarithmus, bei dem allerdings das soeben beschriebene Verfahren nur mit Abwandlungen verwendbar ist. Andere Logarithmen, insbesondere der Zehnerlogarithmus, lassen sich aus ihm durch einfache Multiplikation des Ergebnisses mit einem jeweils konstanten Faktor gewinnen.

Zu berechnen sei also

$$y := \ln(x)$$

für beliebige positive x innerhalb des erlaubten Zahlenbereichs. Für $x \neq 0$ liegt dann auch y innerhalb des Zahlenbereichs der Anlage.

Eine einfache Zerlegung ist möglich mit $\ln(a \times b \times c) = \ln(a) + \ln(b) + \ln(c)$.

Die zu benutzende Potenzreihe hat die bekannte Gestalt

$$\ln\left(\frac{1+v}{1-v}\right) = 2 \times \left(v + \frac{v^3}{3} + \frac{v^5}{5} + \ldots\right)$$

Wir zerlegen x zuerst in Mantisse M und Exponent E und dann weiter:

$$\ln(x) = \ln(M \times 2^E) = \ln\left(x_1 \times \frac{1+v}{1-v} \times 2^E\right) = \ln(x_1) + \ln\left(\frac{1+v}{1-v}\right) + E \times \ln(2)$$

x_1 soll wieder wie oben der Beschränkung des übrigen Teils auf einen guten Konvergenzbereich dienen, wobei wir $\ln(x_1)$ für möglichst nicht zu viele Möglichkeiten von x_1 aus einer Tabelle entnehmen wollen. Weil v in die Potenzreihe eingeht und recht klein sein soll, lösen wir nach v auf:

$$M = x_1 \times \frac{1+v}{1-v}$$

ergibt

$$v = \frac{M - x_1}{M + x_1}$$

Da M normiert ist, könnten wir für x_1 die erste Dezimale (nach dem Punkt) von M wählen, denn dann ist der Zähler von v kleiner als 0.1. Bei Dualzahlen ist es einfacher, nicht die erste Dezimale, sondern z.B. die ersten vier Dualstellen zu benutzen.

Legen wir uns auf diesen Vorschlag fest, so kann x_1 die folgenden acht Werte annehmen: O.LOOO, O.LOOL, O.LOLO, ... O.LLLL. Für sie muß eine Tabelle $\ln(x_1)$ enthalten. (M ist normiert und beginnt daher mit O.L ....)

Eine Abschätzung für v: Der Zähler wird maximal O.OOOOLLLL... = 1/16. Im ungünstigsten Fall ist der Wert M im Nenner klein, also M = O.LOOO OOO... Der Nenner ist dann O.L + O.L = 1. Für den ganzen Bruch folgt:

$$v < \frac{1/16}{1} = 1/16 = 0.0625$$

mit z.B.

$$v^9/9 < 0.161_{10}-11$$

Kann dieses Glied als erstes der Reihe entfallen, sind somit nur vier Reihenglieder zu berechnen. Die Abschätzung läßt sich verbessern, die wirkliche Konvergenz ist schneller.

Natürlich ist die Definition von x_1 durch die ersten vier Dualstellen von M ein willkürlicher Kompromiß und nur durch Zweckmäßigkeit bedingt. Fünf Dualstellen würden eine Verdopplung der Tabellenlänge und eine Halbierung von v_{max} bedeuten.

Wir stellen die erforderlichen Schritte wieder gemeinsam mit einem Beispiel (zwei Worte zu je 8 Bits) zusammen: Zu berechnen sei

$$\ln(3.333) = \ln(OO.LL\ OLOL\ OLOL_2\ LOLO_{(-8)})$$

▶ 1. Formkontrolle, Bereichskontrolle ($x > 0$?), Zerlegen in Mantisse und Exponent, Abziehen der Korrektur (-8) vom Exponenten:

$$M = OO.LL\ OLOL\ OLOL\ OOOO\ ; \qquad E = OOOO\ OOLO = 2$$

▶ 2. Exponent E durch Normieren in eine Gleitpunktzahl verwandeln:

$$ME = OO.LO\ OOOO\ OOOO\ OOOO\ ; \qquad EE = OOOO\ OOLO$$

Dieser Schritt ist nötig, da $E \times \ln(2)$ einer der Summanden des Ergebnisses ist. Wir berechneten soeben

$$E = 2 = ME \times 2^{EE} = 0.5 \times 2^2$$

▶ 3. Den ersten Summanden $E \times \ln(2) = M1 \times 2^{E1}$ bilden. $\ln(2) = OO.LO\ LLOO\ OLOL\ LLOL$ liegt als Konstante vor.

$$M1 = OO.OL\ OLLO\ OOLO\ LLLO\ ; \qquad E1 = OOOO\ OOLO$$

▶ 4. Die Mantisse zerlegen:

$$x_1 \quad = \quad \text{OO.LL OLOO}$$
$$M - x_1 \quad = \quad \text{OO.OO OOOL OLOL OOOO}$$

▶ 5. $\ln(x_1)$ aus der Tabelle entnehmen (mit Indexbefehlen):

$$\ln(x_1) = \text{LL.LL OOLO LOLL OLLO} = \ln(13/16) = -0.20764$$

▶ 6. v berechnen:

$$\text{Nenner} = M + x_1 = \text{OL.LO LOOL OLOL OOOO}$$
$$v = \frac{M - x_1}{M + x_1} = \text{OO.OO OOOO LLLL OOLL}$$

▶ 7. Reihe aufsummieren (hier ist nur das erste Glied nötig):

$$\text{Reihe} = 2 \times \text{OO.OO OOOO LLLL OOLL}$$

▶ 8. Summation $M_2 = \ln(x_1)$ + Reihe, Exponentenangleich zu E x $\ln(2)$, Hinzufügen von M1 (s. 3) ergibt Resultat MR x 2ER:

$$M2 \quad = \quad \text{LL.LL OLOO LOOL LLOO}$$
$$MR \quad = \quad \text{OO.OL OOLL OLOL OLOL} \; ; \qquad ER \; = \; \text{OOOO OOLO} = 2$$

▶ 9. Nachnormieren:

$$MR \quad = \quad \text{OO.LO OLLO LOLO LOLO} \; ; \qquad ER \; = \; \text{OOOO OOOL} = 1$$

▶ 10. Runden, Verkürzen der Mantisse, Erhöhung des Exponenten um 8, Zusammenfügen:

$$\ln(x_1) = \text{OO.LO OLLO LOLL}_2 \text{LOOL}_{(-8)}$$

Die erforderlichen Operationen sind somit: Eine Division in 6., je eine Multiplikation für E x $\ln(2)$ und zum Bilden v^2, ferner drei Multiplikationen in der Reihenentwicklung.

Der Arcustangens

Die Funktion $y = \arctan(x)$ ist (im Komplexen) eng mit dem Logarithmus verwandt. Das kommt in der Ähnlichkeit von Reihenentwicklung und Rechenmethode auch im Reellen zum Ausdruck.

Die Reihe lautet:

$$\arctan(x_2) = x_2 - \frac{x_2^3}{3} + \frac{x_2^5}{5} \pm \ldots$$

Eine Einschränkung des Argumentbereichs liegt nicht vor; die Funktion soll für jedes darstellbare x berechnet werden. Eine erste Reduktion ist möglich mit

$$\arctan(x) = \text{arccot}\left(\frac{1}{x}\right) = \frac{\pi}{2} - \arctan\left(\frac{1}{x}\right)$$

Für alle $x > 1$ kann also die Funktion für den Wert $\frac{1}{x} < 1$ berechnet werden.
Eine weitere Reduktion folgt aus:

$$\arctan(x) = \arctan\left(\frac{x_1 + x_2}{1 - x_1 x_2}\right) = \arctan(x_1) + \arctan(x_2)$$

Wir denken wieder daran, $\arctan(x_1)$ aus einer Tabelle und $\arctan(x_2)$ aus der Reihe zu entnehmen.

Aus

$$x = \frac{x_1 + x_2}{1 - x_1 x_2}$$

folgt

$$x_2 = \frac{x - x_1}{1 + x_1 x}$$

Nehmen wir als x_1 die ersten drei Dualstellen von x nach dem Punkt (also 8 Möglichkeiten), so gilt:

$$x_2 = \frac{x - x_1}{1 + xx_1} < \frac{0.000LLL\ldots}{1} = 1/8$$

und z.B.

$$x_2^{13} / 13 < 0.140_{10} - 12$$

Dies ist das siebte Glied. Sechs Glieder sind bei Fehler $<_{10} - 12$ zu berechnen.

Die einzelnen Schritte in Stichworten:

▶ 1. Formkontrolle, Trennung von Exponent und Mantisse, Abziehen der Korrektur vom Exponenten, Abtrennen des Sonderfalls sehr kleiner x-Werte (bei denen die Stellengenauigkeit sonst zu schlecht würde)

▶ 2. Absolutbetrag der Mantisse bilden, Vorzeichen notieren.

▶ 3. Falls $x > 1$: den Kehrwert bilden (und die spätere Korrektur vormerken).

▶ 4. Festpunktdarstellung erzeugen, d.h. Mantisse so oft verschieben, bis der Exponent Null ist.

▶ 5. x_1 aus den ersten drei Stellen nach dem Punkt aus der Mantisse entnehmen, $\arctan(x_1)$ (mit Indexbefehlen) aus einer Tabelle entnehmen. (Dabei $x_1 = 0.000, 0.00L, 0.0L0 \ldots$ oder $0.LLL$.)

▶ 6. Berechnen von

$$x_2 = \frac{x - x_1}{1 + x \times x_1}$$

▶ 7. Reihenentwicklung für x_2 berechnen.

▶ 8. $\arctan(x_1)$ und $\arctan(x_2)$ addieren.

▶ 9. Falls unter 3. Kehrwert genommen wurde: Ergebnis von $\pi/2$ abziehen.

▶ 10. Normieren und einen entsprechenden Exponenten neu bilden, dann den Exponenten um die übliche Korrektur erhöhen.

▶ 11. Falls das Argument negativ war: B-Komplement der Mantisse bilden.

▶ 12. Verkürzen der Mantisse mit Rundung, Zusammenfügen von Mantisse und Exponent.

6.3. Exponential- und Winkelfunktionen

Die Exponentialfunktion

Der A r g u m e n t b e r e i c h der Exponentialfunktion ist eng begrenzt; der Funktionswert läuft sehr schnell aus dem erlaubten Zahlenbereich heraus. So ist $\exp(\pm 90) \approx 10^{\pm 39}$ bei 8-Bit-Zweierexponenten schon nicht mehr berechenbar.

Da das Argument x also nur geringen Variationen unterliegt, kann die Berechnung mit Festpunkt durchgeführt werden, wobei der Punkt z.B. nach der 9. (bzw. in unserem verkürzten Zahlenbeispiel nach der 6.) Stelle stehen könnte.

Der Exponent der Ergebnisses ist schnell zu berechnen, da das Argument ein Exponent (allerdings zu Basis e und nicht 2) ist. Es soll gelten:

$$\exp(x) = MR \times 2^{ER}$$

Logarithmieren ergibt:

$$\ln(\exp(x)) = x = \ln(MR) + ER \times \ln(2).$$

Anders ausgedrückt: Wenn wir x durch $\ln(2)$ teilen, so ist der ganzzahlige Teil des Quotienten schon der Zweierexponent ER des Ergebnisses. Am besten wird man die Division nach den Ergebnisstellen vor dem Komma abbrechen, wenn dies technisch möglich ist, und nur ein ganzzahliges Ergebnis berechnen. Wir schreiben:

$$x/\ln(2) = ER \quad \text{Rest } xR$$

mit

$$xR < \ln(2) = 0.693$$

Ein weiterer Reduktionsschritt besteht wie üblich in der Zerlegung

$$x = x_1 + x_2$$

wobei x_1 aus den ersten vier Dualstellen (nach dem Punkt) von xR bestehen könnte.

Für x_1 ergeben sich dann die 12 Möglichkeiten

$$x_1 = 0.0000, 0.000L, \ldots 0.LOLL$$

für die $\exp(x_1)$ wieder aus einer Tabelle entnommen wird.

Für x_2, das in die Reihenentwicklung eingeht, folgt

$$x_2 < 0.000L = 1/16 = 0.0625$$

mit

$$x_2^7/7! < 0.74 \cdot 10^{-12}$$

In der bekannten Reihenentwicklung

$$\exp(x_2) = 1 + x_2 + \frac{x_2^2}{2!} + \frac{x_2^3}{3!} + \ldots$$

sind somit bei 12-stelliger Genauigkeit 7 Glieder nötig.

Die Einzelschritte und ein Zahlenbeispiel:

$$y = \exp(4.5) = \exp(OO.LO\ OLOO\ OOOO_2\,LOLL_{(-8)})$$

▶ 1. Formprüfung, Zerlegen in Mantisse und Exponent, Abziehen der Korrektur 8 vom Exponenten, Abtrennen der Sonderfälle, Abfrage von Bereichsüberschreitungen:

$$M = OO.LO\ OLOO\ OOOO\ OOOO\ ; \qquad E = OOOO\ OOLL = 3$$

▶ 2. Beseitigen des Exponenten durch Festkomma (einheitlich nach der 6. Stelle):

$$x = OOOL\ OO.LO\ OOOO\ OOOO$$

▶ 3. Bilden des Absolutbetrages und Notieren des Vorzeichens: entfällt hier.

4. Division durch

$$\ln(2) = OO.LO\ LLOO\ OLOL\ LLOL = 0.693$$

ergibt

$$\begin{aligned}
\text{Quotient} &= ER = OOOO\ OLLO = \text{Exponent des Ergebnisses} \\
\text{Rest} &= xR = OO.OL\ OLOL\ LLOL\ OOLO
\end{aligned}$$

▶ 5. Ermittlung von x_1 aus den ersten vier (im Zahlenbeispiel drei) Stellen von xR, Aufsuchen von $\exp(x_1)$ aus der Tabelle (mit Indexbefehlen):

$$\begin{aligned}
x_1 &= OO.OL\ OOOO & &= 0.25 \\
x_2 &= OO.OO\ OLOL\ LLOL\ OOLO \\
\exp(x_1) &= OL.OL\ OOLO\ OOLO\ LLOL & &= 1.28403
\end{aligned}$$

▶ 6. Berechnung von $\exp(x_2)$ aus der Reihe (hier drei Glieder):

$$\exp(x_2) = OL.OO\ OLLO\ OOOO\ LOLO \qquad = 1.09524$$

▶ 7. Multiplikation $\exp(x_1) \times \exp(x_2)$ liefert die Mantisse MR:

$$MR = OL.OL\ LOOL\ LLLO\ LLOL$$

▶ 8. Falls das Argument x negativ war: Kehrwert der Mantisse und Negatives des Exponenten bilden: Entfällt hier.

▶ 9. Eventuell nachnormieren:

$$MR = OO.LO\ LLOO\ LLLL\ OLLO; \quad ER = OOOO\ OLLL$$

▶ 10. Endkontrolle auf Bereichsüberschreitung (Exponent zu groß?).

▶ 11. Erhöhen des Exponenten (hier um 8), Verkürzen der Mantisse mit Rundung. Hinzufügen des Exponenten:

$$\exp(x) = OO.LO\ LLOO\ LLLL_2\,LLLL_{(-8)}$$

Sinus und Cosinus

Die Berechnung von Sinus und Cosinus erfolgt zweckmäßigerweise durch eine einzige Methode, da man mit Hilfe der Formel

$$\sin(x) = \cos\left(x - \frac{\pi}{2}\right)$$

eine Funktion auf die andere zurückführen kann. (Dabei sollte man eventuell kleine x-Werte aussondern, da dann diese Formel zu starken Rundungsfehlern führen könnte).

Eine erste B e r e i c h s r e d u k t i o n ist durch die Periodizität dieser Funktionen möglich. Wegen

$$\cos x = - \cos (\pi - x)$$

und

$$\cos x = - \cos (x - \pi)$$

ist eine Berechnung nur für den Winkelbereich von $0°$ bis $90°$, d.h. für $0 \leqslant x \leqslant \pi/2$, nötig.

Für die technische Auswertung der bisherigen Betrachtungen teilen wir das Argument x am besten durch $\pi/2$, so lange dies ganzzahlig möglich ist. Den Rest x_1 dieser Division werden wir anschließend weiterverarbeiten; der Quotient gibt an, in welchem Quadranten wir uns befinden.

Betrachten wir diesen Quotienten, also die Anzahl der ganzzahligen Vielfachen von $\pi/2$. Wir wollen einheitlich den Cosinus berechnen; liegt ein Sinus vor, so müssen wir auf Grund der obigen Formeln vom Quotienten 1 subtrahieren.

Der Quotient liegt als Dualzahl vor. Mit Ausnahme der Einer- und Zweierstelle können wir jetzt alle Dualstellen fortlassen, da diese mindestens den Stellenwert 4 haben und daher Vielfache von $4 \times \pi/2 = 2\pi$ angeben, die wegen der Periodizität unerheblich sind.

Für die restlichen beiden Dualstellen, die Vorzeichenfragen regeln, können wir eine Auswertung nach folgender Tabelle vornehmen:

Quotient	Formel
OO	$\cos(x) = \cos(x_1)$
OL	$\cos(x) = - \cos(\pi/2 - x_1)$
LO	$\cos(x) = - \cos(x_1)$
LL	$\cos(x) = \cos(\pi/2 - x_1)$

Man sieht, daß in einigen Fällen der Rest x_1 von $\pi/2$ subtrahiert werden muß, um in die Cosinusreihe eingesetzt werden zu können.

Nun kann die eigentliche Funktionsberechnung beginnen. Wir wünschen eine Zerlegung des Arguments mit Hilfe des Additionstheorems. Das ist auf dem bisher eingeschlagenen Wege nicht sinnvoll. Die Additionstheoreme der Winkelfunktionen enthalten nämlich jeweils zwei verschiedene Funktionen:

$$\cos(x_2 + x_3) = \cos(x_2) \cos(x_3) - \sin(x_2) \sin(x_3)$$

Wir würden zwar einen besseren Konvergenzbereich erhalten, dafür aber Reihenentwicklungen für sowohl $\cos(x_3)$ als auch $\sin(x_3)$ berechnen müssen, was die Arbeit verdoppeln würde.

Suchen wir nach einem anderen Verfahren.

Wir können die x_1-Werte auf kleinere x_2-Werte reduzieren mit

$$\cos(x_1) = \cos(4 \times x_2) = 4 \times \cos^4(x_2) - 8 \times \cos^2(x_2) + 1$$

Wir berechnen also $\cos(x_2)$ mit $x_2 \leqslant \pi/8 = 0.393$. Wenn man

$$\frac{x_2^{10}}{10!} = 2.4_{10} -11$$

vernachlässigen kann, benötigen wir in der Cosinusreihe

$$\cos(x_2) = 1 - \frac{x_2^2}{2!} + \frac{x_2^4}{4!} - \frac{x_2^6}{6!} + \frac{x_2^8}{8!} \pm \ldots$$

nur noch fünf Glieder, zu denen allerdings noch zwei Multiplikationen für das Berechnen von $\cos(x_1)$ und eine für x_2^2 kommen. Eine gemeinsame Reihe für Sinus und Cosinus genügt. Rationale Approximationen (Kettenbrüche) sind etwas schneller, sollen aber hier nicht betrachtet werden.

Die Einzelschritte seien nochmals stichwortartig zusammengefaßt:

▶ 1. Formprüfung, Zerlegen in Mantisse und Exponent, Verkleinern des vergrößert dargestellten Exponenten, Abtrennen der Sonderfälle (in denen wegen zu kleinen oder zu großen Argumentwertes die Berechnung zu ungenau wird).

▶ 2. Division durch $\pi/2$ mit ganzzahligem Ergebnis und positivem Rest x_1.

▶ 3. Beim Sinus Subtrahieren einer Eins vom Quotienten. Herausschneiden der letzten beiden Stellen des Quotienten, Feststellen des Ergebnisvorzeichens an Hand der obigen Tabelle. Eventuell Subtraktion $x_1 := \pi/2 - x_1$.

▶ 4. Berechnung von $x_2^2 := x_1^2/4$ und Reihenentwicklung.

▶ 5. Berechnung von $\cos(x_1) = \cos(4 \times x_2)$ nach obiger Formel.

▶ 6. Nachnormieren der Reihensumme, eventuell Bilden des B-Komplements.

▶ 7. Verkürzen der Mantisse nach Rundung, Erhöhen des Exponenten um die übliche Korrektur, Hinzufügen des Exponenten.

Übungsaufgabe 17. Statt der obigen Bereichsreduktion $\cos(x_1) = \cos(4 \times x_2)$ soll die Formel

$$\cos(x_1) = \cos(2 \times x_2) = 2 \times \cos^2(x_2) - 1$$

verwendet werden. Wie viele Glieder der Reihenentwicklung sind bei gleicher Genauigkeit wie oben nötig, wenn jetzt nur noch $x_2 \leqslant \pi/4$ vorausgesetzt werden kann?

6.4. Tschebyscheff-Approximationen

Bei den soeben benutzten Reihenentwicklungen lassen sich eine bessere Konvergenz erreichen und in einer Reihe von Fällen noch ein oder zwei Reihenglieder einsparen, wenn man eine T s c h e - b y s c h e f f - A p p r o x i m a t i o n benutzt.

Das Prinzip der Tschebyscheff-Approximation soll kurz skizziert werden. Alle Potenzreihen $f(x)$ haben die Eigenschaft, daß sie für kleine x-Werte außerordentlich schnell konvergieren, für größere x-Werte dagegen die Berechnung von mehr Gliedern bei gleicher Genauigkeit erfordern. Soll für das Endergebnis eine bestimmte absolute Genauigkeit eingehalten werden (andere Fälle wollen wir weiter unten betrachten), so ergibt sich in dem einen Teilbereich eine erheblich bessere Konvergenz als im anderen. Da aber für den ganzen Bereich eine bestimmte Genauigkeit garantiert sein muß, haben wir uns bei unseren Angaben immer am w o r s t   c a s e — am ungünstigsten Fall — zu orientieren.

Eine Verbesserung ist dadurch möglich, daß man einige Bereiche verschlechtert und zugleich die extrem ungünstigen Fälle verbessert. Im vorliegenden Beispiel würden wir eine Reihe bewußt bei x = 0 verschlechtern, um bei großen x-Werten eine Verbesserung zu erreichen. Dadurch wird die garantierte Genauigkeit verbessert, denn die Fehlerschranke verkleinert sich. Wenn man dieses Prinzip weiterverfolgt, so erhält man wünschenswerte Verhältnisse, wie sie in Bild 6.1 wiedergegeben sind. Hier wurde eine gewünschte Funktion mit y bezeichnet. Sie wird angenähert durch eine zweite Funktion y_1, die nach beiden Seiten innerhalb gewisser Fehlergrenzen Δ abweicht. Soll diese Abweichung garantiert innerhalb eines gegebenen x-Bereiches bestimmte Grenzen Δ nicht überschreiten, so kann sie wie im eingezeichneten Fall um die gewünschte Funktion oszillieren und an vielen Stellen die maximale Abweichung annehmen.

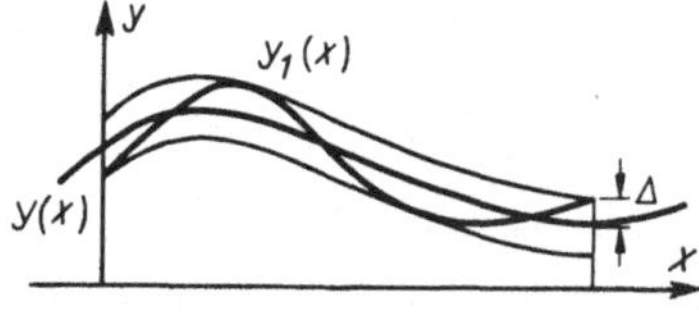

6.1 Gewünschte Form einer Näherungs-
kurve y_1 an eine Kurve y, wenn ein
möglichst kleiner garantierter Fehler
Δ nicht überschritten werden soll

6.2 Erwünschte Fehlerkurve zu Bild 6.1

In Bild 6.2 ist die gewünschte Fehlerkurve angegeben. Würde in dieser Abbildung eines der Maxima bzw. Minima nicht an der Fehlergrenze anstoßen, so hätte man den begründeten Verdacht, daß eine Verschlechterung an dieser Stelle nicht schaden würde, aber andere Funktionswerte verbessern könnte. Wie läßt sich nun mathematisch eine solche Fehlerkurve als Abweichung zwischen Sollwert und Reihenentwicklung erreichen?

Es gibt mathematische Funktionen, in welchen die hier abgebildete Fehlerkurve als Funktionsdarstellung auftritt: die T s c h e b y s c h e f f - P o l y n o m e. Es handelt sich um eine unendliche Folge von Polynomen $T_n(v)$, die sich nach folgendem Schema berechnen:

$$T_0(v) = 1$$
$$T_1(v) = v$$
$$T_n(v) = 2v \times T_{n-1}(v) - T_{n-2}(v) \qquad (n \geqslant 2)$$

Aus dieser Iterationsformel ergeben sich für die nächsten Polynome die folgenden Ausdrücke:

$$T_2(v) = 2v^2 - 1$$
$$T_3(v) = 4v^3 - 3v$$
$$T_4(v) = 8v^4 - 8v^2 + 1$$
$$T_5(v) = 16v^5 - 20v^3 + 5v$$
$$T_6(v) = 32v^6 - 48v^4 + 18v^2 - 1$$

Die Kurvendarstellungen der ersten Tschebyscheff-Polynome zeigt Bild 6.3.

Ihre qualitative Richtigkeit wird bestätigt, wenn man in die obigen Tschebyscheff-Polynome für den Argumentwert v einsetzt:

$$v = \cos(\alpha)$$

Wir erhalten dann mit Hilfe der Additionstheoreme der Cosinusfunktion und der Sinusfunktion
die folgenden Zusammenfassungen:

$$T_2(v) = 2\cos^2\alpha - 1 = \cos(2\,\alpha)$$
$$T_3(v) = 4\cos^3\alpha - 3\cos\alpha = \cos(3\,\alpha)$$
$$\vdots \qquad\qquad\qquad \vdots$$
$$T_n(v) = T_n(\cos\alpha) \qquad = \cos(n\,\alpha)$$

Wie können wir nun diese Tschebyscheff-Polynome benutzen, um das hier vorliegende Problem zu
lösen? Es ist zu berücksichtigen, daß sich ihre genannten Eigenschaften ausdrücklich auf den Argumentbereich $-1 \leqslant v \leqslant + 1$ beziehen, daß wir aber bei unserer Reihenentwicklung an einem Bereich

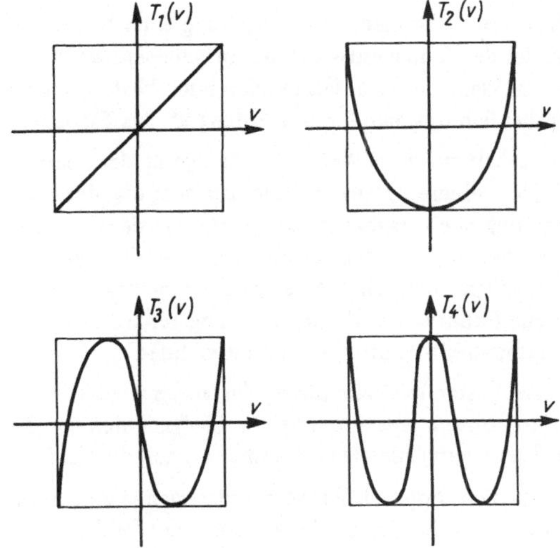

6.3
Kurvendarstellungen der ersten
Tschebyscheff-Polynome

$0 \leqslant x \leqslant x_{max}$ interessiert sind. Um die gewünschten Kurven zu erhalten, müssen wir erst einmal
den Argumentbereich durch eine lineare Transformation übertragen. Dies geschieht durch die folgende Gleichung:

$$v = x \cdot \frac{2}{x_{max}} - 1$$

(Zum Beweis setze man für x hier die Werte 0 und x_{max} ein.) Wir setzen dies in die Tschebyscheff-
Polynome ein und erhalten durch Ausmultiplizieren ein neues Polynom in x.

Ziehen wir jetzt zur Illustration des weiteren Vorgehens eines der Tschebyscheff-Polynome heran,
z.B. T_3. Der gewünschte Bereich für möglichst gute Konvergenz sei $0 \leqslant x \leqslant 0.2 = x_{max}$.

Die Substitution ist dann

$$v = x \times \frac{2}{x_{max}} - 1 = 10x - 1$$

und wir erhalten

$$T_3(v) = 4v^3 - 3v = 4000\,x^3 - 1200\,x^2 + 90\,x - 1$$

Wir lösen nach der höchsten Potenz von x, hier x^3, auf:

$$x^3 = 0.3x^2 - 0.0225\,x + 0.00025 + \frac{T_3(v)}{4000}$$

Diese Gleichung können wir folgendermaßen deuten: Wenn wir auf der rechten Seite $T_3(v)$ fortlassen, so haben wir eine Näherungsgleichung für x^3 vor uns. x^3 kann mit ihrer Hilfe durch niedrigere Potenzen ersetzt werden. Das Fortlassen von T_3 bedingt einen Fehler. Er ist innerhalb des Bereiches $0 \leqslant x \leqslant 0.2$ kleiner oder gleich $10^{-3}/4$, das ja als maximaler Betrag von $T_3(v)/4000$ auftreten kann. Im Rahmen dieser Bereichs- und Fehlergrenze können wir jede Potenz x^3 durch die niedrigeren Potenzen ersetzen.

Wir fassen zusammen: Zur Erreichung einer besseren Konvergenz werden zunächst diejenigen Glieder der Reihenentwicklung fortgelassen, welche im Rahmen der zu berechnenden Genauigkeit zu klein sind. Das letzte dann noch bestehende Glied wird wie soeben angegeben ersetzt. Hierbei benutzt man für eine Potenz x^n das Tschebyscheff-Polynom $T_n(v)$.

Man erhält auf diese Weise eine Zerlegung der obersten auftretenden Potenz der Reihenentwicklung in kleinere Potenzen. Eine Ausrechnung des Fehlers (oben $T_3(v)/4000$) zeigt, ob diese Annäherung noch tragbar ist oder nicht. Ist sie tragbar, so werden die kleinen ersetzenden Potenzen als Korrekturen zu den ohnehin schon vorhandenen Koeffizienten der niedrigeren Reihenglieder hinzugefügt. Man erhält so eine neue abgebrochene Potenzreihe, also ein Polynom, das die angegebene Funktion im Rahmen der abgeschätzten Genauigkeit annähert: Diese Methode wird als Tschebyscheff-Approximation bezeichnet.

Unter Umständen kann dieses Verfahren wiederholt werden, wenn man nämlich die nunmehr höchste Potenz mit ihrem neuen Koeffizienten auf die gleiche Weise verarbeitet. Da wir wieder ein $T_n(v)$ vernachlässigen, summieren sich die Fehler an ungünstigen Stellen.

Das ist nicht optimal. Wir vernachlässigen ja eine Summe $a \times T_{n+1}(v) + T_n(v)$, und diese hat nicht wieder die Gestalt der gewünschten Fehlerkurve aus Bild 6.2. In unseren Beispielen ziemlich schnell konvergenter Reihen ist ein weiteres Verkleinern dieses Fehlers kaum lohnend. Will man es bei anderen Anwendungen durchführen, wendet man am besten ein Näherungsverfahren an, das die Abweichungen in ihren Maxima explizit berechnet und Schritt für Schritt einander anzugleichen versucht. Über Approximation von Funktionen existiert eine umfangreiche mathematische Literatur, in der für diese Fälle Näherungsverfahren beschrieben werden.

Die Berechnung unserer Korrekturen ist numerisch etwas umständlich. Sie kann an Rechenanlagen mit Hilfe des ALGOL 60-Programms in Bild 6.4 durchgeführt werden. Auf dem Datenstreifen sind Koeffizient und Exponent der zu ersetzenden Potenz sowie die obere Grenze x_{max} des Bereiches $0 \leqslant x \leqslant x_{max}$ anzugeben.

Sonderfälle

In den Tschebyscheff-Polynomen tritt nur jede zweite Potenz der Variablen auf. Wegen der Bereichssubstitution haben wir aber eine Einsetzung vorzunehmen, die durch binomisches Ausmultiplizieren die Zwischenpotenzen einbringt. Das ist z.B. bei der Cosinusreihe ungünstig, in der ursprünglich nur gerade Potenzen vorhanden sind und nun auch die Zwischenpotenzen berechnet werden müßten.

```
'begin'
'real'  koeff,  xmax,  fak,  fpk,   tnk,   erg,   fpl,   vz;
'integer'  k,l,n;
'array'  t[-1:31,  -1:31],   ko,  bk[-1:3o];
write(''
kml  17.1.71  tschebyscheff-approximation  fuer  eine  potenz :
        koeffizient,   potenz n,    bereich x max  '');
read(koeff,n,xmax);    print(koeff,n,xmax);
write(''
sie  kann  ersetzt  werden  durch :
koeffizient,     potenz k'');

'comment'  tschebyscheff-polynom-koeffizienten   t ;
'for'k:=o'step'1'until'n+1'do'
'for'l:=-1'step'1'until'n+1'do'     t[k,l]:=o;
t[1,1]:=1;   t[2,2]:=2;    t[2,o]:=-1;
'for'k:=3'step'1'until'n'do'
'for' l:=o'step'1'until'k'do'     t[k,l]:= 2xt[k-1,l-1]  -  t[k-2,l];

'comment'   binomialkoeffizienten   bk   und   transformierte
            polynom-koeffizienten   ko ;
'for'l:=-1'step'1'until'n'do''begin'
ko[l]:=o;    bk[l]:=o;     'end';

bk[o]:=1;    ko[o]:=t[n,o];   fak:=2/xmax;    fpk:=1;
'for'k:=1'step'1'until'n'do''begin'
tnk:=t[n,k];    fpk:=fpkxfak;    fpl:=fpk;    vz:=1;
'for'l:=k'step'-1'until'o'do''begin'
bk[l]:=bk[l] + bk[l-1];
ko[l]:=ko[l] + bk[l]xtnkxfplxvz;
fpl:=fpl/fak;    vz:=-vz;    'end'l;  'end'k;

'for'l:=n-1'step'-1'until'o'do''begin'
erg:=-ko[l]xkoeff/ko[n];    print(erg,l);    'end';

write(''
fehler '');    type(abs(erg));
'end';
```

6.4 ALGOL 60-Programm zur Berechnung einer Tschebyscheff-Approximation für eine Potenz

Man kann auch hier die Tschebyscheff-Polynome verwenden, wenn man nach der Bereichsumrechnung (die hier nur eine andere obere Grenze enthalten muß) für x den Wert x_1^2 einsetzt.

Relative Fehler

Bei allen bisher angestellten Betrachtungen wurde die Angabe einer garantierten Grenze für den absoluten Fehler vorausgesetzt. In der üblichen Anwendung in Rechenanlagen ist dies nicht der

Fall, denn dort wird im allgemeinen eine neunstellige oder zwölfstellige o.ä. Genauigkeit gefordert. Das kommt der Angabe eines relativen Fehlers (etwa von der Größe 10^{-9} oder 10^{-12}) gleich. Es könnte also der Eindruck entstehen, daß durch die Tschebyscheff-Approximationen eher eine Verschlechterung eintritt.

Aus den obigen Formeln läßt sich aber ein Verfahren entwickeln, das auch die Einhaltung einer relativen Fehlergrenze erlaubt.

Bevor wir hierauf eingehen, müssen wir den Begriff r e l a t i v e r   F e h l e r   klären. Es geht also um die Frage: relativ wozu? .

Bei unseren Berechnungsverfahren entwickeln wir den Funktionswert nicht nur aus der Reihe, sondern nehmen — wie oben gezeigt — später Korrekturen mit Hilfe der Additionstheoreme und durch Hinzufügen weiterer Teile vor. Der relative Fehler soll sich dann auf das Endergebnis beziehen. Dabei ist aber die Frage zu stellen, welcher der zusammenzufügenden Ausdrücke dieses Endergebnis wesentlich bestimmt. Im allgemeinen wird dies nicht die Reihenentwicklung sein, sondern einer der übrigen Ausdrücke. Der relative Fehler wird dann relativ zu einem dieser Ausdrücke (also relativ zu einer Konstanten) einen festen Wert haben. Damit ist das Problem wieder auf einen absoluten Fehler zurückgeführt.

Es ist der Fall denkbar, daß die Potenzreihe selbst der wesentliche Bestandteil des Ergebnisses ist, daß also der Fehler auf die Potenzreihe bezogen ist. Ist das erste Glied der Reihe eine relativ große Konstante, so ist der relative Fehler auf diese zu beziehen und kann wieder als absoluter Fehler abgeschätzt werden. Tritt schließlich (wie z.B. beim Sinus) keine Konstante in der Reihenentwicklung auf, so müssen wir wirklich einen relativen Fehler berechnen. Wir können dann sagen, daß der Funktionswert in erster grober Näherung proportional zu x ist, daß also der Fehler selbst auch relativ zu x minimiert werden muß.

Auch in diesem Fall lassen sich die Tschebyscheff-Approximationen verwenden. Das Verfahren fußt auf dem kleinen Trick, daß wir vor der Anwendung der Tschebyscheff-Approximationen aus der Reihenentwicklung einen Faktor x abspalten und nun unsere Ersetzungen auf das übrigbleibende Rest-Polynom bzw. die Rest-Reihe sich erstrecken lassen. Dort ergibt sich wie oben ein begrenzter absoluter Fehler. Da dieser aber mit dem ausgeklammerten x multipliziert werden muß, wird er zu einem (auf x bezogenen) begrenzten relativen Fehler.

Zum Abschluß sei noch darauf hingewiesen, daß das hier angegebene Verfahren für numerische Rechnungen eine recht angenehme Begleiteigenschaft hat. Die Korrekturen werden als relativ kleine Berichtigungen zu den Reihenkoeffizienten der ursprünglichen Potenzreihe hinzugefügt. Die Berechnung mit Hilfe des oben angegebenen ALGOL 60-Programms kann also mit verminderter Genauigkeit durchgeführt werden.

7.   Assembler und Compiler

Abschn. 7.1 enthält eine Zusammenstellung der programmiertechnischen Probleme und ihrer Behandlung beim Erstellen eines Assemblers. Abschn. 7.2 und 7.3 geben ein einfaches Verfahren zur Behandlung algebraischer Ausdrücke in einem Compiler detailliert wieder. Bessere Methoden dazu werden in Abschn. 7.4 angedeutet; Abschn. 7.5 skizziert weitere ausgewählte Probleme der Compilertechnik.

7.1. Assembler

Der A s s e m b l e r ist ein Programm, welches das maschinennahe Programmieren und Rechnen an einer Rechenanlage ermöglicht und erleichtert.

Man kann unterscheiden zwischen dem Assembler im engeren Sinne und einer Anzahl von Hilfsprogrammen, die im weiteren Sinne zur Definition des Assemblers hinzugenommen werden (die üblichen Begriffsbestimmungen sind nicht ganz eindeutig)..

Im engeren Sinne ist der Assembler ein Leseprogramm, das im Maschinencode, der A s s e m b l e r - s p r a c h e , geschriebene Programme von der äußeren Form in die interne Dualdarstellung überführt. Eigenschaften solcher Assemblersprachen wurden in Abschn. 4.2 aufgezählt.

Die erste Aufgabe, nämlich das Hereinschleusen der Information, haben wir in Abschn. 3.1 durch eine Warteschleife vorgenommen, was unpraktisch und unüblich ist. Eine bessere Möglichkeit hierzu wird in Abschn. 8.2 unter P r o g r a m m u n t e r b r e c h u n g e n erwähnt werden. Wir betrachten vorläufig nur das Umcodieren der eingelaufenen Information. Dabei soll hohes Gewicht auf Programmiererleichterungen gelegt werden, bei denen der Assembler dem Benutzer möglichst viel Detailarbeit abnimmt. Solche Erleichterungen wurden in Abschn. 4.2 beschrieben.

Die Bewältigung einiger sich so ergebender Aufgaben durch den Assembler (vorläufig im engeren Sinne) soll nun vorgeführt werden. Dabei können wir oft auf früher betrachtete Verfahren verweisen.

Codeumwandlung

Die von einem externen Gerät gelieferten Informationen sind jeweils in einem speziellen Code (der Lochkarte, des Lochstreifens, der Signalfolge auf einer Leitung usw.) verschlüsselt. Vor der Durchführung der folgenden Schritte wird oft ein Umcodieren auf einen einheitlichen Code nötig sein, um die im folgenden betrachtete Auswertung auf Informationen beliebiger Herkunft anwenden zu können (denn Dateneingabe und Programmeingabe sollen ja über verschiedene Gerätetypen erfolgen können).

Ob man diesen ersten Schritt als einen Bestandteil des Assemblers auffassen soll, ist umstritten. Er kann auch als Aufgabe eines Spezialprogramms ausgegliedert werden; nötig ist er in fast allen Fällen. Er kann zuweilen recht unangenehm sein, wenn die Typensätze verschiedener Geräte unterschiedlich sind. Das Umcodieren erfolgt mit Tabellenverfahren, meistens mit d i r e k t e m T a b e l l e n z u g r i f f (vgl. Abschn. 2.4 und 3.3).

Operationsteile

Der Operationsteil eines Befehls wird üblicherweise durch eine Buchstabengruppe oder einen Einzelbuchstaben angegeben, der leicht einprägsam sein sollte. Beispiele sind „a" oder „add" für Addition, „ld" für Laden usw. Diese Buchstaben sind in einem Eingabecode einzeln verschlüsselt. Mehrere von ihnen sollen nun in die Dualdarstellung des entsprechenden Operationsteils umgesetzt werden.

Das Verfahren dazu wurde in Einzelteilen besprochen: Die codierten Zeichen werden zu einem Suchwort zusammengefügt (vgl. Abschn. 2.2), die diesem zuzuordnende Übersetzung wird einer Tabelle entnommen (vgl. Abschn. 3.3) und mit den anderen Teilen des Befehls zusammengefügt. Operationsteile sind nicht nur für die Maschinenoperationen zu entschlüsseln, sondern auch für die bald zu besprechenden Steuerbefehle.

Ganze Zahlen und verwandte Informationen

Ganze Zahlen können selbständig einzulesende und abzuspeichernde Informationen sein. Sie können aber auch z.B. als Adreßteil Bestandteil eines Befehls oder als Mantisse und Exponent Teil einer Gleitpunktzahl sein. Für sie muß also ein recht allgemeines Lese-Unterprogramm vorgesehen werden. Die Hauptaufgabe, der schrittweise Aufbau der Dualzahl aus den einzelnen Dezimalziffern, wurde in Abschn. 2.1 dargestellt, das vorherige Umcodieren in Abschn. 2.4. — Ganz ähnlich erfolgt der Aufbau der Dualzahl, wenn diese extern dual mit den Buchstaben L und O oder den Ziffern 1 und 0 geschrieben wurde. Entsprechend werden auch hexadezimal geschriebene Vier-Bit-Gruppen zu einem Wort zusammengefügt.

Gleitpunktzahlen

Ihr Leseprozeß wurde in Abschn. 5.4 betrachtet.

Symbolische Adressen

Da bei ihrem Registrieren und Suchen in einer Tabelle einige neue Probleme auftreten, stellen wir sie für eine spätere Stelle dieses Abschnitts zurück.

Speziell geschriebene Adreßteile

Zu diesen gehören Relativadressen. Für einen Sprung auf den drittnächsten Speicher könnte z.B. geschrieben werden GTO3+. Hier ist der Adreßteil 3, der wie oben eingelesen wird, nach Auftreten eines Sonderzeichens (hier +) einer Umrechnung zu unterziehen. Bei Auftreten des „+"-Zeichens an dieser Stelle eines Befehls wird auf ein kleines Unterprogramm des Assemblers gesprungen, das die erforderliche Umrechnung vornimmt, nämlich die Adresse addiert, unter der dieser Befehl abgespeichert werden soll.

Das Abspeichern der gelesenen Informationen

Es ist im allgemeinen ein einheitliches S c h l u ß z e i c h e n definiert, das das Ende einer gelesenen Information anzeigt. Bei seinem Auftreten wird ein kleines Unterprogramm aufgerufen, das die umcodierten Teilinformationen zu einem Speicherwort (oder eventuell mehreren) zusammenfügt und diese dann als Bestandteil des entstehenden Programms abspeichert. Die dafür zu benutzende Adresse befindet sich in einem speziellen Speicherplatz, der durch einen Indexbefehl in Anspruch genommen wird. Nach dem Abspeichern muß die Adresse weitergezählt werden. Damit können Kontrollen verbunden werden, ob ein erlaubter Bereich überschritten wird.

Das Lesen und Abspeichern von Makros

Unter M a k r o s (in-line-code) versteht man Gruppen von mehreren Maschinenbefehlen, die oft gemeinsam auftreten und vom Benutzer zur Abkürzung und Vereinfachung durch einen einzigen Operationsteil angegeben werden. Die Decodierung erfolgt wie bei anderen Operationsteilen, die Übersetzung enthält aber eine besondere Kennzeichnung und löst dadurch einen Sprung auf ein Unterprogramm aus, das die ganze Gruppe von Befehlen zusammenstellt und abspeichert.

Kommentare

Am einfachsten sind in das Programm eingefügte Kommentare (comments) zu lesen: Eine Abfrage muß jedes Zeichen daraufhin untersuchen, ob es schon das Schlußzeichen ist. Alles Übrige wird ignoriert.

Steuerbefehle für den Lesevorgang

Diese werden äußerlich ähnlich den Maschinenbefehlen geschrieben und wie andere Operationsteile ausgewertet, müssen aber dann in der aus der Tabelle übernommenen Übersetzung ein Kennzeichen enthalten, das einen Sprung auf ein Unterprogramm auslöst, das die gewünschten Steueroperationen durchführt.

Steuerbefehle existieren im allgemeinen für das Angeben einer Abspeicheradresse (von der ab das folgende Programm abzulegen ist), für das Löschen von symbolischen Adressen (die im folgenden Programmteil nicht mehr benutzt werden sollen), für das Stoppen des Einleseprozesses, usw.

Steuerbefehle für Kontrollen

Es werden weitere Steuerbefehle benötigt für Kontrollen, Ausgabe von Informationen über das gelesene Programm, Start und Stop des Programms u.ä. Oft ist es z.B. möglich, einen S p e i c h e r - a b z u g herzustellen, d.h. die in den Speicherplätzen befindlichen Inhalte zur Kontrolle tabellarisch auszudrucken.

Die Ausführung erfolgt wie bei den anderen Steuerbefehlen. Als Unterprogramme werden insbesondere Druckprogramme benötigt.

Formale Kontrollen

Für alle eingelesenen Informationen sind Rechtschreibkontrollen wichtig. Im Falle von erkennbaren Fehlern muß der Benutzer eine Meldung über Stelle und Art des Fehlers erhalten. Insbesondere bei allen Tabellensuchvorgängen muß die Möglichkeit einprogrammiert sein, daß das Gesuchte wegen eines Formfehlers nicht gefunden werden kann.

Benötigt wird hier insbesondere ein Druckprogramm für Fehlermeldungen und ein Programmstück, das die Fortsetzung des Lesevorgangs so auslöst, daß eine einfache Korrektur später möglich ist.

Weitere Aufgaben

Unter anderem muß der Assembler Programme aus getrennt eingelesenen Stücken zusammenfügen („binden") und Programme und Daten von einem Speicherbereich in einen anderen verschieben (und entsprechend modifizieren) können.

Im weiteren Sinne gehören zum Assembler alle diejenigen Hilfsprogramme, die der Benutzer fertig in der Maschine vorfindet und in seinem Programm als Unterprogramme verwendet: Sie führen Rechenvorgänge (Gleitpunktrechnung, Berechnung von Standardfunktionen, Matrizenoperationen usw.), Tabellierungs- und Druckoperationen, Datentransporte von und zu Hintergrundspeichern usw. durch. Einige von ihnen werden jedoch eher als allgemeine B e t r i e b s p r o g r a m m e an anderer Stelle eingeordnet.

Symbolische Adressen

Die Verwendung symbolischer Adressen wurde oben in Abschn. 1.5 und 4.2 vorgeführt. Ein Beispiel:

        (a) Lade von (y)
            Multipliziere aus (x)
            Speichere nach (y)
            Lade von (n)
            Subtrahiere die Zahl 1
            Speichere nach (n)
            Wenn negativ, go to (f)
            Go to (a)

In der Maschine treten an die Stelle der angegebenen Rechenoperationen die Maschinenbefehle in der internen Dualdarstellung des Operationsteils. Beim Ablochen bzw. Eintasten des Programms werden diese Operationsteile durch die genormten Buchstabengruppen angegeben, die der Assembler dann auswertet. An die Stelle der Buchstabengrößen (x), (y) oder (n) treten in der Maschine die Adressen (in Dualdarstellung) der Speicherplätze, in denen die Größen untergebracht werden sollen. Es ist Aufgabe des Programmierers, festzulegen, welche Speicherplätze hierfür genommen werden sollen. In der einfachsten Form wird er sich per Hand ein Verzeichnis der verfügbaren Plätze anlegen und mit Hilfe dieses Plans die Verteilung vornehmen. Die entsprechenden Adressen wird er dann (ebenfalls per Hand) in die Adreßteile der Befehle eintragen.

Das obige Programm könnte dann explizit z.B. lauten:

    LD1909
    M1910
    SP1909
    LD1911
    SC1
    SP1911
    ILC
    GTO ...
    GTO 1900

Eine derartige Festlegung der Adressen von Hilfsspeichern ist umständlich und mühevoll. Sie hat weiterhin den Nachteil, daß die Arbeit von vorne begonnen werden muß, wenn das Programm einmal aus technischen Gründen andere Speicherplätze benutzen muß.

Die durch symbolische Adressierung vorgenommene Erleichterung besteht darin, daß die Maschine selbst beim Einlesen des Programms die explizite Zuweisung der Adressen vornimmt. Der Benutzer verwendet für sie Buchstaben oder Buchstabengruppen, die möglichst seinen gewohnten mathematischen Bezeichnungen entsprechen sollten.

Im vorliegenden Fall könnte das Programm so lauten:

    (A)   LD(Y)
           M(X)
           SP(Y)
           LD(N)
           SC1
           SP(N)
           ILC
           GTO(F)
           GTO(A)
    (X)   0
    (Y)   0
    (N)   0

Die Schreibweise ist willkürlich und bei jedem Maschinentyp etwas anders. Hier wurden die symbolischen Adressen in Klammern geschrieben, um Verwechslungen mit Operationsteilen zu vermeiden. Gelegentlich werden sie mit einem Zwischenraum oder einem anderen Trennzeichen unmittelbar an den Operationsteil angefügt.

Gemeint ist folgendes: Wenn die in Klammern eingeschlossene s y m b o l i s c h e   A d r e s s e ohne Operationsteil alleinsteht, so wird ihr W e r t durch die Adresse desjenigen Speicherplatzes definiert, in dem die nächste Zahl oder der nächste Befehl abgelegt werden. Wir nennen dies die V e r e i n b a r u n g der Adresse. Dieser Wert wird nun überall dort als Adreßteil eingesetzt, wo dieselbe symbolische Adresse an einen Operationsteil angefügt ist.

Nehmen wir in unserem Beispiel an, daß das Programm in Speicherplätzen ab Nr. 1900 abgelegt wird, so erhält (A) den Wert 1900, weil dies die Adresse ist, unter der der Befehl LD(Y) gespeichert wird. Entsprechend erhalten (X) den Wert 1909, (Y) 1910 und (N) 1911, weil die unten angegebenen Nullen in diesen Plätzen abgelegt werden. Das zuletzt angeführte (F) fehlt noch, das Programm ist also unvollständig.

Diese Werte werden nun vom Assembler automatisch eingefügt, so daß dasselbe Programm wie oben entsteht.

Wir betrachten jetzt die Methoden, mit denen der Assembler die aktuellen Werte der symbolischen Adressen ermittelt. Das Einfügen in den jeweiligen Befehl ist eine einfache Addition von Operationsteil und Adreßteil.

Die besondere Schwierigkeit besteht darin, daß beim Einlesen eines Befehls wie z.B. LD(N) noch nicht in jedem Fall bereits feststeht, welchen Wert (N) hat. Bei GTO(A) ist dies zwar der Fall: Der Wert von (A) wurde vorher festgelegt. Dies gilt aber nicht für (X), (Y) und (N).

Liegt die Vereinbarung vor der ersten Benutzung, so ist der Ablauf einfach: Im Inneren des Assemblers wird eine Liste aller vereinbarten symbolischen Adressen angelegt. Sobald eine neue Vereinbarung eingelesen wird, wird das aus der Buchstabengruppe gebildete Kennwort und als Übersetzung die laufende Adresse (der nächsten abzuspeichernden Information) in diese Liste eingefügt.

Tritt nun eine symbolische Adresse als Adreßteil eines Befehls auf, so wird mit dem eingelesenen Suchwort diese Liste durchsucht und, falls es in der Liste gefunden wird, die Übersetzung in den Befehl eingefügt.

Komplizierter wird das Vorgehen, wenn das Kennwort in der Liste nicht gefunden wird. Dann muß angenommen werden, daß die Vereinbarung erst später folgt. Um ein nachträgliches Eintragen des Adreßteils in den Befehl zu ermöglichen, muß die Stelle vorgemerkt werden, an der später diese Korrektur vorzunehmen ist. Wir benötigen also eine zweite Liste mit solchen V o r m e r - k u n g e n .

Wird später eine neue symbolische Adresse vereinbart, so genügt es nicht, sie in die erste Liste einzutragen, sondern es muß auch die Vormerkliste durchgesucht werden, ob dieselbe symbolische Adresse an einer oder mehreren Stellen nachzutragen ist.

Der soeben geschilderte Ablauf ist im Ablaufplan in Bild 7.1 dargestellt.

Dort wurde eine weitere Komplikation vorgesehen: Bei langen Programmen besteht der Wunsch, symbolische Adressen, die nur in einem kleinen Programmstück vereinbart und benutzt werden, möglichst bald wieder zu löschen, um die Listen kurz zu halten und um die gewählten Bezeichnungen anderweitig in anderer Bedeutung wieder verwenden zu können. (Man denke z.B. daran, wie oft der Buchstabe x in verschiedenen Bedeutungen verwendet wird.) Es ist nützlich, wenn man zwei verschiedene Listen anlegt für normale symbolische Adressen, die nach einiger Zeit vernichtet werden können, und globale, die in jedem Fall erhalten bleiben müssen, bis das Programm vollständig eingelesen ist. Beide Arten müssen sich in der externen Schreibweise in einer festgelegten Weise unterscheiden, damit ihre Einordnung möglich ist. (Dies ist nur eine unvollständige Lösung des Problems. In höheren Programmiersprachen wie ALGOL 60 sind entsprechende Fragen in Gestalt der B l o c k s t r u k t u r sehr viel allgemeiner gelöst.)

Assembler, die nach dem eben beschriebenen Verfahren Programme in einem einzigen Durchlauf übersetzen, werden o n e - p a s s - A s s e m b l e r genannt. Dem steht die andere weniger komplizierte, aber aufwendigere Möglichkeit gegenüber, in Gestalt eines t w o - p a s s - A s s e m b l e r s in mehreren Durchläufen zu arbeiten. Wenn die für das Programm eingelesenen Informationen in

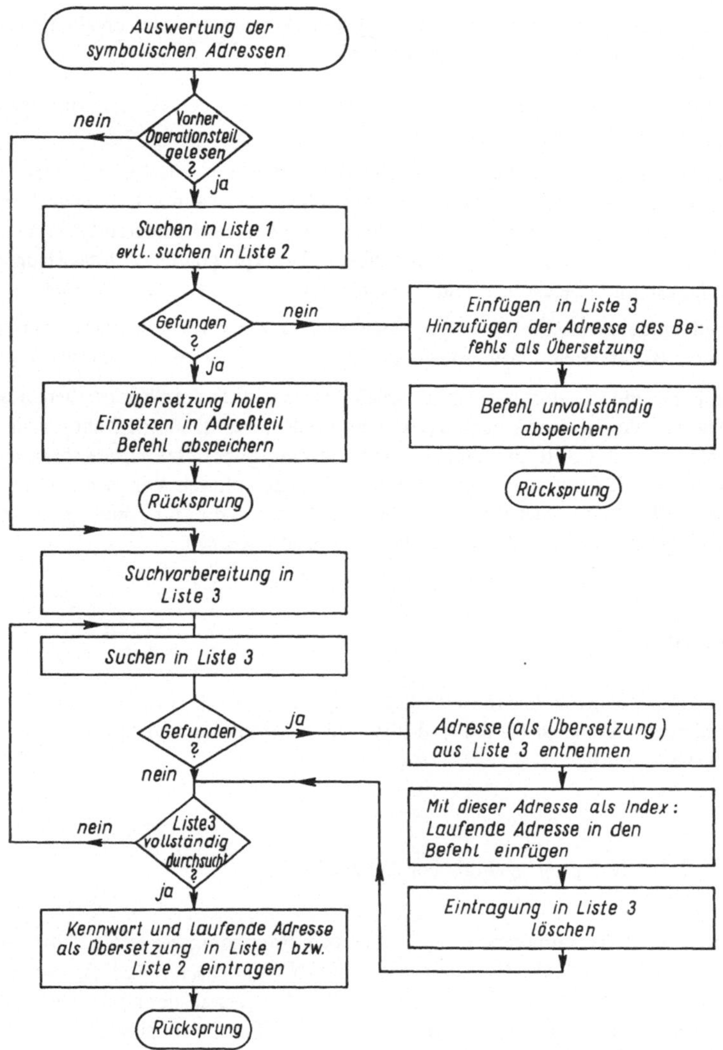

7.1
Ablaufplan für die Verarbeitung symbolischer Adressen in einem Ein-Pass-Assembler. Bekannte Adressen sind in Liste 1 oder (als globale Adressen) in Liste 2 eingetragen. Stellen, an denen noch Adressen nachgetragen werden müssen, werden in Liste 3 registriert

ihrer ursprünglichen Form sowieso aufbewahrt werden müssen, kann man in einem ersten Durchlauf nur die Vereinbarungen auswerten und anschließend wieder von vorn beginnen. Jetzt sind alle symbolischen Adressen vereinbart und können sofort in die eingelesenen Befehle eingesetzt werden. Man benötigt hier nur eine einzige Liste, was den Ablauf wesentlich vereinfacht. (Dafür können sich allerdings Schwierigkeiten bezüglich der lokalen Adressen ergeben, die gelöscht und in anderer Bedeutung wiederverwendet werden.)

Übersetzungsvorgänge in mehreren Durchläufen sind weniger bei Assemblern, dagegen sehr häufig bei Compilern anzutreffen.

Eine besondere Schwierigkeit liegt bei der Benutzung von symbolischen Adressen vor, wenn Programme in getrennten Stücken übersetzt werden sollen. Dies kann z.B. dann vorkommen, wenn ein Unterprogramm getrennt gefertigt wird, das später bei vielen anderen Programmen eingefügt werden soll. Hier werden sich einige Adreßteile des Unterprogramms auf das Hauptprogramm beziehen müssen und umgekehrt. Beide sind also eigentlich nicht getrennt einlesbar.

Es kann jedoch der Wunsch bestehen, in einem solchen Fall das Unterprogramm nur einmal einzulesen und z.B. auf einem Plattenspeicher abzulegen, um Lesezeit zu sparen.

In diesem Falle sind die internen symbolischen Adressen nach dem beschriebenen Schema auszuwerten. Die globalen können jedoch noch nicht ermittelt werden ohne Kenntnis des Hauptprogramms. Man wird das Unterprogramm also unvollständig übersetzt aufbewahren müssen. Ebenfalls müssen aber die Listen der noch nicht endgültig bearbeiteten Adressen aufbewahrt werden. Ein getrenntes Programm, der B i n d e r oder l i n k a g e   e d i t o r , muß später das Zusammenfügen der Programmstücke und die Restbearbeitung übernehmen.

Programmumfang

Assembler können je nach den an sie gestellten Ansprüchen von etwa Tausend bis zu vielen Tausend Befehlen enthalten. Zusätzlich sind Listen für die symbolischen Adressen, für benutzer-definierte Makros u.ä. nötig.

7.2.   Zerlegung algebraischer Ausdrücke

Problemorientierte Programmiersprachen sollen dem Programmierer so viel Arbeit wie möglich abnehmen. Beispiele sind ALGOL 60 und FORTRAN (vgl. Abschn. 4.3). Am weitesten fortentwickelt sind sie auf mathematischem Gebiet, weil dort in Gestalt der algebraischen Formelsprache schon lange eine weit verbreitete exakte Sprache vorlag. Für die üblichen Ein- und Ausgabegeräte (z.B. Schreibmaschinen) wird diese „zweidimensionale" Schreibweise mit Bruchstrichen, Exponenten und Indizes auf Zeilenschreibweise „eingeebnet" (linearisiert).

Die übliche mathematische Notation muß für das Programmieren lediglich ergänzt werden, insbesondere für Ein- und Ausgabeprozesse, bedingte Operationen, Wiederholungsanweisungen usw. Da es bisher nicht gelungen ist, allgemeine Gleichungen maschinell nach der Unbekannten aufzulösen, muß der Programmierer seine Gleichungen ferner in W e r t z u w e i s u n g e n umschreiben, die (ähnlich mathematischen Definitionsgleichungen) auf der linken Seite eine Größe und auf der rechten Seite einen algebraischen Ausdruck enthalten.

Damit wird die Behandlung von algebraischen Ausdrücken zum wichtigsten Problem einer mathematisch problemorientierten Programmiersprache. Sie ist so oft nötig, daß sie unbedingt zeitlich zu optimieren ist.

Eine umfassende Behandlung kann hier nicht gegeben werden, da die Compilertechnik ein zu umfangreiches Spezialgebiet ist. Es soll lediglich durch ein möglichst einfaches und übersichtliches Verfahren ein Überblick geboten werden.

Zur Veranschaulichung betrachten wir die folgende Gleichung:

$$y := -a + b - c \times (d - e) / (-f + g) + h;$$

Die dem Alphabet folgende Bezeichnung der auftretenden Größen ist willkürlich; mehrere von ihnen könnten übereinstimmen oder die Bezeichnungen beliebig variieren. Die Gleichung ist nicht für alle Schwierigkeiten repräsentativ. So können in ALGOL 60 beispielsweise auf der linken Seite mehrere Größen auftreten:

$$x := y := \ldots$$

Außerdem enthält sie weder Funktionen noch Größen mit Index. Beschränken wir uns aber vorläufig auf diesen einfachen Fall.

Das Minuszeichen tritt hier nicht nur als Rechenoperation, sondern auch als Vorzeichen vor den Größen a und f auf. Um der einheitlichen Behandlung willen verwandeln wir dieses Vorzeichen in ein Rechensymbol, indem wir Nullen ergänzen:

$$y := 0 - a + b - c \times (d - e) / (0 - f + g) + h;$$

Diese können automatisch durch die Maschine oder vorher vom Programmierer eingesetzt werden.

Die Gleichung wird in der angegebenen Form auf Lochstreifen oder Lochkarten geschrieben. Dann nimmt die Maschine sie von links nach rechts zur Kenntnis. Sofern man nicht (z.B. durch Zwischenspeichern) besondere Maßnahmen ergreift, liegt ein heranfließender Z e i c h e n s t r o m (engl. stream) vor.

Das Durchrechnen einer solchen Gleichung haben wir bereits in Abschn. 2.1 betrachtet. Es kann nicht schematisch von links nach rechts erfolgen. Hauptproblem der Umformung algebraischer Ausdrücke ist also die Erstellung der richtigen Reihenfolge der Rechenoperationen. Deuten wir die Zwischenergebnisse durch Klammern mit Nummern an, so können wir obigen Ausdruck wie folgt wiedergeben:

$$y := 0 - a + b - c \times (d - e) / (0 - f + g) + h;$$

(Die Klammern kennzeichnen die Reihenfolge der Teilberechnungen ① bis ⑩.)

Polnische Notation

Wie können wir die Reihenfolge ① bis ⑩ automatisch herstellen? Die Behandlung dieser Frage wird ermöglicht durch die u m g e k e h r t e p o l n i s c h e N o t a t i o n. (Sie wurde durch den polnischen Philosophen und Mathematiker Lukasiewicz für formallogische Rechenoperationen eingeführt, allerdings in umgekehrter Reihenfolge.) Diese Schreibweise gestattet das Vermeiden von Klammern. Sie setzt die Rechensymbole an die Stelle, an der die Rechnung wirklich durchgeführt wird. Daraus folgt, daß ein Rechensymbol nicht zwischen den beiden Operanden stehen kann, da diese ja zuerst bekannt sein müssen, sondern unmittelbar hinter ihnen. Die Operanden a, b, c usw. bleiben dabei in der alten Reihenfolge stehen.

Diese Schreibweise für die obige Formel lautet:

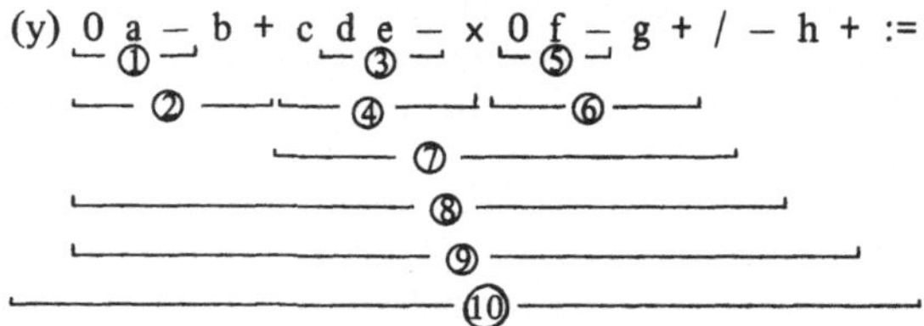

Zur Lesart dieser Gleichung: Die Größe y auf der linken Seite haben wir eingeklammert, da sie nicht mit ihrem (alten) Zahlenwert in die Rechnung eingeht, sondern da wir ihre Adresse benötigen. Die „linke Seite" der alten Gleichung fällt also aus dem Rahmen des algebraischen Ausdrucks heraus.

Der nächste Teilausdruck ist „0 a − ". Er besagt, daß 0 und a subtrahiert werden sollen. Anschließend folgt „b +": Eine Addition soll stattfinden zwischen b und dem vorhergehenden Operanden. Da dieser nicht expliziet angegeben ist, tritt der vorher berechnete Wert (repräsentiert durch das Zeichen „+") an seine Stelle.

Weiter ist zu lesen: „c d e − x". Die erste Rechenoperation ist hierbei das Minuszeichen, das sich auf die beiden unmittelbar vorhergehenden Ausdrücke d und e bezieht. Das davor stehende c wird dadurch nicht berührt, da jede Rechenoperation sich ausdrücklich auf zwei vorhergehende Operanden bezieht. Das dann folgende Malzeichen bezieht sich ebenfalls auf zwei Operanden, nämlich auf die schon berechnete Differenz (d − e) und das noch unbearbeitete c.

Die letzte Operation := sprengt den Rahmen der algebraischen Ausdrücke. Wir können auch sie in das eben betrachtete Schema einordnen, wenn wir eine Z w e i o p e r a n d e n o p e r a t i o n definieren, bei der der erste Operand durch die Adresse (y) und der zweite durch den ganzen soeben berechneten Ausdruck dargestellt wird. Ihre Durchführung bringt den Wert des zweiten Operanden in den adressierten Speicherplatz.

Der Compiler hat es mit zwei Schritten zu tun. Der erste muß die Rechensymbole der ursprünglichen Schreibweise an die Stelle transportieren, wo die Operationen wirklich ausgeführt werden. Für den zweiten müssen wir Rechenoperationen bereitstellen, die aus den jeweils zwei letzten Operanden das Ergebnis bestimmen, ohne dabei vorherige Operanden zu berühren.

Das Verfahren ist am verständlichsten, wenn man bei der Behandlung des algebraischen Ausdrucks die zugehörigen Rechenoperationen durchführt und wenn sofort das Zahlenergebnis vorliegt. Ein derartiges Arbeiten nennt man i n t e r p r e t a t i v. Durch das Umwandeln der Gleichung tritt gegenüber normalen Rechenprozessen eine erhebliche Verzögerung ein, da viele Arbeiten und Untersuchungen zusätzlich zu bewältigen sind.

In der Praxis wird meistens nicht interpretativ gearbeitet. Da Gleichungen im allgemeinen nach einmaliger Eingabe oft wiederholt gerechnet werden, ist es unpraktisch, wenn bei jedem neuen Rechenprozeß die Maschine dieselbe Gleichung wieder in die richtige Reihenfolge umwandeln muß. Günstiger ist es, alle Einzelschritte, bei denen das irgend möglich ist, beim Einlesen des Programms ein einziges Mal vorzunehmen und dann bei wiederholten Rechenvorgängen immer nur diejenigen Rechenschritte neu durchzuführen, in denen neue Variablenwerte zu berücksichtigen sind.

Man kommt so (wie auch beim Assembler) zu zwei verschiedenen Arbeitsgängen. Der erste ist das Übersetzen (C o m p i l i e r e n), bei dem die Gleichung eingelesen und präpariert wird. Letzteres bedeutet Umordnung der Rechenoperationen und Vorwegnahme aller Schritte, bei denen das möglich ist. Erst dann folgt der eigentliche Rechengang, der vom Bediener oft getrennt ausgelöst wird. Jetzt werden konkrete Zahlenwerte in die Gleichungen eingesetzt und die Rechnung durchgeführt. Wir betrachten zuerst diesen zweiten Teil ausführlicher.

Der Rechengang

Im Ausdruck „c d e −" sollte sich (wie immer) die Rechenoperation auf die letzten beiden Größen beziehen. Da während des Rechenganges die Größen in der Reihenfolge von links nach rechts geholt werden, müssen wir c zwischenspeichern. Entsprechendes gilt für manche Zwischenergebnisse. Da jede Rechenoperation sich auf die zwei l e t z t e n Werte bezieht, haben wir eine typische Kellerstruktur vor uns (vgl. Abschn. 2.1). Sie ist in Bild 7.2 dargestellt.

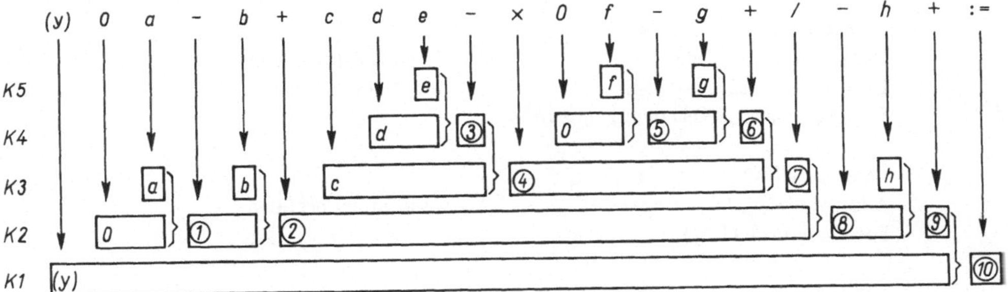

7.2
Belegung der einzelnen Kellerstufen während des Rechnens durch die Zahlenwerte der Teilausdrücke unserer Formel

Es sind insgesamt fünf übereinandergeschachtelte Kellerstufen wiedergegeben, die jeweils für die Aufnahme eines Zahlenergebnisses oder einer Adresse geeignet sind. Sie werden von unten nach oben gefüllt, soweit Bedarf besteht. Von links beginnend, finden wir dort die Auswertung des Teils (y) 0 a −. Dies bedeutet, daß (y) (also die Adresse von y) in den untersten Keller gelangt, die Null in den nächsten und das a in die dritte Kellerstufe. Das Minuszeichen besagt, daß die letzten beiden gefüllten Stufen der Rechenoperation unterworfen werden: 0 und a werden subtrahiert. Das Ergebnis muß in die untere der beiden Stufen, da die Zahlen 0 und a überflüssig geworden sind.

Als nächstes wird der Wert von b in die soeben durch a freigewordene Stufe eingefügt, danach findet die Addition statt. Die Nummer ② des Ergebnisses in K2 stimmt mit der Numerierung der früher angegebenen Klammer überein. Der Prozeß wird sinngemäß weitergeführt.

Als Teiloperation benötigen wir ein E i n k e l l e r n immer dann, wenn eine Größe (ein Buchstabe) in der Reihenfolge der polnischen Notation auftritt. Dann muß der Zahlenwert von 0, a oder b usw. in den nächsten freien Kellerplatz gebracht werden. Insbesondere wenn wir mit doppelter Wortlänge arbeiten, ist hierzu ein kleines Unterprogramm nötig. Es wird angewendet werden auf sämtliche Größen wie a, b, c usw., als Eingangsparameter benötigt es also die Adresse, unter der diese Größen abgelegt sind. Wir setzen voraus, daß diese Adresse vorher als Parameter im Akkumulator steht. Außerdem steht in einem Speicher eine Zahl KSt (K e l l e r s t u f e), die (zu Anfang bei 0 beginnend) angibt, wieviele Keller (ab Adresse (Kel)) belegt sind.

Dann hat das Unterprogramm E i n k e l l e r n die folgende Gestalt:

Operation	Wirkung
Speichere nach (Adr)	Vorbereitung
Speichere Rücksprungadresse nach (r)	
Lade Indexregister aus (Adr)	Erstes Zahlstück in den
Lade aus „0 plus Index"	Keller bringen
Lade Indexregister aus (KSt)	
Speichere nach „(Kel) plus Index"	
Lade Indexregister aus (Adr)	Zweites Zahlstück in
Lade aus „1 plus Index"	den Keller bringen
Lade Indexregister aus (KSt)	
Speichere nach „(Kel) plus 1 plus Index"	
Lade aus (KSt)	Kellerzähler erhöhen
Addiere die Zahl 2	
Speichere nach (KSt)	
Lade Indexregister aus (r)	Rücksprung
Go to „0 plus Index"	

Auch den Rechenoperationen entsprechen ähnliche Unterprogramme. Bei Gleitpunkt- und Doppelwortdarstellung sind dies im wesentlichen die früher betrachteten aus Abschn. 5.5. Sie müssen hier erweitert werden durch einige Indexregisterbefehle, die die Operanden aus den beiden höchsten Kellerstufen entnehmen und später in die niedrigere von beiden das Ergebnis zurücktransportieren. Darüber hinaus muß auch die Kellerstufe zurückgesetzt werden, da jeweils ein Keller frei wird.

Zur Durchführung der Wertzuweisung nach (y) muß erstens nicht der Wert von y, sondern die Adresse (y) in den Keller gebracht werden. Dies wird durch ein spezielles Unterprogramm besorgt.

Zweitens ist eine (scheinbare) Rechenoperation := nötig. Sie entnimmt dem oberen der beiden Kellerplätze den Zahlenwert und dem unteren die Adresse. Anschließend bringt sie (mit Hilfe eines Indexbefehls) den Zahlenwert in den dieser Adresse zugeordneten Speicherplatz. Für mehrfache Wertzuweisung ist es günstig, wenn sie nun den Zahlenwert in den unteren der beiden Kellerplätze einfügt und gleichzeitig den Kellerzähler erniedrigt.

Sind diese Unterprogramme als Betriebsprogramme in der Maschine ein- für allemal bereitgestellt, so muß der Compiler aus der angegebenen Formel das folgende Rechenprogramm als Oberprogramm erstellen. (Links ist von oben nach unten die polnische Notation sowie die Numerierung der Zwischenergebnisse wiedergegeben.)

Formelbestandteil	Zwischenergebnis	Operation
(y)		Lade als Zahl die Adresse (y)
		Unterprogrammsprung nach (Adresse einkellern)
0		Lade als Zahl die Adresse von 0
		Unterprogrammsprung nach (Zahlenwert einkellern)
a		Lade als Zahl die Adresse (a)
		Unterprogrammsprung nach (Zahlenwert einkellern)
−	①	Unterprogrammsprung nach (Substraktion)
b		Lade als Zahl die Adresse (b)
		Unterprogrammsprung nach (Zahlenwert einkellern)
+	②	Unterprogrammsprung nach (Addition)
c		Lade als Zahl die Adresse (c)
		Unterprogrammsprung nach (Zahlenwert einkellern)
d		Lade als Zahl die Adresse (d)
		Unterprogrammsprung nach (Zahlenwert einkellern)
e		Lade als Zahl die Adresse (e)
		Unterprogrammsprung nach (Zahlenwert einkellern)
−	③	Unterprogrammsprung nach (Substraktion)
x	④	Unterprogrammsprung nach (Multiplikation)
0		Lade als Zahl die Adresse von 0
		Unterprogrammsprung nach (Zahlenwert einkellern)
f		Lade als Zahl die Adresse (f)
		Unterprogrammsprung nach (Zahlenwert einkellern)
−	⑤	Unterprogrammsprung nach (Substraktion)
g		Lade als Zahl die Adresse (g)
		Unterprogrammsprung nach (Zahlenwert einkellern)
+	⑥	Unterprogrammsprung nach (Addition)
/	⑦	Unterprogrammsprung nach (Division)
−	⑧	Unterprogrammsprung nach (Substraktion)
h		Lade als Zahl die Adresse (h)
		Unterprogrammsprung nach (Zahlenwert einkellern)
+	⑨	Unterprogrammsprung nach (Addition)
:=	⑩	Unterprogrammsprung nach (Wertzuweisung)

7.3. Das Übersetzen

Alle in Abschn. 7.2 beschriebenen Schritte beziehen sich auf das Durchrechnen der Gleichung. Im folgenden soll uns das vor dem Rechengang erforderliche Übersetzen beschäftigen.

Wie wollen wir die ursprüngliche mathematisch geschriebene Gleichung in p o l n i s c h e N o t a - t i o n umwandeln und diese durch die entsprechenden Befehle ersetzen?

Für die Reihenfolge der Operationen benutzen wir hier eine O p e r a t o r - P r i o r i t ä t s f u n k - t i o n (andere Verfahren werden in Abschn. 7.4 betrachtet). Einige Rechenoperationen sind vor- rangig durchzuführen („Punktrechnung geht vor Strichrechnung"): In einem Ausdruck wie u + v x \ muß das Produkt v x w gebildet werden, bevor die Addition ausgeführt werden kann. Dazu werden wir jeder Rechenoperation eine P r i o r i t ä t zuordnen, also eine Zahl, deren Größe an- gibt, ob sie, verglichen mit einer anderen Operation, vorrangig stattfinden soll. Man könnte im vor- liegenden Fall der Addition und der Subtraktion die Priorität Null und der Multiplikation und Di- vision die Priorität 1 geben.

Nun gibt es aber (insbesondere in ALGOL 60) noch andere Rechenoperationen, die in dieses Prio- ritätsschema einzuordnen sind. Hierzu zählen mathematische Funktionen und Potenzen. Auch ein Vergleich wie „a > b" stellt in ALGOL 60 eine Rechenoperation dar. Allerdings ist das Er- gebnis nicht eine reelle Zahl, sondern eine logische Größe, die den Wert 'true' oder 'false' (wahr oder falsch) annehmen kann (je nachdem, ob a wirklich größer als b ist oder nicht). Außerdem können derartige logische Ergebnisse mit Hilfe der Operationen 'and' , 'or' usw. kombiniert wer- den. Aus dem ALGOL 60-Report ergibt sich die folgende Vorrangordnung:

Priorität	Operation
10	Funktionen
9	'power'
8	x /
7	+ −
6	'less' 'greater' 'notless'
	'notgreater' 'equal' 'notequal'
5	'not'
4	'and'
3	'or'
2	'impl'
1	'equiv'
0	:= ;

„Inoffiziell" und aus dem Rahmen herausfallend wurden Funktionen, Ergibtzeichen und Semiko- lon hinzugefügt. Links stehen die von uns benutzten Prioritäten.

Diese Reihenfolge wird unterbrochen durch Klammersetzung, z.B. in u x (v + w). Hier muß die Addi- tion zuerst stattfinden. Unsere Prioritätszahl läßt sich auch hier einführen, wenn wir bei jeder Klammersetzung alle Rechenoperationen innerhalb der Klammer mit einer höheren Priorität ver- sehen. Wir führen eine zusätzliche K l a m m e r p r i o r i t ä t ein, die zu Anfang den Wert Null erhält, jedesmal beim Öffnen der Klammer jedoch um 100 erhöht wird (in dual arbeitenden Ma- schinen ist z.B. 16 günstiger). Wird eine Klammer geschlossen, so müssen wir um 100 zurückzähzählen. Die e n d g ü l t i g e P r i o r i t ä t setzt sich aus der K l a m m e r p r i o r i t ä t und der Z e i c h e n p r i o r i t ä t zusammen.

Für die ursprünglich von uns betrachtete Gleichung erhalten wir die folgenden Prioritäten:

$$y := 0 - a + b - c \times (d - e) / (0 - f + g) + h;$$
$$0 \quad 7 \quad 7 \quad 7 \quad 8 \quad 107 \quad 8 \quad 107 \quad 107 \quad 7 \quad 0$$

Geschachtelte mehrfache Klammersetzung würde automatisch durch Werte über 200 bzw. 300 usw. erledigt.

Welche Gestalt hat das Umwandlungsschema? Wir gehen nicht nach a b s o l u t e r P r i o r i t ä t, sondern von links nach rechts nach r e l a t i v e r P r i o r i t ä t vor. Sobald auf eine Rechenoperation eine solche mit höherer Priorität folgt, kann die vorhergehende noch nicht ausgeführt werden. Da ohnehin jede Operation erst durchgeführt werden kann, wenn beide Operanden vorliegen, können wir den Vorgang so beschreiben: Immer wenn ein Rechensymbol einläuft, kann dies noch nicht bearbeitet werden, es wird aber die letzte noch nicht durchgeführte Rechenoperation daraufhin untersucht, ob ihre Priorität größer oder gleich der neuen ist. Ist dies der Fall, so erfolgt deren Bearbeitung. Die Untersuchung muß genau so fortgesetzt werden mit der dann vorhergehenden Operation. Eventuell ist auch diese jetzt an der Reihe. Das Verfahren wird fortgesetzt, bis die vorhergehende Operation niedrigere Priorität hat bzw. bis alle Operationen abgearbeitet sind. In Bild 7.3 ist durch Pfeile diese Umordnung angegeben.

Wie wird man dies technisch am besten durchführen? Man muß für die Rechenoperationen wieder

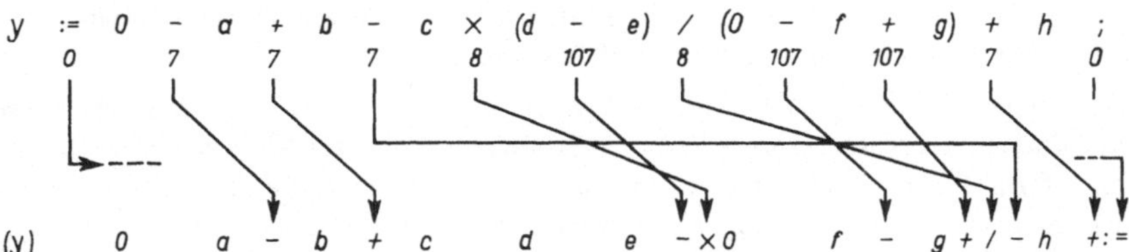

7.3 Umordnung der Rechenoperationen nach ihrer Priorität (alle früheren Operationen mit höherer oder gleicher Priorität werden jeweils ausgeführt)

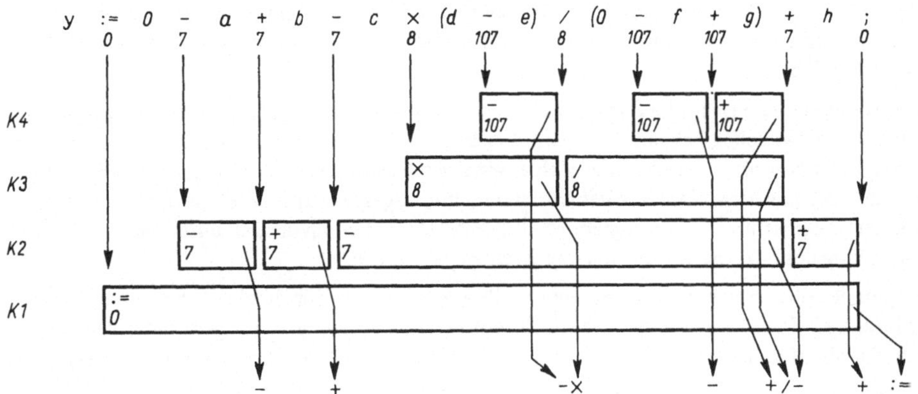

7.4
Belegung der einzelnen Kellerstufen während des Übersetzens durch die Rechenoperationen. (In jeder Stufe werden Operation und Priorität registriert)

einen Keller anlegen, da diese ja von der betrachteten Stelle aus rückwärtsschreitend verglichen werden müssen. Man beachte aber, daß diese Kellerbearbeitung während der Übersetzung stattfindet und nicht (wie bei den Zwischenergebnissen und Variablen) während des Rechenganges. Die Umordnung und die Belegung der Kellerplätze zeigt Bild 7.4. In jedem Kellerplatz wird die durchzuführende Operation und die ihr zugeordnete Prioritätsstufe abgelegt.

Sobald eine neue Rechenoperation einläuft, deren Priorität kleiner oder gleich ist, wird der betreffende Keller geleert und die Rechenoperation in das Programm eingefügt. Dadurch können unmittelbar nacheinander mehrere Stufen auf einmal geleert werden. Als letztes schließlich muß das neue Rechensymbol in den niedrigsten freigewordenen Keller eingefügt werden.

Nun zur technischen Durchführung. Das Einlesen und Auswerten der einzelnen Rechensymbole erfolgt mit Hilfe eines Tabellenverfahrens (vgl. Abschn. 2.4). Wenn wir nur Einzelbuchstaben als Größen zulassen, können wir durch einen Trick die Arbeit erleichtern, indem wir jedem Buchstaben des Alphabets einen festen Speicherplatz (oder zwei) für den Zahlenwert zuordnen. Verwendet man andere Bezeichnungen, ist dies wegen der verfügbaren Speichergröße nicht mehr durchführbar. Wir müssen dann die Größen in eine Tabelle als Kennworte eintragen bzw. dort aufsuchen (vgl. Abschn. 3.3). Dies soll uns hier nicht näher beschäftigen.

Was hat unser Compiler zu tun, wenn ein i d e n t i f i e r , also ein Buchstabe, einläuft? Er muß dann in das entstehende Programm zwei Befehle einfügen. Der erste von beiden holt die Adresse des betreffenden Speicherplatzes in den Akkumulator, der zweite ist ein Unterprogrammsprung auf das Einkellern. Bild 7.5 zeigt tabellarisch die Ausführung.

Die laufende Adresse gibt dabei an, an welcher Stelle des entstehenden Programms wir uns befinden, wohin also der nächste zu erstellende Befehl gespeichert wird.

Läuft ein Rechensymbol ein, so wird dieses ebenfalls mit unserer Tabelle entschlüsselt. Sie wird uns den Adreßteil des später erforderlichen Unterprogrammsprungs und zweitens die Operator-Priorität liefern. (Will man beide in einer Tabelle unterbringen, kann dies in Gestalt von gesplitteten Worten geschehen.) Nun erfolgt ein Vergleich der Prioritäten (plus Klammerpriorität). Stehen im Keller Informationen mit derselben oder größerer Priorität, so werden die entsprechenden Kelleroperationen in Gestalt der ihnen zuzuordnenden Unterprogrammsprünge, deren Adresse ja auch im Keller steht, in das Programm eingefügt. Dabei muß der Kellerzähler jeweils erniedrigt werden. Anschließend wird die Information über die neue Operation in den Keller eingesetzt (und der Zähler wieder um Eins erhöht). Es ergibt sich für Rechenoperationen der Ablaufplan in Bild 7.6.

Eine Ausnahmerolle spielt die Zuweisung := . Wenn sie gelesen wird, ist die vorhergehende Größe (hier y) schon wie oben behandelt worden. Das ist aber falsch; für y benötigen wir einen anderen Unterprogrammsprung, der nicht den Zahlenwert, sondern die Adresse in den Keller bringt. Bei Einlaufen des Zeichens := muß daher der letzte schon abgespeicherte Befehl vernichtet und an seine Stelle der richtige Unterprogrammsprung gesetzt werden. Im übrigen unterscheidet sich die Auswertung des := nicht von den übrigen Rechenoperationen.

Eine Sonderrolle spielen die K l a m m e r n . Ihre Auswertung: Sobald eine Klammer einläuft, wird (durch Tabellenauswertung) auf ein Unterprogramm gesprungen. Bei geöffneter Klammer muß dies die Klammerpriorität um 100 erhöhen, bei geschlossener Klammer um 100 verkleinern.

Die Auswertung des S e m i k o l o n s unterscheidet sich von den Rechenoperationen insofern, als hier keine Operation in den Keller aufgenommen wird.

Am Anfang unserer Gleichung y := −a + . . . standen wir vor der Aufgabe, eine Null einzufügen:

y := 0 − a + . . . Dies kann leicht automatisch geschehen, wenn wir in Bild 7.5 und 7.6 einige
Schritte einfügen. Wir füllen einen dafür zu reservierenden Speicherplatz (fn) während des Übersetzens mit einer Null, sobald das Zuweisungszeichen := oder die geöffnete Klammer (einläuft.
Die diesen beiden Zeichen zugeordneten Programmstücke erhalten dafür einen oder zwei zusätzliche Befehle.

7.5 Zusammenstellung der Schritte
beim Lesen eines „identifier"
(also eines Buchstaben)

7.6
Zusammenstellung der Schritte
beim Lesen eines Rechensymbols

Bei der Übersetzung jedes Rechensymbols müssen wir nun abfragen, ob dieser Speicher (fn) eine
Null enthält. Liegt dieser Fall vor, ist eine Befehlsfolge für „Bringe eine Null in den obersten Keller" in das Programm einzufügen und außerdem der Speicher (fn) mit einer −1 zu füllen. − Wenn
ein Buchstabe übersetzt wird, muß (fn) ebenfalls auf −1 gesetzt werden.

Will man aus obigen Beschreibungen zu Studienzwecken einen kleinen arbeitsfähigen „Mini-Compiler" erstellen, so fehlen in erster Linie noch read- und print-Befehle. Provisorisch kann man für sie einen Pufferspeicher (z.B. p) verwenden und zwei hier nicht benutzte Zeichen in geeignete Unterprogrammsprünge übersetzen, die das Lesen einer Zahl nach (p) bzw. das Ausdrucken der in (p) stehenden Zahl auslösen.

Verbesserungen

Das beschriebene Verfahren ist für eine umfangreiche Programmiersprache nicht universell genug und auch unrationell. Es enthält viele überflüssige Schritte, die den Rechengang verzögern. Die Tendenz der Compilertechnik geht dahin, den Rechengang so schnell wie möglich zu gestalten, auch wenn der Compiler komplizierter (und die Übersetzungszeit größer) wird. Es sei dahingestellt, ob diese Strategie für alle Anwendungsfälle günstig ist.

Unser Vorgehen wurde durch drei Dinge gekennzeichnet: Den Rechenkeller, den Übersetzerkeller und die Prioritätsfunktion. Der Rechenkeller ist allgemein üblich und kaum durch ein besseres Verfahren zu ersetzen. Hingegen müssen Übersetzerkeller und Prioritätsfunktion näher betrachtet werden.

Das Kellerprinzip

Mit Hilfe einer Kelleranordnung lassen sich auch Anweisungen wie for- und if-statements bearbeiten. Auf den ersten Blick ist das erstaunlich. Ausnahmen sind in der Tat nötig: Gelegentlich muß man auf einige etwas tiefer liegende Kellerstufen zurückgreifen. Diese Fälle sind aber selten bzw. lassen sich umgehen.

Die gute Anwendbarkeit der Kellerung wird durch eine geeignete Definition der Sprachen möglich, die gerade unter dem Aspekt guter Übersetzbarkeit entworfen wurden.

Aber das ist nicht der einzige Grund. Denken wir daran, daß Programme nicht nur übersetzbar, sondern auch (ebenso wie die Umgangssprache) für Menschen gut verständlich sein müssen. Auch wir müssen syntaktische und semantische Zusammenhänge erkennen können. Was bedeutet das?

Am einfachsten ist ein Zusammenhang erkennbar, wenn die zu verbindenden Teile (z.B. Subjekt und Attribut) unmittelbar neben einander stehen. Eine Kellerverarbeitung ist dann gut möglich.

Zusammenhänge zwischen weiter auseinander liegenden Teilen sind gegeben, wenn zwischen ihnen eine Einfügung steht. In der Umgangs-Schreibsprache setzt man diese in Klammern, in Kleindruck o.ä. In der Mathematik werden Argumente, Indizes und zusammengesetzte eingefügte Ausdrücke ebenfalls in Klammern gesetzt. Gerade für diese wurden aber Keller zuerst eingeführt: Jeder Klammerstufe entspricht eine Kellerstufe. Beim Ineinanderschachteln entsteht ein „Klammergebirge", das unserer Kellerbelegung in Bild 7.4 genau entspricht.

Auch Ausdrücke bzw. Anweisungen, die in ALGOL 60 zwischen **begin** und **end** bzw. **for** und **do** bzw. **if, then, else** und Semikolon stehen, können in diesem Sinne als eingeklammert gelten. Ebenfalls ersetzen die Vorrangregeln der Rechenoperationen sonst benötigte Klammern.

Treten in Sprachen Zusammenhänge zwischen weiter auseinanderliegenden Teilen auf, ist es nötig, die zusammengehörenden Teile zu kennzeichnen. In Büchern geschieht das durch Durchnumerieren der Fußnoten, Literaturhinweise und mathematischen Formeln. In Gestalt von Definitionen werden Bezeichnungen eingeführt (z.B.: Eine Halbgruppe mit Einselement heißt Monoid), die alle Stellen verbinden, an denen die Stichworte (hier Monoid) auftreten. In Programmiersprachen liegt das gleiche (in starrer Normung) in Gestalt der N a m e n oder I d e n t i f i e r vor.

Da mit ihnen „überregionale" Zusammenhänge dargestellt werden sollen, versagen Kellerverfahren. Steht am Anfang des Programms **real** x, a, g, y; und später y:=x; so werden die Größen x und y nicht gerade genau in den obersten Positionen des Kellers automatisch auftauchen.

Hier sind Tabellen nötig, in denen man alle Bezeichnungen registriert und bei jedem Auftreten aufsucht. Im allgemeinen wird die Vereinbarung vor dem Aufruf des Namens liegen, er wird dann bei Bedarf in der Tabelle gefunden. Andernfalls ist eine nachträgliche getrennte Verarbeitung aller Namen in einem späteren Durchlauf (pass) nötig oder ein Vorgehen wie bei den symbolischen Adressen in 7.1. Hier wird der Rahmen der Kellerstruktur gesprengt.

Die in der Tabelle enthaltene Übersetzung enthält in erster Linie eine Adresse, zweitens aber (durch Kennummern) auch Angaben über die Bedeutung des Namens (**real, integer** usw.) und weitere Hinweise.

Daß die so als zusammenhängend gekennzeichneten Teile (z.B. Prozedurvereinbarung und Aufruf) beim Einlesen schon getrennt verarbeitet werden können, ist ein Entgegenkommen gegenwärtiger Programmiersprachen.

Sobald dies nicht mehr der Fall ist, läßt sich die betreffende Sprache nicht mehr in einem Durchlauf übersetzen. Der eingelesene Text muß dann (wie in den meisten größeren Compilern ohnehin üblich) im Speicher der Maschine vollständig abgelegt werden. In verschiedenen Durchläufen geht der Compiler wieder und wieder den ganzen Text durch und führt jeweils einzelne ganz bestimmte Schritte durch. Dabei können natürlich auch Teile des eingelesenen Programms an einer Stelle entfernt und an einer anderen Stelle eingefügt werden. Ebenfalls kann man bei einem derartigen Durchlauf gemeinsam benötigte Informationen von verschiedenen Stellen des Programms zusammensuchen und gemeinsam verarbeiten lassen.

Unangenehm sind beim Compilieren Symbole, die in vielen verschiedenen Bedeutungen auftreten können. Beispielsweise trifft dies in ALGOL 60 für Komma, Semikolon, Doppelpunkt und Klammern zu. Ein Programmstück als Beispiel:

> . . .
>
> m: **for** k:=1, 2 **step** 3 **until** 8, 18 **do begin array** a, b [n [k, [ℓ] : f(x,y), 2 : 7],
> c [2:5]; **procedure** g(x,y); **real** x,y; v:= (x+y) x k;
>
> . . .

Die Kommata trennen nahezu jedesmal etwas anderes und müssen dann auch verschieden übersetzt werden. Erstaunlicherweise bereitet das bei einem Kellerverfahren wenig Schwierigkeiten: Nach geeigneten Maßnahmen läßt sich aus der jeweils letzten vorhergehenden Kellerstufe erkennen, welche Bedeutung gemeint ist.

Das Verarbeiten

Wie bei den Rechensymbolen hängt auch in den zuletzt betrachteten Fällen die Art der Verarbeitung nur von dem eingelesenen Symbol und dem Inhalt des obersten Kellers ab. Bei den Rechenoperationen haben wir zur Ermittlung der auszuführenden Schritte (Einkellern, Abspeichern usw.) die Prioritätsfunktion eingeführt. Bei der Bearbeitung komplizierterer Fälle genügt das nicht mehr, da die erforderlichen Schritte zu vielfältig sind.

Man wird dann für jede mögliche Kombination von eingelesenem Zeichen und oberstem Kellerinhalt ein kleines Unterprogramm des Compilers schreiben, das im richtigen Fall aufgerufen werden muß. In der Praxis sind erhebliche Einsparungen möglich, da viele Kombinationen auf gleiche oder ähnliche Schritte und daher auf gleiche Unterprogramme führen.

Für die Auslösung des richtigen Unterprogramms sind verschiedene Methoden möglich. Die einleuchtendste unter ihnen benutzt eine Matrix wie in Bild 7.7. Jedem eventuell gelesenen Zeichen entspricht eine Zeile, jedem möglichen Kellerwert eine Spalte. Als Matrixelemente sind die jeweils benötigten Sprungbefehle einzutragen. Die Speicherzuordnungsfunktion berechnet sich aus neuem Zeichen und oberstem Kellerinhalt.

Neu gelesenes Symbol	Im obersten Keller befindliches Symbol								
	+	−	x	/	(	)	:=	;	...
+									
−									
x									
/									
(									
)									
:=									
;									
⋮									

7.7 Schema für eine Matrix zur Ermittlung der Priorität bei komplizierteren Verhältnissen. In den einzelnen Zellen stehen Sprungbefehle auf die jeweils aktuellen Teilprogramme oder entsprechende Informationen

Nachteil dieses Verfahrens ist der Speicherbedarf für die Matrix. Da viele ihrer Elemente den gleichen Inhalt haben, d.h. auf gleiche Programme (oder auch Alarmmeldungen) führen, sind Einsparungen möglich.

So kann man an Stelle der Matrix sog. Produktionsregeln verwenden: In tabellarischer Form werden die möglichen Fälle und die durchzuführenden Schritte formalisiert zusammengestellt. Beim Übersetzen wird diese Tabelle nach dem vorliegenden Fall durchsucht und die für diesen angegebenen Schritte durchgeführt. Dieser ist wieder charakterisiert durch das zu bearbeitende Symbol und den obersten Kellerinhalt.

Andere Sprachen

Alle obigen Betrachtungen bezogen sich auf l i n e a r e Sprachen, die wie die Umgangssprache unmittelbar eine zeitliche Reihenfolge beim Sprechen, Lesen und Eingeben in die Maschine gestatten. Sehr viel schwieriger sind entsprechende Probleme bei der Bearbeitung zweidimensionaler Bilder, Konstruktionszeichnungen, Graphen u.ä. Man wird diese wohl immer in eine linear angeordnete Informationsmenge umwandeln müssen (vgl. dazu Bäume in Abschn. 3.3, Matrizen in Abschn. 3.2, elektrische Netzwerke in Abschn. 9.2).

7.4. Syntaxanalyse

In den letzten Jahren haben Methoden der Syntaxanalyse beim Compilieren Bedeutung gewonnen. Wir wollen sie an einem Beispiel illustrieren.

Bei der Definition von Programmiersprachen unterscheidet man S y n t a x und S e m a n t i k. Die Syntax (Lehre vom Satzbau) gibt die formalen Regeln an, nach denen Gleichungen und andere Anweisungen aufgebaut sein müssen. Sie legt z.B. fest, daß nicht zwei Pluszeichen direkt hintereinander stehen dürfen, ferner wie arithmetische Gleichungen zu schreiben sind usw.

Bei der Semantik handelt es sich um die Lehre von der Bedeutung der Zeichen. In den semantischen Teilen einer Sprachdefinition wird z.B. festgelegt, welcher Zahlenwert einer bestimmten Schreibweise zuzuordnen ist (statt des Dezimalsystems sind ja auch andere Zahlensysteme denkbar) und welche Funktion unter welcher Abkürzung zu verstehen ist. Zur Semantik sind aber auch einige nicht formalisierte Regeln für die Schreibweise von Programmen zu rechnen. Dazu kann z.B. die Festlegung gehören, daß jede Größe vor ihrer Benutzung unter „real", „integer" usw. vereinbart werden muß.

Formalisierte Regeln sind bisher fast nur für die Syntax und kaum für die Semantik aufgestellt worden. Letztere wird in den gängigen Programmiersprachen meist umgangssprachlich beschrieben.

Zwar stellt jeder Compiler eine formalisierte Semantik dar. Er schildert in schematischer Form (nämlich in der Assemblersprache, in der er geschrieben ist), was bei den einzelnen Schritten eines Programms zu geschehen hat. Eine bessere formalisierte Beschreibung der Semantik wäre an sich nicht denkbar. Die Schwierigkeit besteht nur darin, daß für verschiedene Rechenanlagen verschiedene Compiler existieren; sie alle sollten theoretisch eine gleichwertige formalisierte Beschreibung der Semantik angeben. Es ist nicht möglich, unter diesen gleichwertigen Beschreibungen eine einzige auszuzeichnen, und es ist praktisch auch nicht möglich, mit formalen Methoden festzustellen, ob zwei Compiler wirklich gleich sind. Streng genommen sind sie keineswegs gleich, da sie oft mit verschiedener Wortlänge oder verschiedenen Zahlendarstellungen arbeiten und demzufolge beim Rechnen voneinander abweichende Ergebnisse liefern.

Es ist bisher noch nicht allgemein gelungen, semantische Vorschriften eindeutig zu formalisieren. Im Gegensatz dazu wurden bei der Syntax formale Methoden (die B a c k u s - N o t a t i o n) schon im ALGOL 60-Report verwendet. Wir geben ein vereinfachtes Beispiel, in dem der Übersichtlichkeit halber wesentliche Eigenschaften von ALGOL 60 fortgelassen bzw. geändert wurden:

⟨Variable⟩ : := a|b|c| . . . u|v|w|x|y|z
⟨Additionsoperator⟩ : := + | −
⟨Multiplikationsoperator⟩ : := × | /
⟨Faktor⟩ : := ⟨Zahl⟩ | ⟨Variable⟩ | (⟨Ausdruck⟩)
⟨Term⟩ : := ⟨Faktor⟩ | ⟨Term⟩ ⟨Multiplikationsoperator⟩ ⟨Faktor⟩
⟨Ausdruck⟩ : := ⟨Term⟩ | ⟨Ausdruck⟩ ⟨Additionsoperator⟩ ⟨Term⟩

In diesen Definitionsgleichungen werden die links in spitzen Klammern ⟨ ⟩ angeführten Bezeichnungen definiert durch die auf der rechten Seite des Gleichheitszeichens : := stehenden. Dies ist zu lesen als „kann aufgebaut werden aus". Die rechts stehenden Symbole oder Bezeichnungen werden durch einen senkrechten Strich | getrennt, der zu lesen ist als „oder". In spitzen Klammern stehen Bezeichnungen; die wirklichen Symbole der Sprache stehen ohne diese Klammern.

Die erste Zeile besagt somit, daß jeder Buchstabe eine ⟨Variable⟩ sein kann. Die entsprechende Definition der ⟨Zahlen⟩ (ohne Vorzeichen) wurde fortgelassen und muß in einer vollständigen Beschreibung natürlich vorher gegeben sein. Der zweiten Zeile zufolge können sowohl + als auch — als ⟨Additionsoperatoren⟩ auftreten. Interessant ist die vierte Zeile, der zufolge u.a. ein in runde Klammern gesetzter (⟨Ausdruck⟩) ein ⟨Faktor⟩ sein kann. Die fünfte Zeile zeigt, daß jeder ⟨Term⟩ entweder ein alleinstehender ⟨Faktor⟩ oder eine Aneinanderreihung von ⟨Term⟩ ⟨Multiplikationsoperator⟩ ⟨Faktor⟩ ist.

Die Gleichungen sind so zu verstehen, daß die links definierten Begriffe nur auf die angegebenen Arten gebildet werden können. Andererseits braucht nicht jeder rechts stehende Ausdruck unter den links definierten Begriff zu fallen. Das unten angegebene Beispiel illustriert das.

In Zusammenhang mit der Umgangssprache sind insbesondere von dem amerikanischen Sprachforscher Noam Chomsky linguistische Bezeichnungen eingeführt worden, die auch in den Programmiersprachen benutzt werden. Danach ist durch die obigen Definitionen (dort R e g e l n genannt) eine G r a m m a t i k gegeben, die eine Untersuchung gestattet, ob ein S a t z (hier: ein algebraischer Ausdruck) a k z e p t a b e l, d.h. syntaktisch richtig ist.

Es handelt sich bei unserem Beispiel um eine P h r a s e n - S t r u k t u r - Grammatik. Unter einer Phrase versteht man nämlich eine Menge von nebeneinander stehenden Wörtern (hier: ⟨Variable⟩, ⟨Additionsoperatoren⟩ usw.), die sachlich zusammengehören und gemeinsam einen Bestandteil des Satzes bilden. Solche Phrasen treten auf in Gestalt der ⟨Ausdrücke⟩, ⟨Terms⟩ usw. Unsere Regeln gestatten den schrittweisen Aufbau eines Satzes aus einzelnen derartigen Phrasen.

Die angegebenen Regeln sind r e k u r s i v: Wir können z.B. aus einem ⟨Term⟩ und weiteren Bestandteilen einen neuen ⟨Term⟩ bilden und dieses Verfahren beliebig oft fortsetzen. Nur so sind wir in der Lage, mit endlich vielen Regeln theoretisch unendlich viele verschiedene Programme zu schreiben.

Darüber hinaus sind unsere Regeln l i n k s -rekursiv. Wenn nämlich innerhalb eines ⟨Terms⟩ ein anderer ⟨Term⟩ enthalten ist, so steht dieser auf Grund der Regel

⟨Term⟩ : := . . . | ⟨Term⟩ ⟨Multiplikationsoperator⟩ ⟨Faktor⟩

immer links von den anderen Bestandteilen. Entsprechendes gilt für ⟨Ausdruck⟩. Die Linksrekursivität hat Konsequenzen für den Analyse- und Übersetzungsvorgang. (Obige Definitionen enthalten allerdings indirekt noch eine andere Rekursivität).

Von großer Wichtigkeit ist, daß obige Grammatik k o n t e x t f r e i ist. Der Kontext ist der Zusammenhang (d.h. die Umgebung), in dem die Ersetzungen vorgenommen werden können. So können wir in jedem Fall ohne Einschränkungen einen ⟨Faktor⟩ in der beschriebenen Weise bilden unabhängig davon, welche weiteren Textteile links oder rechts von diesem ⟨Faktor⟩ stehen.

Chomsky hat bewiesen, daß kontextfreie Phrasen-Struktur-Grammatiken immer auf Keller-Automaten führen, also eine Übersetzung im oben betrachteten Rahmen zulassen.

Da mit formalen Methoden versucht wird, alle Programmiersprachen aufzubauen, ist es einleuchtend, daß man diese Definition einer Programmiersprache nun auch verwenden möchte, um Programme zu analysieren und zu übersetzen. Man hat dann nämlich die Sicherheit, daß wirklich fehlerfrei nach den Regeln der Sprachdefinition übersetzt wird, und man hat außerdem die Möglichkeit, Compiler schematisch aufzubauen. Da leider die Entwicklung nicht zu einer einzigen Programmiersprache, sondern zu einer Fülle verschiedener Sprachen tendiert, wäre die automatische Erstellung von Compilern außerordentlich nützlich.

Die Untersuchung von arithmetischen Ausdrücken, Gleichungen und ganzen Programmen mit Hilfe dieser Formalismen nennt man S y n t a x a n a l y s e. Da zur Übersetzung auch die Semantik gehört, erhält man in erster Linie durch die Syntaxanalyse nur eine formale Kontrolle des Programms und nicht unmittelbar eine Übersetzung.

Wir betrachten die Auswertung des Ausdruckes

u + v x w

Mit Hilfe des Compilers wird versucht, die obigen formalen Regeln auf diesen Ausdruck anzuwenden. Wir gehen dabei von links nach rechts vor (was in diesem Fall ungeschickt ist) und betrachten eine b o t t o m - u p - M e t h o d e (von unten nach oben):

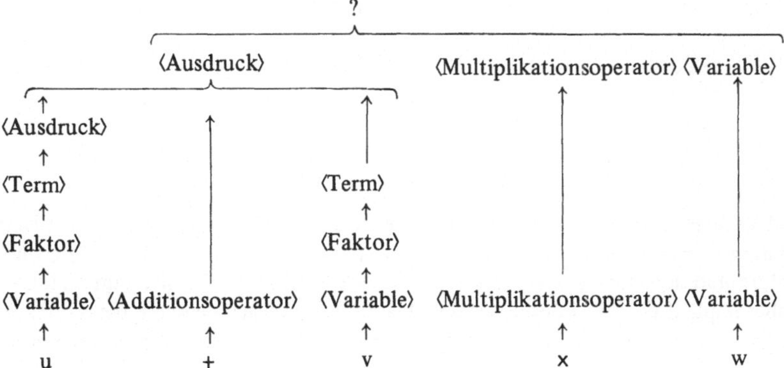

Auf diesem Weg von unten nach oben befindet sich der Vorgang nun in einer „Sackgasse": Wir werden unter diesen Umständen den Multiplikationsoperator nicht beseitigen können.

Der Fehler ist, daß wir zuerst u + v zusammengefaßt haben und nun mit w multiplizieren wollen, während die Reihenfolge der Rechenoperationen zuerst ein Zusammenfassen von v x w erfordert. Die Priorität der Rechenoperationen ist gerade durch die formalen Regeln festgelegt.

Wir müssen das Übersetzungsverfahren mit anderer Aufgliederung nochmals durchführen, die zum Ziel führt:

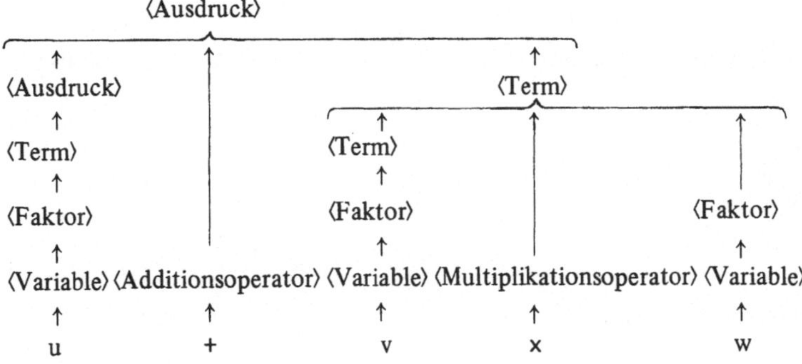

Sobald also ein Zusammenfassungsversuch in einer „Sackgasse" geendet hat, muß mit einer anderen Aufteilung ein neuer Versuch vorgenommen werden, bis endlich einer der Versuche erfolgreich war.

Ein naheliegender Weg zur scheinbaren Vermeidung von Sackgassen benutzt die Tatsache, daß das Ergebnis der Analyse ein ⟨Ausdruck⟩ sein muß. Man untersucht nun (gewissermaßen von oben nach unten) in Gestalt einer t o p - d o w n - A n a l y s e, wie dieser im vorliegenden Fall zusammengesetzt ist.

Aber auch das führt hier in eine Sackgasse, wenn man von links nach rechts vorgeht:

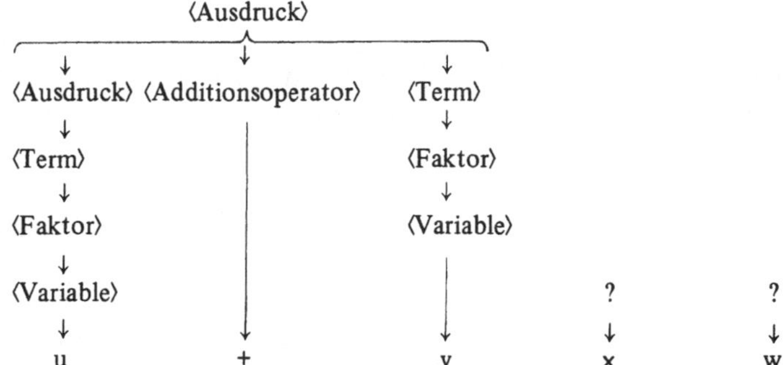

Es sind Verbesserungen möglich. Man kann die Reihenfolge der Abfragen, ob eine Definitionsgleichung zu einer Vereinfachung führt, zu einer Beschleunigung verwenden. Versucht man zuerst den ⟨Multiplikationsoperator⟩ zu „vernichten", so kommt man schneller zum Ziel. Dabei benutzt man aber implizit die Prioritätsangabe der Operationen, die gerade durch die Syntaxregeln ersetzt werden soll. Außerdem hilft diese richtige Reihenfolge bei Klammersetzung auch nicht in jedem Fall.

Es ist erfolgreich versucht worden, formale Syntaxdefinitionen (wie die oben angegebene) mit schematischen Schritten so in P r o d u k t i o n s r e g e l n und (bzw. oder) eine Anzahl von Tabellen umzuschreiben, daß deren Benutzung Sackgassen vermeidet. Die Programmierung wird dann einfacher und das Übersetzen schneller. Wir wollen darauf nicht näher eingehen.

Zu einem günstigen Überblick führen die Syntaxregeln, wenn man mit ihrer Hilfe einen Z e r - l e g u n g s b a u m aufstellt und untersucht. Bild 7.8 zeigt ihn für u + v x w und Bild 7.9 für das interessantere Beispiel

$$- a + b - c \times (d - e) / (- f + g) + h$$

Jede (nach oben führende) Zusammenfassung kommt auf Grund der genannten Regeln zustande.

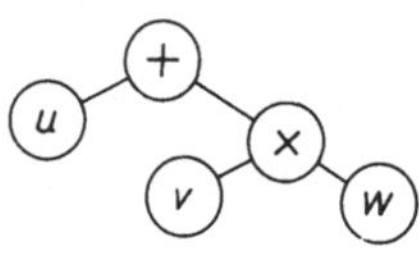

7.8
Baumdarstellung für die Berechnung
von u + v x w

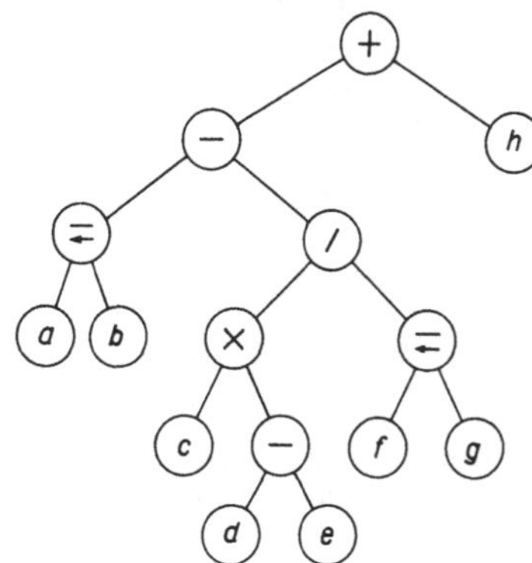

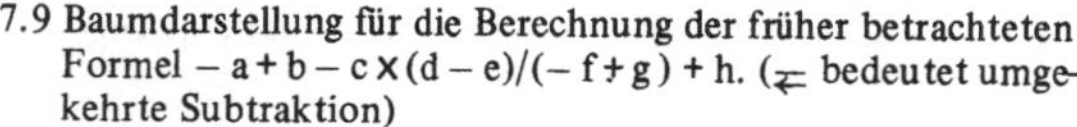
7.9 Baumdarstellung für die Berechnung der früher betrachteten
     Formel − a + b − c x (d − e)/(− f + g) + h. (⇌ bedeutet umge-
     kehrte Subtraktion)

Ein Compiler sollte das übersetzte Programm so erstellen, daß an den tiefsten Stellen der Rechengang begonnen wird, da dann das Abspeichern von Zwischenergebnissen weitgehend vermieden wird.

Der Unterschied zu dem von uns im vorigen Abschnitt betrachteten Prioritätsverfahren besteht dann im wesentlichen darin, daß wir nicht die mathematischen Größen in ihrer ursprünglichen Reihenfolge lassen, indem wir nur die Rechenoperationen beim Übersetzen in die p o l n i s c h e N o t a t i o n umsetzen. Statt dessen müssen wir möglichst an den Stellen die Größen holen und die Berechnung beginnen, wo die von uns berechnete Priorität (einschließlich der Klammerpriorität) am größten ist. Beim Übersetzen sind dann Kellerplätze nicht nur für die noch ausstehenden Operationen, sondern auch für die noch nicht geholten Operanden nötig. Natürlich reicht auch hier die benutzte einfache Prioritätsfunktion nicht aus, sobald wir neben den Rechenoparationen andere d e l i m i t e r (wie 'for', 'step', 'if') bearbeiten.

Die grammatikalische Zerlegung des Programms wird oft als p a r s i n g , das entsprechende Stück des Compilers als p a r s e r bezeichnet (to parse = zerlegen, analysieren).

7.5. Weitere Compilerprobleme

Bei der Übersetzung von höheren Programmiersprachen tritt außer dem Auswerten algebraischer Ausdrücke eine Reihe von anderen Problemen auf. Einige davon wollen wir aufzählen.

Variablentypen

Das Rechnen mit G l e i t p u n k t z a h l e n (reals) erwies sich in Abschn. 5.5 als kompliziert. Mit g a n z e n Z a h l e n (integer) läßt sich sehr viel schneller arbeiten. Daher werden in fast allen Programmiersprachen die Veränderlichen klassifiziert (Typ-Vereinbarung). Dabei sind in manchen Sprachen außerdem komplexe Zahlen (complex) vorgesehen.

In Rechenvorgängen können diese Größen gemischt auftreten. Die Regeln für die Verarbeitung sind verschieden. In jedem Fall muß der Compiler aber Umwandlungsprogramme enthalten, die es gestatten, eine „integer“-Größe in eine „real“-Größe oder umgekehrt umzuformen, diese Programme müssen an entsprechenden Stellen automatisch eingesetzt werden.

Eine solche Untersuchung kann dynamisch, d.h. während des Rechenganges, vorgenommen werden. Die einzelnen Zahlen erhalten dann ein Kennzeichen, an dem das Unterprogramm, das die Rechenschritte durchführt, erkennen kann, welche Variablentypen vorliegen. Man kann für diese Unterscheidung z.B. bei jeder Zahl ein Bit oder mehrere Bits vorsehen. Eine dynamische Unterscheidung belastet den Rechengang. Man kann dies vermeiden, wenn man die Unterscheidung statisch, d.h. während der Übersetzung, vom Compiler vornehmen läßt.

Wichtig für die übrigen Teile des Compilers (insbesondere für die Speicherverteilung durch den Vereinbarungsteil) ist die Tatsache, daß verschiedene Variablentypen oft unterschiedlichen Speicherbedarf haben. „integer“-Größen wird man häufig auch dann mit einfacher Wortlänge unterbringen, wenn „real“-Größen doppelte Wortlänge erfordern. Dann läßt sich schneller rechnen und zugleich Speicherplatz sparen. Wenn man komplexe Zahlen einführt, so erfordern diese für Real- und Imaginärteil wiederum doppelten Speicherplatz.

Blockstrukturen

Vorgefertigte Programmstücke (z.B. in einer Programmbibliothek) enthalten oft Bezeichnungen, die in anderen Teilen oder im Programm des Benutzers in anderer Bedeutung verwendet werden. In ALGOL 60 gilt die Konvention, daß jede Vereinbarung einer Größe unmittelbar hinter dem 'begin' eines Blocks stehen muß. Sie hat dann nur Bedeutung bis zu dem zugehörigen 'end'. Wird ein zweiter Block in den ersten hineingeschoben, so kann die gleiche Bezeichnung wieder benutzt werden; die innere Vereinbarung hebt dort die äußere auf.

Auf den ersten Blick erscheint es schwierig, nun zu einer bestimmten Bezeichnung, wie z.B. x, jeweils den richtigen Speicherplatz zu finden. Im Grunde ist es jedoch einfach: Wenn man die bei den Vereinbarungen abgelegte Liste in umgekehrter Richtung, also von unten nach oben, durchsucht, so trifft man zuerst auf die zuletzt eingetragene Vereinbarung, die gerade die gesuchte ist. Wird ein Block durch das Wort 'end' geschlossen, so hat man die zu diesem Block gehörigen Vereinbarungen wieder zu löschen.
Während des Rechenganges ist bei ALGOL 60 d y n a m i s c h e S p e i c h e r z u o r d n u n g vorgesehen. Wenn also ein neuer Block eröffnet wird, so werden den einzelnen Größen Speicherplätze neu zugeordnet. Ist (gekennzeichnet durch das Wort 'end') der Block durchlaufen, so stehen die durch ihn belegten Speicherplätze wieder für anderweitige Belegung zur Verfügung. Dies alles hat während des Rechenganges zu erfolgen.

Bei einkomponentigen Größen wird man von dieser Freigabe unbenutzter Speicher im allgemeinen keinen Gebrauch machen. Die Anzahl der in Programmen vereinbarten Größen ist meistens so gering, daß die Speicherersparnis durch Freigabe nicht ins Gewicht fällt.
Anders ist es bei indizierten Größen, die Hunderte oder Tausende von Komponenten enthalten können. Wird während des Rechenganges ein neuer Block eröffnet, in dem neue 'array' (also z.B. Matrizen) vereinbart sind, so muß ihnen jetzt der erforderliche Speicherplatz zugeordnet werden. Bei Verlassen des Blockes ist dieser Speicherplatz wieder freizugeben, damit andere Felder dort untergebracht werden können.

Diese Aufgabe kann nicht während des Übersetzungsganges durchgeführt werden, da in ALGOL 60 dann oft noch nicht bekannt ist, wie viele Komponenten (und wie viele Speicherplätze) eine Matrix hat. Der Laufbereich der Indizes kann durch einen algorithmischen Ausdruck mit Werten gegeben sein, die sich erst während der Rechnung ergeben. Die Zuordnung der Speicherplätze zu den 'array', die Ermittlung und das Einsetzen der Adressen in die Befehle muß während des Rechenganges erfolgen.

Laufanweisungen und Bedingungen

Diese zusammengesetzten Anweisungen passen sich normalerweise gut in das allgemeine Übersetzungsschema ein. Die wesentlichen Schritte, also Zählen und Abfragen, können z.B. als Sprünge auf im Compiler vorhandene Unterprogramme durchgeführt werden. Allerdings ist die für Rechenoperationen in Abschn. 7.2 benutzte Angabe einer Prioritätszahl nicht möglich, weil Worte wie 'for', 'step', 'until', 'if', 'then', 'else' gelegentlich auf gleicher, gelegentlich aber auch auf verschiedener Stufe stehen müßten. Man wird also auf das in Bild 7.7 angedeutete Matrixschema zurückgreifen.

Eigenartigerweise stellt die elementare „go to"-Anweisung in Bezug auf die Kellerstruktur einen Fremdkörper dar. Schon der Benutzer bemerkt dies, da Sprünge in Laufanweisungen und Blocks in ALGOL 60 verboten sind.

Prozeduren

Unterprogramme werden, insbesondere in ALGOL 60, in Gestalt von P r o z e d u r e n eingeführt.
So kann man beispielsweise für die näherungsweise Berechnung eines Integrals

$$I = \int_a^b y \, dx$$

eine P r o z e d u r v e r e i n b a r u n g anfertigen. Unter Benutzung dieses vorgefertigten Programmstückes kann man nun durch einen einfachen Aufruf beliebige Integrale beliebig oft an beliebigen Stellen des Programms berechnen lassen. Die Prozedur könnte beispielsweise für die Berechnung von

$$G = \int_1^2 e^{-t^2} \, dt$$

so aufgerufen werden:

Integral (exp(−t x t), t, 1, 2, G);

Will man beim Verfassen der Prozedurvereinbarung, d.h. bei der Angabe, wie ein solches Integral allgemein zu berechnen ist, Gleichungen festlegen, so weiß man noch nicht, ob die Integrationsvariable später einmal x oder t oder anders heißen wird. An ihre Stelle muß als Platzhalter ein f o r m a l e r P a r a m e t e r gesetzt werden. Es handelt sich wieder um eine Buchstabenbezeichnung, die aber von der später verwendeten u.U. abweicht. Überall, wo im Rahmen der Prozedurvereinbarung diese Buchstabengruppe auftaucht, ist später bei der Durchführung automatisch der a k t u e l l e P a r a m e t e r einzusetzen, also die Größe, die dann gewünscht wird. Hat man in der Prozedurvereinbarung an dieser Stelle x geschrieben, so würde in unserem obigen Beispiel dieses x automatisch (scheinbar) durch t ersetzt werden müssen. Eine Aufgabe der Argumente in Prozedurvereinbarungen ist also die Umbenennung (oder eine andere dasselbe bewirkende Maßnahme).

Soll das Integral nach einem Näherungsverfahren berechnet werden, so muß die Funktion, hier also e^{-t^2}, an vielen Stützstellen berechnet werden, wobei die Prozedur die t-Werte festlegt. Argumente von Prozeduren sind daher U n t e r - U n t e r - P r o g r a m m e. Damit ist gemeint: Durch das Stichwort Integral wird als Unterprogramm die Prozedurvereinbarung, also die Integralberechnung, ausgelöst. Da diese immer wieder exp(−t x t) berechnen muß, springt das Unterprogramm wieder in ein eigenes Unterprogramm. Dieses Unter-Unterprogramm ist aber Argument unserer Prozedur Integral (. . .) und somit räumlich im Rahmen des Hauptprogramms eingeordnet.

Bei manchen Argumenten (oben bei dem Ergebnis G) legt man wiederum keinen Wert auf die Ermittlung des (vorherigen) Zahlenwertes der Größe, sondern die Prozedur benötigt statt dessen deren Adresse, um dort selbst einen Zahlenwert (das Ergebnis) abzulegen. Hier hat das Unter-Unterprogramm also eine andere Aufgabe.

Besondere Schwierigkeiten bieten r e k u r s i v e P r o z e d u r e n : Prozeduren, die sich selbst wieder als Prozedur aufrufen können, bevor sie den ersten Durchlauf beendet haben. Bei ihnen müssen nach dem Aufruf alle veränderlichen Speicherplätze in einer kellerartigen Speicherstruktur sichergestellt und bei Beendigung der Prozedur von dort zurückgeholt werden.

Index-Fortschaltung

In Abschn. 3.2 hatten wir die Matrizenmultiplikation behandelt. Zu vorgegebenen Indizes einer Matrix wurde dort die Adresse der entsprechenden Komponente berechnet. Compiler müssen nach diesem oder einem ähnlichen Verfahren arbeiten. Sie haben allerdings die Möglichkeit, schon während der Vereinbarung der Matrix einige Rechenschritte vorwegzunehmen, z.B. die Adressen der Zeilenanfänge vorab zu berechnen. Dadurch wird das Aufsuchen eines Elements beschleunigt, denn es benötigt keine Multiplikationen mehr; nötig ist nur noch ein Baumverfahren wie in Aufgabe 11. Die Ermittlung der Adresse aus den Indizes ist trotzdem ein aufwendiger Prozeß. Wir haben ihn in Abschn. 3.2 vereinfacht durch Indexfortschaltung, indem wir jeweils die Adresse des nächstfolgenden Elements aus der des vorhergehenden ermittelten. Das ist aber nur dann möglich, wenn die Indizes sich nach einem hinreichend einfachen Schema ändern.

Meistens ist das der Fall. Der Compiler wird versuchen, diese einfachen und häufigen Fälle herauszufinden und bei ihnen ein abgekürztes Verfahren einzusetzen. In ALGOL 60 ist das schwierig, denn es setzt voraus, daß innerhalb der Laufanweisungen nicht Gleichungen enthalten sind, die ihrerseits die Indexgrößen umrechnen. Dies ist erlaubt, tritt jedoch in der Praxis selten auf. Ein Beispiel, in dem die k-Werte 6 und 7 überschlagen werden:

```
for k := 1 step 1 until n do begin
a [k] := b [k];
if k equal 5 then k := 7; end;
```

Ein anspruchsvoller Compiler kann automatisch herausfinden, ob Schwierigkeiten ähnlicher Art vorliegen. Wenn nicht, kann er durch vereinfachte Indexfortschaltung die Rechengeschwindigkeit wesentlich erhöhen, gelegentlich verdoppeln.

Fehlerkontrollen

Jeder Übersetzungsvorgang muß mit automatischen Kontrollen ausgestattet sein, die bei Programmierfehlern Alarmmeldungen auslösen. Sehr schwierig ist es, nach einer ersten Fehlermeldung den Rest des Objektprogramms auf weitere Fehler zu überprüfen (vollständige Check-Liste). Das setzt nämlich voraus, daß der Compiler den ersten Fehler in gewissen Grenzen selbst beseitigt, da sonst die Übersetzung nicht fortgeführt werden kann. Ein einfaches Beispiel: In ALGOL 60 werden Worte wie 'begin' in Apostroph eingeschlossen. Wenn eines dieser Zeichen fehlt und nicht automatisch ergänzt wird, ist das ganze folgende Programm für den Compiler unlesbar. Jede Fehlermeldung, insbesondere während des Rechenganges, sollte mit einem ausführlichen d u m p (Ausdrucken aller in diesem Zusammenhang wichtigen Zahlen) verbunden sein (post mortem dump). Besonders aufschlußreich ist dabei oft der Stand von D u r c h l a u f z ä h l e r n, also Speicherplätzen, in denen bei Durchlaufen jeweils eines speziellen Programmstücks weitergezählt wird.

Compiler-Compiler

Die Fülle der Programmiersprachen hat den Wunsch verstärkt, Compiler rationeller herstellen zu können. Erster Weg sind Compiler-Compiler: Programme für eine spezielle Rechenanlage, die in einer eigenen bequemen Programmiersprache die Formulierung und Eingabe anderer Compiler gestatten. Ein anderer Weg benutzt ein Spezialprogramm eines Rechnertyps, um durch Auswechseln des O b j e k t c o d e s, d.h. der internen Befehlsdarstellung verschiedener Rechnertypen, Compiler für beliebige Maschinen zu erstellen.

Die Arbeitsweise vieler Compiler wird in der durch sie selbst übersetzten Sprache so weit wie möglich beschrieben. Gelegentlich ist dadurch ein b o o t s t r a p p i n g möglich: Ein Compiler, „der sich selbst verbessern kann", d.h. der Änderungen einlesen kann, die ihn selbst verändern.

Programmumfang

Kleine Compiler umfassen einige tausend Befehle; große Compiler, die alle Feinheiten einer Sprache bearbeiten können und Objektprogramme in vieler Hinsicht auf mögliche Vereinfachungen und Beschleunigung untersuchen, können nicht völlig im Arbeitsspeicher der Rechenanlage untergebracht (engl. resident) sein. Sie beanspruchen dort dann einige Tausend Speicherplätze, benötigen auf einem Hintergrundspeicher aber u.U. den hundertfachen Platz. Das zu übersetzende Programm wird dann von den verschiedenen Compiler-Teilen in mehreren Durchläufen (engl. passes) immer wieder ganz bearbeitet. – Kann ein kleiner Compiler nicht alle Anweisungen und Spezialfälle einer Sprache auswerten, so bezeichnet man den „verständlichen" Teil als ein s u b s e t (= Untermenge) der Sprache.

8. Programmunterbrechung

Abschn. 8.1 beschreibt die technischen Voraussetzungen der Programmunterbrechung, Abschn. 8.2 deren Ausführung bei der Bedienung externer Geräte. Abschn. 8.3 gibt eine Erweiterung auf wechselweises Rechnen mehrerer Benutzerprogramme an (time-sharing). Weitere Probleme der Betriebssysteme in Großanlagen werden in Abschn. 8.4 skizziert.

8.1. Anlässe und Auslösung

Moderne elektronische Rechenanlagen arbeiten sehr schnell im Vergleich zu den angeschlossenen Geräten, dem Bedienungspersonal, den Programmierern usw. Weil der Computer häufig auf Benutzer oder Geräte warten muß, besitzen nahezu alle modernen Anlagen die Möglichkeit, ein laufendes oder wartendes Programm durch ein anderes zu ersetzen und damit die Wartezeit mit der Bearbeitung anderer Programme auszufüllen. Nur dadurch ist eine rationelle Ausnutzung des Rechnerkerns (c e n t r a l p r o c e s s i n g u n i t, abgekürzt CPU) möglich. Solche Programmablösungen müssen automatisch erfolgen. Das bedeutet: Innerhalb der Maschine müssen Hilfsprogramme existieren, die zu gegebener Zeit von einem der Benutzerprogramme auf ein anderes umsteuern Man nennt sie Vorrangprogramme, Interruptprogramme, Unterbrechungsprogramme o.ä. Sie sind Bestandteil des Betriebssystems.

Das Umsteuern auf ein anderes Programm bei Beginn einer notwendigen Wartezeit ist gerätetechnisch problemlos. Da die Programme einzugebende Daten selbst anfordern, kann an diesen Stellen ein Warten oder ein Sprung in ein anderes Programm fest eingeplant werden. Dies braucht auch keine Belastung für den Benutzer darzustellen: Das Anfordern (in ALGOL 60: „read" bzw. „inreal" o.ä.) wird ja durch ein Basisprogramm vorgenommen, welches dem Benutzer fertig zur Verfügung steht und diese Maßnahmen übernimmt. Es muß neben weiteren Schritten insbesondere einen Sprungbefehl in das die Zwischenzeit füllende zweite Programm enthalten.
Die Schwierigkeit besteht technisch in der Beendigung dieses Zustands und in der Rückkehr in das unterbrochene Programm. Zu einem nicht genau vorhersehbaren Zeitpunkt ist die Reaktion

des äußeren Geräts erfolgt und das zweite Programm muß unterbrochen und wieder durch das erste abgelöst werden. Diese zweite Unterbrechungsstelle ist aber nicht vorher bekannt, dieser Vorgang kann also nicht fest einprogrammiert werden.

Die eigentliche Umsteuerung wird durch das in Abschn. 8.2 zu betrachtende Unterbrechungsprogramm durchgeführt. Es ist somit eine Einrichtung erforderlich, die auf von außen kommende Signale das gerade laufende Programm an einer nicht vorhersehbaren Stelle abbricht und dafür das Unterbrechungsprogramm startet. Eine spätere Fortsetzung an der Unterbrechungsstelle muß so möglich sein, als ob kein Interrupt erfolgt wäre.

Als auslösende Ursachen für eine Programmunterbrechung wollen wir nennen:

▶ 1. Freiwilliger Übergang eines Programms in den Wartezustand, weil es noch nicht vorhandene Daten benötigt oder seine Arbeit beendet hat. Dies sind keine eigentlichen Unterbrechungen, sondern einfache Sprungbefehle innerhalb des Programms. Wir nennen sie S e l b s t u n t e r b r e c h u n g e n.

▶ 2. Eingriffe des Benutzers oder Bedienungspersonals, die Bedientasten betätigen, um den Arbeitsablauf zu beeinflussen.

▶ 3. Meldungen von angeschlossenen Geräten, die eine Arbeit beendet haben oder Steueranweisungen benötigen.

▶ 4. Z e i t z e i c h e n i m p u l s e , die in regelmäßigen Abständen erfolgen und ein spezielles Z e i t z e i c h e n p r o g r a m m auslösen sollen, das regelmäßig auszuführende Arbeiten übernimmt.

▶ 5. Technische Fehlermeldungen, die auf zerstörte Daten des laufenden Programms hinweisen und daher das Umschalten auf ein anderes Programm erzwingen.

▶ 6. Programmierfehler-Meldungen (z.B. Division durch Null), die Kontrolldrucke und ebenfalls ein Abbrechen des laufenden Rechenganges auslösen.

Bearbeitungsstufen

In welcher Weise sollen nun Vorrangmeldungen der betrachteten Art verarbeitet werden? Der Ablauf läßt drei Stufen erkennen. In der ersten wird die von außen kommende Meldung innerhalb der Rechenanlage registriert. Das erfolgt am besten in Gestalt einer verdrahteten Schaltung. In der zweiten Stufe führt diese von außen kommende und soeben registrierte Meldung innerhalb der Maschine zu einer Umsteuerung des Programmablaufs. In der dritten schließlich läuft ein Programm ab, das die für die vorliegende Vorrangmeldung erforderlichen Maßnahmen auslöst. Wir werden eine Untergliederung der dritten Stufe vornehmen in die Sofortverarbeitung, hier als U n t e r b r e c h u n g s p r o g r a m m bezeichnet, und in weitere Schritte.

Diese Unterteilung der dritten Stufe ist willkürlich gewählt; sie soll dem besseren Verständnis dienen und zunächst an einem Sonderfall vorgeführt werden. Ihre Allgemeinform soll uns in Abschn. 8.4 beschäftigen.

Vorrangregister

Im ersten Schritt gibt das externe Gerät, der Benutzer oder eine andere Instanz eine Meldung in die Maschine hinein, die innerhalb der Maschine registriert wird. Hier liegt ein Hardware-Problem vor, das durch Verdrahtung zu lösen ist: Der betreffenden Vorrangmeldung ist ein Flipflop zugeordnet, ein Bauteil, das zwei Zustände (L und O) haben kann. Wenn es auf den einen dieser Zustände geschaltet wird, behält es ihn solange bei, bis eine andersartige Anweisung erfolgt. Eine Verdrahtung bringt dieses Flipflop in die Stellung L, sobald ein äußeres Gerät eine Meldung eingibt. Flipflops sind hierzu mit Eingangsanschlüssen versehen, über die sie elektronisch eine solche Umsteuerung vornehmen. Wir wollen sie hier nicht weiter betrachten.

Wichtig ist, daß die Maschine später unterscheiden kann, von welcher äußeren Stelle die Unterbrechungsmeldung gekommen ist. Deshalb müssen wir jeder einzelnen möglichen Meldung ein getrenntes Flipflop zuordnen.

Es ist später nötig, die angekommenen Meldungen innerhalb der Rechenanlage zu verarbeiten. Zu diesem Zweck müssen wir in der Lage sein, festzustellen, welche Stellung L bzw. O alle Vorrangmeldeflipflops haben. Das läßt sich einfach erreichen, wenn wir sie wie ein Register der Maschine behandeln, d.h. ähnlich einem Speicherwort soviele Flipflops einbauen, wie der vollen Wortlänge entspricht. Überführen wir den Inhalt dieser Flipflops wie eine Zahl in das Rechenwerk, so erhalten wir dort eine scheinbare Dualzahl, die aus z.B. 24 Stellen besteht. Mit den uns bekannten Rechenoperationen, insbesondere der Intersektion und der Nullabfrage, läßt sich nun feststellen, welche der einzelnen Dualstellen und damit welche der zugeordneten Flipflops den Wert L oder den Wert O haben. Die Flipflops werden gemeinsam das V o r r a n g r e g i s t e r oder V o r - r a n g m e l d e r e g i s t e r genannt.

In der Befehlsliste der Rechenanlage benötigen wir also einen Befehl, der den Inhalt des Vorrangregisters in das Rechenwerk (den Akku) überführt. Da wir vom Programm aus die Flipflops in die Stellung O zurückbringen müssen, damit zu einem späteren Zeitpunkt eine zweite Vorrangmeldung erfolgen kann, ist hierzu eine weiterer Befehl nötig, der das Vorrangregister umgekehrt aus dem Rechenwerk lädt.

Gelegentlich ist es besser, für das letztere zwei Befehle zu haben, die je nach Wunsch nur einzelne Dualstellen des Vorrangregisters entweder auf O oder auf L umschalten und die übrigen Stellen unverändert lassen. Der Akkumulator-Inhalt gibt die zu verändernden Stellen an.

Die Abfrage des Vorrangregisters (allerdings ohne Unterbrechungssteuerung) beschäftigte uns übrigens bereits in Abschn. 3.1 bei einer Warteschleife.

Maskenregister

Es kann geschehen, daß Vorrangmeldungen einiger äußerer Geräte vorübergehend außer Kraft zu setzen sind, da diese gestört sind oder da an ihnen in anderem Zusammenhang (z.B. off line) gearbeitet wird. Es muß also möglich sein, eventuell von dort kommende irrtümliche Vorrangmeldungen zu unterbinden. Aus diesem Grunde wird jedem Vorrangflipflop üblicherweise ein zweites Flipflop zugeordnet, in dem die Maschine notiert, ob eine Vorrangmeldung tatsächlich zu einer Unterbrechung führen soll. Dieses Konditionieren der Unterbrechungsauslösung ist auch dann wichtig, wenn die Maschine sich schon in einem Unterbrechungsprogramm befindet und man verhindern will, daß dieses durch unwichtigere Meldungen seinerseits unterbrochen wird.

Üblicherweise wird für diesen Zweck ein zusätzliches Register innerhalb der Maschine angebracht, das M a s k e n r e g i s t e r. Es kann vom Programm mit einer (scheinbaren) Zahl geladen werden. Hierzu ist wiederum ein spezieller Ladebefehl nötig. Jeder Dualstelle im Vorrangregister entspricht dann eine Dualstelle im Maskenregister. Eine Vorrangoperation wird von der Hardware nur ausgelöst, wenn einerseits die Vorrangmeldung in das Vorrangregister gelangt ist und dort die entsprechende Dualstelle den Wert L angenommen hat und wenn andererseits vorher das Programm die entsprechende Dualstelle im Maskenregister ebenfalls auf den Wert L gesetzt hat. Das Unterbrechungsprogramm erhält die zusätzliche Aufgabe, in das Maskenregister an die jeweils gewünschten Stellen ein O oder ein L einzubringen. Damit ist geklärt, ob eine dieser Dualstelle zugeordnete Vorrangmeldung durchgeschaltet werden soll oder nicht. — Der Registerinhalt stellt gewissermaßen eine M a s k e oder S c h a b l o n e dar, die einzelne oder alle Vorrangflipflops „verdeckt".

Es kann außerdem vorteilhaft sein, in einem Register ein weiteres Flipflop zu installieren, das überhaupt alle Vorrangmeldungen blockiert, wenn es die Stellung O hat. Wir werden seine Existenz später gelegentlich voraussetzen.

Man könnte den Eindruck haben, daß einfachere Möglichkeiten existieren, um unerwünschte Unterbrechungen zu verhindern. Es ist aber wichtig, daß von außen kommende Vorrangmeldungen durch eine L-Stellung im Vorrangmelderegister auch dann registriert werden, wenn sie nicht sofort durch das Unterbrechungsprogramm bearbeitet werden können, weil dies zur Zeit vielleicht mit einer dringenderen Arbeit beschäftigt ist. Es muß dann später abgefragt werden können, ob in der Zwischenzeit eine Meldung eingelaufen ist.

Auslösung des Vorrangprogramms

Das Unterbrechungsprogramm ist ein normales, mit Hilfe der Maschinenbefehle aufgebautes Programm. Seine Auslösung erfolgt somit durch einen Sprungbefehl („go to"). Dieser muß jedoch spezielle Eigenschaften aufweisen, denn er kann ja nicht vom Programmierer eingeplant, sondern muß automatisch eingeschleust werden. Hierzu bedarf es einer verdrahteten Schaltung.

Das unterbrochene Programm soll später an der Unterbrechungsstelle fortgesetzt werden, „als ob nichts geschehen wäre". Wir müssen also registrieren, wo die Maschine sich vor dem Sprungbefehl befunden hat. Ein U n t e r p r o g r a m m s p r u n g ist nötig.

Eine Besonderheit ist zu berücksichtigen: Bei Unterprogrammsprüngen benutzt man oft zur Unterbringung der Rückkehradresse ein spezielles Register, das R ü c k s p r u n g a d r e s s r e g i s t e r. Im vorliegenden Fall einer automatischen Unterbrechung ist dies nicht erlaubt, denn dieses Register könnte ja gerade mit einem noch benötigten Inhalt gefüllt sein, der bei der neuen Benutzung zerstört würde. Es wäre möglich, ein spezielles Rücksprungadressregister für die Unterbrechungen vorzusehen. Dies könnte aber auch zu Schwierigkeiten führen, wenn eine Unterbrechung wiederum unterbrochen werden sollte. Wir werden deshalb die Rücksprungadresse in einem normalen dafür reservierten Speicherplatz aufbewahren. In den üblichen Befehlslisten (vgl. Abschn. 2.5) existiert hierfür ein geeigneter Unterprogrammsprungbefehl.

Die Umsteuerung auf ein Unterbrechungsprogramm kann dadurch erfolgen, daß elektronisch in das Befehlsregister nicht derjenige Befehl eingefügt wird, der gerade an der Reihe ist, sondern eben der betrachtete Unterprogrammsprungbefehl. Gleichzeitig mit der Ausführung des Unterprogrammsprunges muß eine weitere Maßnahme erfolgen. Da die Vorrangmeldung innerhalb des Vorrangflipflops erhalten bleibt (und zu späteren Untersuchungen erhalten bleiben muß), würde dieser Vorrangsprung sich dauernd wiederholen.
Es ist daher eine automatische Sperre der Vorrangoperationen nach der Ausführung des Sprungbefehls nötig. Für diesen Zweck verwenden wir die erwähnte a l l g e m e i n e V o r r a n g s p e r r e, die alle Vorrangmeldungen blockiert.

Bei vielen Rechenanlagen existiert eine komfortablere Lösung: Es gibt unter den Vorrangmeldungen dringende und weniger dringende. Nun wird bei Auslösen eines Vorrangsprunges automatisch ein entsprechender Teil des Maskenregisters auf den Wert Null gesetzt. Die übrigen Flipflops des Maskenregisters bleiben in ihrem Zustand. Dadurch ist die Möglichkeit gegeben, daß nur einige Vorrangmeldungen gesperrt werden, daß dringendere Meldungen aber nach wie vor zu Unterbrechungen führen können. Das Unterbrechungsprogramm muß in diesem Fall dafür sorgen, daß es seinerseits wieder ohne Gefahr unterbrochen werden kann. Man benötigt im Prinzip mehrere Unterbrechungsprogramme, die den verschiedenen Stufen zugeordnet sind: Man spricht von U n t e r - b r e c h u n g s e b e n e n, die verschiedene Priorität besitzen.

8.2. Unterbrechungsprogramm

Im vorigen Abschnitt wurde über die Notwendigkeit von Programmunterbrechungen und über die im Gerät hierfür vorgesehenen Vorrichtungen gesprochen. In den in Frage kommenden Fällen wird das laufende Programm unterbrochen und an seiner Stelle durch einen Unterprogrammsprung das Unterbrechungsprogramm gestartet. Dessen Aufgaben sollen nun betrachtet werden.

Eine Vorbemerkung: Wir orientieren uns vorläufig an einer kleineren Maschine, bei der nicht gar zu komplizierte Schaltungen verdrahtet sind. Bei größeren Anlagen werden viele der im folgenden betrachteten Punkte in die Hardware eingebaut sein. Das mindert aber nicht die Wichtigkeit der Betrachtungen, da auch bei verdrahteten Ablaufsteuerungen dieselben Einzelschritte erfolgen müssen und dort nur mit anderen technischen Mitteln ausgelöst werden. Statt der Maschinenoperationen werden dort Mikrooperationen benutzt, die weniger bequem aufzurufen sind, aber dieselbe Wirkung haben.

Wir werden nicht alle erforderlichen Maßnahmen dem Unterbrechungsprogramm zuweisen. Aufgaben, die „etwas Zeit haben", werden hier nur vorgemerkt werden und dann weiteren Programmen überlassen, die in Abschn. 8.3 betrachtet werden sollen. Unser Konzept eines Unterbrechungsprogramms sieht vor, daß wir nur eine einzige Vorrangstufe haben und daß dieses Programm außerordentlich schnell ablaufen muß, um bei gleichzeitigem Einlaufen verschiedener Unterbrechungsmeldungen alle rechtzeitig bearbeiten zu können. Dabei wird eine Meldung nach der anderen in der Reihenfolge der Dringlichkeit verarbeitet, die das Unterbrechungsprogramm festlegt. Aber auch die am wenigsten dringliche Meldung muß natürlich rechtzeitig berücksichtigt werden.

Es sind dann die folgenden Schritte durchzuführen:

▶ 1. Es muß verhindert werden, daß das Unterbrechungsprogramm seinerseits unterbrochen wird. Diese Vorrangsperre ist verdrahtet und wurde in Abschn. 8.1 beschrieben.

▶ 2. Die Registerinhalte sind sicherzustellen. Das unterbrochene Programm soll später so weitergeführt werden, als ob keine Unterbrechung vorgelegen hätte. Da jedoch eine Anzahl von Registern, insbesondere der Akkumulator, im Benutzerprogramm mit bestimmten Zahlen belegt ist, andererseits aber auch im Unterbrechungsprogramm benötigt wird, muß man den augenblicklichen Inhalt sicherstellen. Diese Register werden also mit Hilfe von Abspeicherbefehlen ihren Inhalt an dafür reservierte Speicherplätze abgeben.

Hier ist Vorsicht geboten, wenn Unterbrechungen ihrerseits unterbrochen werden können. Man wird für jede Unterbrechungsstufe spezielle Speicherplätze vorsehen.

Für das Sicherstellen der Registerinhalte ist die weitere Unterscheidung von Bedeutung, welches Programm unterbrochen wurde. Auch die Benutzerprogramme wechseln, es können also mehrere von ihnen unterbrochen sein und sich im Wartezustand befinden. Das Sicherstellen der Registerinhalte hat in Speicherplätzen zu erfolgen, die dem jeweils unterbrochenen Programm zugeordnet sind.

▶ 3. Die dringendste Unterbrechungsursache ist zu ermitteln, falls mehrere Vorrangmeldungen gleichzeitig vorliegen. Hierzu muß der Inhalt des Vorrangregisters in das Rechenwerk überführt werden, so daß dort durch geeignete Abfragen in einer bestimmten Reihenfolge festgestellt werden kann, welche von den auf L stehenden Dualstellen die dringendste Meldung enthält. Es erfolgt ein Sprung auf ein dieser Meldung entsprechendes Unterprogramm des Unterbrechungsprogramms, welches die nötigen Vorrangarbeiten ausführt. Diese Schritte sind verschieden zu programmieren je nach der ermittelten Unterbrechungsursache.

▶ 4. Die Bedienung externer Geräte erfordert dringende Sofortmaßnahmen, da eine ganz bestimmte Zeitkalkulation eingehalten werden muß, wenn die Geräte nur eine begrenzte Zeit warten können. Hier ist sorgfältig zu prüfen, welche Maßnahmen sofort zu ergreifen sind. Es kann sich z.B. darum handeln, daß von einem Lesegerät ein Eingabezeichen gelesen wurde und nun durch das Unterbrechungsprogramm aus dem zwischengeschalteten Puffer übernommen werden muß, damit dieser ein neues Zeichen aufnehmen kann. Zum Sicherstellen von Informationen dieser Art sind spezielle Befehle nötig, die die Information in das Rechenwerk überführen, von wo sie weiter in einen geeigneten Speicherplatz transportiert wird. Es ist dafür zu sorgen, daß dieser Speicherplatz weitergezählt wird, damit eine zweite Information, die später von dem Gerät eintrifft, in dem nächsten Speicherplatz abgelegt wird. Transporte können auch in umgekehrter Richtung erfolgen, z.B. bei Ausgabeoperationen.

Weitere Sofortmaßnahmen bestehen darin, daß die äußeren Geräte durch Spezialbefehle Anweisungen erhalten müssen, die sie zum Weiterlaufen, zum Stoppen o.ä. veranlassen. Hier sind ggf. Untersuchungen vorzuschalten, die prüfen, ob etwa ein Lesegerät weiterlesen oder stoppen soll.

▶ 5. Nach Erledigung der beschriebenen Sofortmaßnahmen zugunsten der äußeren Geräte kann das Unterbrechungsprogramm darüber hinaus einige Konsequenzen aus den eingelaufenen Informationen ziehen. Hierzu dient z.B. bei Lesegeräten eine erste vorläufige Klassifizierung der eingelaufenen Information und ihre Untersuchung daraufhin, ob dringende weitere Schritte ausgelöst werden müssen. Konsequenzen dieser Art sollten durch das Unterbrechungsprogramm nur dann gezogen werden, wenn sie sehr dringend sind. Sonst wird man sie lieber etwas zurückstellen und einem untergeordneten Programm überlassen.

Oft wird es nötig sein, Merkzeichen zu setzen, z.B. einen Speicherplatz mit einer Zahl 0 oder −1 zu laden, an der ein anderes Programm „erkennt", daß eine bestimmte Vorrangmeldung vorgelegen hat.

▶ 6. Die Interruptmeldung ist zu löschen. Unterbrechungsmeldungen erfolgen, sobald im Vorrangregister einzelne Dualstellen automatisch den Wert L annehmen. Um später von demselben Gerät weitere Vorrangmeldungen registrieren zu können, muß die entsprechende Dualstelle durch geeignete Ladebefehle wieder den Wert O erhalten.

Natürlich darf nur jeweils diejenige Interruptmeldung auf Null gesetzt werden, die soeben bearbeitet wurde.

▶ 7. Je nach dem vorliegenden Hardware-Konzept muß die M a s k e (der Inhalt des Maskenregisters) an verschiedenen Stellen des Unterbrechungsprogramms korrigiert werden. Führt man die

Unterbrechungssperre automatisch mit Hilfe der Maske durch, so ist dieser Schritt verdrahtet. Man steht trotzdem u.U. vor der Notwendigkeit, auf Grund der eingelaufenen Vorrangmeldung die Maske zu berichtigen. In welchen Fällen dies durchzuführen ist und welche Vorrangmeldungen zu unterbinden sind, muß von Fall zu Fall festgelegt werden.

▶ 8. Mit den soeben beschriebenen Maßnahmen wird eine einzige Unterbrechungsquelle bearbeitet. Es muß untersucht werden, ob noch weitere Vorrangmeldungen in der Zwischenzeit oder gleichzeitig eingelaufen sind und ob diese zu bearbeiten sind. Sollte dies der Fall sein, muß bei Schritt Nr. 3 von neuem begonnen werden.

▶ 9. Auf Grund der eingelaufenen Informationen sind häufig umfangreichere Arbeiten nötig, so daß das unterbrochene Programm nicht fortgesetzt werden kann, sondern ein anderes Folgeprogramm einzusetzen ist. Wenn z.B. das Einlesen einer Zahl soeben beendet wurde, wird es zweckmäßig sein, zunächst die eingelesene Information vollständig auszuwerten.

Die normale Behandlung dieses Problems: Alle aufgetretenen Folgeprogramme werden in eine Prioritätsliste eingetragen; in einer zweiten Liste wird registriert, welches von ihnen zur Zeit in der Lage ist, weiterzuarbeiten. Programme, die beispielsweise auf einzulesende Zahlen warten müssen, würden dann in diesem zweiten Speicherplatz durch ein Kennzeichen markiert werden. Diese B e r e i t s c h a f t s m a r k i e r u n g e n sind nun auf Grund der eingelaufenen Vorrangmeldung zu korrigieren. Es muß der Reihe nach abgefragt werden, welches Programm in der Prioritätsreihenfolge als erstes eine derartige Bereitschaftsmarkierung enthält.

▶ 10. Ergibt sich aus der soeben betrachteten Prioritätsuntersuchung, daß das vorher gelaufene Benutzerprogramm durch ein anderes Folgeprogramm ersetzt werden muß, so ist ein Austausch vorzunehmen. Der Rücksprung muß ersetzt werden durch einen Sprungbefehl in das nunmehr dringendste Programm. Auch die oben sichergestellten Registerinhalte sind u.U. gegen die des Folgeprogramms auszutauschen. Es kann sogar nötig sein, eine Anzahl von Speicherinhalten gegen andere auszutauschen, nämlich dann, wenn das unterbrochene Programm und das Folgeprogramm dieselben Speicherplätze oder Teilprogramme verwenden.

▶ 11. Die Registerinhalte sind zu restaurieren. Die Register — insbesondere der Akkumulator — wurden inzwischen für andere Zwecke verwendet, ihre Inhalte wurden geändert. Zum Inkraftsetzen des Folgeprogramms muß der bei 2. sichergestellte Inhalt der Register zurücktransportiert werden.

▶ 12. Der Rücksprung erfolgt durch einen Sprungbefehl an die Stelle, an der die Unterbrechung erfolgt ist. Es handelt sich um einen Rücksprung wie aus einem Unterprogramm (vgl. Abschn. 2.5). Wir haben allerdings eine (totale oder partielle) Unterbrechungssperre eingeführt. Diese ist gleichzeitig mit dem Rücksprung aufzuheben. Sollte diese Unterbrechungssperre durch ein automatisches Verändern des Maskenregisters erfolgt sein, so muß gleichzeitig mit dem Rücksprung auch das Maskenregister korrigiert werden.

Besonders schwierig ist dabei, daß der Rücksprung gleichzeitig mit der Aufhebung der Unterbrechungssperre zu erfolgen hat. Ein vorheriges Aufheben ist nicht möglich, da diese Maßnahme Kollisionen bewirken könnte. Es sind also in der Verdrahtung spezielle Maßnahmen vorzusehen, damit beides — Rücksprung und Entsperren — gleichzeitig ausgeführt wird.

Ein Beispiel. Zur Illustration der Funktionsweise des oben beschriebenen Unterbrechungsprogramms soll der Ablauf für eine spezielle Anlage in Auszügen detailliert wiedergegeben werden. Hierzu die folgende Zusammenstellung:

Sicherstellen der Registerinhalte: Die Rücksprungadresse wurde automatisch sichergestellt. Erforderlich sind ferner:

> Abspeichern des Akkus
> Abspeichern des Zweitakkus
> Abspeichern des Hilfsregisters
> Abspeichern des Vorrangregisters

Abfragen der dringendsten Unterbrechungsursache, eines schnellen Lochstreifenlesers:

> Transport vom Vorrangregister in den Akku
> Herausschneiden der dem Leser zugeordneten Dualstelle durch Intersektion
> Abfrage, ob das ganze Ergebniswort (und damit das entsprechende Bit) Null ist
> Wenn ja: Sprung auf die Untersuchung der nächsten Unterbrechungsursache

Wenn wirklich der Lochstreifenleser die Meldung veranlaßte, muß er eventuell neu gestartet und das gelesene Zeichen sichergestellt werden. Sollte z.B. 20 mal nacheinander ein Spezialzeichen, die B u c h s t a b e n u m s c h a l t u n g , eingelaufen sein, soll nicht wieder gestartet werden. Das Abspeichern soll in 64 Speicherplätzen zyklisch erfolgen. Wenn also der letzte gefüllt ist, soll wieder der erste benutzt werden.

> Transport des Zeichens vom Puffer in den Akku
> Abspeichern in den nächsten Speicher (mit Indexbefehl)
> Wenn Zeichen = Buchstabenumschaltung: Stopzähler um Eins erhöhen
> Sonst: Stopzähler auf −20 setzen
> Wenn Stopzähler negativ: Leser neu starten
> Abspeicheradresse um Eins erhöhen
> Wenn Abspeicheradresse obere Grenze erreicht hat: Untere Grenze als Abspeicheradresse einsetzen
> Im Vorrangregister die dem Leser zugeordnete Dualstelle auf O setzen.

Es folgt die Behandlung der nächsten möglichen Unterbrechungsursache, des Z e i t z e i c h e n s . Bei seinem Auftreten soll z.B. ein Zeichen an einen angeschlossenen Fernschreiber ausgegeben und außerdem ein Spezialprogramm, das in Abschn. 8.3 zu betrachtende Z e i t z e i c h e n p r o g r a m m , aktiviert werden (so daß es nach Abschluß des Unterbrechungsprogramms als nächstes gestartet wird).

> Transport vom Vorrangregister in den Akku
> Herausschneiden der dem Zeitzeichen zugeordneten Stelle durch Intersektion
> Abfrage auf Null
> Wenn ja: Sprung auf die Untersuchung der nächsten Unterbrechungsursache
> Transport eines Ausgabezeichens aus einem Speicher in den Ausgabepuffer
> Weiterzählen der dabei benutzten Speicheradresse
> Starten der Ausgabesteuerung (sofern dies nicht automatisch erfolgt)
> Laden eines Sprungbefehls (s.u.)
> Abspeichern in die Prioritätenliste an Stelle 1
> Im Vorrangregister die dem Zeitzeichen entsprechende Dualstelle auf O setzen

Der soeben benutzte Sprungbefehl führt auf ein Programmstück, das die Registerinhalte des Zeitzeichenprogramms lädt. Nun erst folgen die Abfragen auf weitere Unterbrechungsursachen, die inzwischen Meldungen geliefert haben könnten. Dann werden der Reihe nach die Speicher der Priorritätenliste abgefragt. An Stelle 1 steht der betrachtete Sprungbefehl. Die durch ihn bedingte Fortsetzung lautet:

> Laden des früher sichergestellten Akkuinhalts (des Zeitzeichenprogramms, nicht des unterbrochenen Programms)
> Laden der übrigen Register-Inhalte
> Aufheben der Unterbrechungssperre
> Rücksprung in das Zeitzeichenprogramm (unter Benutzung der früher sichergestellten Adresse)

Das hier gewählte Vorgehen mag umständlich erscheinen, wenn man es mit den Möglichkeiten bei komfortableren Maschinen vergleicht. Die Aufzählung ist trotzdem notwendig, weil die beschriebenen Schritte in jedem Falle in vergleichbarer Form stattfinden müssen, auch wenn ihre Durchführung verdrahtet ist und man sie dann im Programm nicht explizit beobachten kann.

Programmumfang

Je nach dem verfügbaren Befehlsvorrat lassen sich die angegebenen Schritte für eine Unterbrechungsursache mit z.B. 20 bis 30 Befehlen verarbeiten; deren Ausführungszeit ist also einzukalkulieren. Das ganze Unterbrechungsprogramm kann einige hundert Befehle umfassen.

8.3. Time-sharing

Rechenzeitverteilung

Das soeben beschriebene Unterbrechungsprogramm dient der Sofortbeantwortung von Vorrangmeldungen und der Ablösung des laufenden Programms durch ein anderes. Dabei ist aber nicht an das unmittelbare Umschalten von einem Benutzerprogramm auf ein zweites gedacht, weil damit besondere Komplikationen verbunden sind. Dieser umfassendere Umschaltvorgang soll hier unter dem Stichwort R e c h e n z e i t - V e r t e i l e r p r o g r a m m (kurz V e r t e i l e r p r o g r a m m) betrachtet werden. Das Unterbrechungsprogramm schaltet also bei Bedarf unmittelbar nur auf dieses um. Außer dem Verteilerprogramm soll das Z e i t z e i c h e n p r o g r a m m besprochen werden.

Die Aufgaben werden auf die einzelnen Betriebsprogramme in den verschiedenen Betriebssystemen unterschiedlich verteilt. Unsere Betrachtungen sollen an Hand eines Beispiels in die Problematik und in eine Lösungsmöglichkeit einführen.

Zeitzeichenprogramm

Es gibt eine Reihe von Aufgaben, die in regelmäßigen Zeitabständen (von z.B. einer Zehntelsekunde) durchgeführt werden müssen, jedoch nicht dieselbe Dringlichkeitsstufe wie die Bedienung externer Geräte haben. Man wird sie in einem Programm zusammenfassen, das durch das oben beschriebene Zeitzeichen ausgelöst wird, ohne aber selbst gegen Unterbrechungen geschützt zu sein. Einige Aufgaben eines solchen Programms seien hier genannt:

▶ 1. Das Weiterzählen einer „Uhr". Es handelt sich hierbei um einen Speicherplatz, dessen Inhalt nach einer Umrechnung die R e a l z e i t (die Uhrzeit) angibt. Sie wird benötigt für Uhrzeitangaben, Bestimmung von Rechenzeiten u.ä.

▶ 2. Das Feststellen des Endes von Z e i t s c h e i b e n im t i m e - s h a r i n g - B e t r i e b . Es soll dann eine Anzahl von Benutzern immer abwechselnd eine bestimmte Rechenzeit (von z.B. einer Sekunde) zugeteilt bekommen, nach deren Ablauf ein anderer Benutzer an die Reihe kommt. Im richtigen Augenblick muß dazu das Verteilerprogramm ausgelöst werden.

▶ 3. Das Überwachen von externen Geräten auf Reaktionen, die in festen Zeiträumen erfolgen müssen, wenn keine Störungen vorliegen.

▶ 4. Das Vorbereiten von Ein- und Ausgabedaten, soweit dies nicht vom Benutzer- oder Unterbrechungsprogramm erledigt wird.

▶ 5. Das Einhalten von Wartezeiten bei Ein- und Ausgabegeräten. Wenn z.B. ein Terminal für beide Wege benutzt wird, so ist nach jeder Eingabe eine bestimmte Zeit zu warten, ob der Benutzer noch weiterschreibt oder ob auf Ausgabe umgeschaltet werden kann.

▶ 6. Das regelmäßige Abfragen von selten abzulesenden Meßwerten bei Prozeßsteuerungsaufgaben und von Schalterstellungen.

▶ 7. Die Untersuchung, ob sich unter den inzwischen eingelaufenen Eingabedaten vollständige Steueranweisungen befinden, die sofort ausgeführt werden müssen.

▶ 8. Die Zeitsteuerung von Ausgabeoperationen z.B. in der Prozeßsteuerung oder bei laufender Anzeige auf Datensichtgeräten.

Die meisten dieser Aufgaben können so erledigt werden, daß ihnen ein Speicherplatz als Z ä h l e r zugewiesen ist, dessen Inhalt bei jedem Zeitzeichen um Eins erhöht wird. Ist eine bestimmte Grenze erreicht, erfolgt ein Sprung auf ein Unterprogramm, das den Zähler löscht und die erforderlichen Befehle ausführt.

Alle diese Aufgaben werden vorrangig vor allen Benutzerprogrammen behandelt, aber durch die Aufgaben des Unterbrechungsprogramms unterbrochen. Das betrachtete Programm muß insgesamt so kurz sein, daß es auf jeden Fall vor Auftreten des nächsten Zeitzeichens beendet ist.

Je nach Aufgabestellung und Konstruktion der Anlage kann der Abstand der Zeitzeichen zwischen Millisekunden und Sekunden eingestellt sein oder auch durch Befehle variiert werden. Es können auch verschiedene Zeitzeichen (mit verschiedenen zugehörigen Programmen) vorgesehen werden.

Rechenzeitverteiler

Die Aufgabe der Rechenzeitverteilung auf verschiedene Benutzer wird durch das V e r t e i l e r - p r o g r a m m vorgenommen. Es hat die Aufgabe, einen Benutzer durch einen anderen abzulösen. (Bei Ablösung ist nicht an Programmunterbrechungen zur Bedienung externer Geräte und auch nicht an Unterbrechung durch das vorher betrachtete Zeitzeichen gedacht.)

Eine solche Ablösung tritt im einfachsten Fall ein, wenn entweder ein Benutzerprogramm „nicht mehr weiter kann", weil es z.B. auf Ein- und Ausgabegeräte warten muß, oder wenn eine Zeitscheibe abgelaufen, also ein Zeitlimit überschritten ist. (Kompliziertere Regelungen erwähnen wir in Abschn. 8.4.) Das Verteilerprogramm wird also von den Unterprogrammen, die die Ein- und Ausgabeoperationen steuern, oder nach einer bestimmten Rechenzeit vom Zeitzeichenprogramm ausgelöst.

Es hat drei Aufgaben: Die Ermittlung des „eiligsten" Benutzers, die Feststellung, ob dieser „rechenbereit" ist, und das Durchführen der Umschaltung.

Die erste Aufgabe scheint einfach zu sein, wenn alle Benutzer in zyklischer Reihenfolge gleichberechtigt an die Reihe kommen sollen. Jedoch: Jeder Benutzer ist gewissermaßen mit drei Programmen (mit verschiedener Dringlichkeit) gleichzeitig beteiligt. Er muß, während sein Programm rechnet, Steueranweisungen eingeben können (z.B. für das Abbrechen, Datenänderung usw.). Parallel zum Rechenprogramm muß also „sein" Assembler operieren können, wenn dieser die Steueranweisungen verarbeitet. Als drittes sollten für das Programmausprüfen Kontrolldrucke zur Verfügung stehen, die Auskunft geben über Speicherinhalte, Programmzustand, symbolische Adressen usw. Diese müssen einerseits durch Steueranweisungen beeinflußt werden können. Andererseits muß das Rechenprogramm nach ihrer Beendigung ohne Behinderung weiterrechnen können. Alle drei Programme müssen daher (scheinbar) gleichzeitig arbeiten können und dürfen einander nicht stören.

Eine mögliche Strategie besteht darin, bei jedem Zeitzeichen die für Benutzer mit schnellen Eingabegeräten zuständigen Assembler regelmäßig zu starten, wenn die Geräte laufen. Bei langsameren Eingabegeräten kann dies in größeren Abständen geschehen; z.B. kann bei jedem Zeitzeichen der jeweils nächste berücksichtigt werden.

Sind die Übersetzungsvorgänge abgeschlossen, d.h. liegen keine verarbeitungsfähigen Daten mehr vor, so werden nach einer festgelegten Reihenfolge die aktuellen Kontrolldrucke ausgelöst, bis die zugehörigen Ausgabegeräte bis zum nächsten Mal ausgelastet sind. Dafür wird nur wenig Rechenzeit beansprucht.

Erst jetzt kommt das nächste Rechenprogramm an die Reihe. Die Feststellung des Rechenzeitverteilers, ob der nächste Benutzer „rechenbereit" ist, läßt sich organisatorisch einfach lösen, wenn man Rechenzeit opfern kann: Das nächste Programm wird gestartet. Es fragt selbst ab, ob erforderliche Eingaben erfolgt bzw. Ausgaben beendet sind und springt eventuell sofort wieder in den Verteiler zurück, wenn es noch nicht arbeiten kann. Die Unterprogramme für Ein- und Ausgabe müssen dafür lediglich mit einer Abfrageschleife versehen sein. Zur Illustration die erforderlichen Schritte bei Ausgabe:

    Abfrage, ob Speicher zur Aufnahme der Ausgabezeichen frei ist
    Wenn ja: Sprung auf das eigentliche Ausgabeprogramm
    Sonst:
    Unterprogrammsprung in das Verteilerprogramm
    Nach der Rückkehr von dort:
    Sprung auf die Abfrage in der ersten Zeile

Der eigentliche Umschaltvorgang besteht im Sicherstellen und Restaurieren von Speicherplätzen und von Registerinhalten sowie im Auslösen des neuen Programms.

Auf den ersten Blick scheinen das Sicherstellen und Restaurieren von Speicherplätzen überflüssig zu sein, da jedes Programm seine eigenen Speicherplätze besitzt. Alle Benutzer nehmen jedoch eine Reihe von Basisprogrammen in Anspruch, die sich bereits vorgefertigt in der Maschine befinden. Zu ihnen gehören Assembler, Kontrollprogramme und Unterprogramme für Drucken und Rechnen (man denke nur an die früher betrachteten Standardfunktionen). Der Speicheraufwand ist untragbar, wenn für jeden Benutzer ein vollständiger Satz dieser Programme in der Maschine aufbewahrt werden muß. Derartige Programme müssen r e - e n t r a n t (wieder-auslösbar) geschrieben sein. Man unterteilt sie daher in einen Bestandteil, der aus unveränderlichen Speicherinhalten (also insbesondere aus den Befehlen) besteht, und einen zweiten Teil, der alle veränderlichen Informationen enthält (also z.B. Zahlenwerte von Variablen, Rücksprungadressen, Merkzeichen usw.). Den ersten Teil legt man innerhalb der Maschine nur ein einziges Mal für alle Benutzer gemeinsam ab. Der zweite Teil muß für jeden Benutzer getrennt sein. Da die Befehle des ersten Teils sich auf ganz bestimmte Adressen des zweiten Teils beziehen, wechselt man bei einem Benutzerwechsel am einfachsten den ganzen zweiten Teil als Zahlenblock gegen einen entsprechenden Block aus (vgl. B l o c k t r a n s f e r in Abschn. 3.1).

Jedem Benutzer steht also dauernd ein bestimmter Bereich zur Verfügung, in dem „seine" Variablen sichergestellt sind, sofern sein Programm nicht gerade arbeitet. Ist er wieder an der Reihe, so werden erst die vom Vorgänger benutzten Variablen in dessen Bereich sichergestellt und dann die Variablen des neuen Benutzers hergeholt. Hierfür kann (bei nicht zu umfangreichen Hilfsprogrammen) u.U. eine Zahl von 30 Speicherplätzen ausreichen, da z.B. von den Standardfunktionen immer nur eine einzige für jeden Benutzer „in Arbeit" sein kann. Die Variablenplätze können also mehrfach verwendet werden.

Wenn man versucht, die soeben betrachteten Vorgänge beim Ablauf der verschiedenen Hilfsprogramme in Gestalt eines Ablaufplans darzustellen, stößt man auf einige charakteristische Besonderheiten.

▶ 1. Alle Unterbrechungen führen nicht unmittelbar in ein beliebiges Programm höherer Priorität, sondern in das Unterbrechungsprogramm, das dann die Weiterverarbeitung übernimmt. Dies ist eine Spezialität unseres Ansatzes. Wenn bei größeren Anlagen scheinbar ein direkter Übergang möglich ist, müssen die hier durchgeführten Schritte jedoch auch ausgeführt werden: Sie werden dann durch eine verdrahtete Ablaufsteuerung vorgenommen.

▶ 2. In einem Ablaufdiagramm sind Programmunterbrechungen nicht in der üblichen Form darstellbar, weil sie an unvorhersehbaren Stellen auftreten können.

▶ 3. Wartestellungen werden nicht durch Warteschleifen oder Stops ausgeführt, sondern durch S e l b s t u n t e r b r e c h u n g e n . Sie müssen bezüglich des Sicherstellens von Registerinhalten usw. wie Fremdunterbrechungen (Vorrang-Interrupts) behandelt werden; ihre Ausführung erfolgt wie bei diesen durch Löschen der B e r e i t s c h a f t s m e l d u n g durch ein Merkzeichen, das die Unterbrechungsursache kennzeichnet, durch Setzen der Vorrangsperre und durch einen Unterprogrammsprung in das Unterbrechungsprogramm.

▶ 4. Alle besprochenen Programme (außer den Benutzerprogrammen) haben keinen Stop und daher auch kein Ende. Da sie von außen jederzeit wieder aufgerufen (scheinbar neu gestartet) werden können, wird der Stop ersetzt durch eine Selbstunterbrechung. Nach deren Aufhebung erfolgt ein Rücksprung an die Unterbrechungsstelle. Da dies einem Start gleichkommen soll, muß das Programm einen Kreislauf bilden, der in jedem Fall nach Durchlaufen wieder von vorne beginnt.

▶ 5. Die Programme werden nicht im eigentlichen Sinne gestartet. Es wird vielmehr eine Marke im Unterbrechungsprogramm gesetzt, , daß das betreffende Programm startbereit ist. Das Auslösen erfolgt durch das Unterbrechungsprogramm, sobald es nach der Prioritätsreihenfolge erlaubt ist. Dann wird an der Unterbrechungsstelle weitergearbeitet.

▶ 6. Wird (nach dem Anschalten der Anlage) das ganze System neu gestartet, so erfolgt dies durch Auslösen des Unterbrechungsprogramms. Dabei müssen sich aber alle anderen Programme so verhalten, als ob sie sich im unterbrochenen Zustand befänden. Vor dem eigentlichen Systemstart sind also alle (scheinbar) sichergestellten Registerinhalte und insbesondere alle (scheinbaren) Unterbrechungsadressen (Rücksprungadressen) auf einen geeigneten Stand zu bringen. Ferner ist zu jedem Programm ein Merkzeichen zu setzen, welches angibt, ob es zu Anfang einmal ausgelöst werden oder ob dies vorläufig nicht geschehen soll.

8.4. Betriebssysteme

Die meisten bisher betrachteten Programme sind Bestandteil des Betriebssystems. Das B e t r i e b s-
s y s t e m (engl. OS = operating system) ist die Gesamtheit aller Programme, die vom Hersteller
(oder gelegentlich auch vom Benutzer) vorgefertigt sich dauernd in der Maschine befinden und für
allgemeine Verwendung zur Verfügung stehen. Über das Betrachtete hinaus gehört dazu eine Reihe von Spezialprogrammen für den Arbeitsablauf und die Organisation des Rechenbetriebs, die
insbesondere bei Großrechenanlagen außerordentlich umfangreich sein können. Wir wollen einige
dieser Teile in ihrer Wirkungsweise beschreiben. Dabei werden wir gelegentlich auf Bekanntes zurückgreifen.

Große Betriebssysteme können 10^6 Befehle enthalten (und zur Erstellung 10^3 Mannjahre erfordern, wobei ein Mannjahr die Arbeitszeit eines Mitarbeiters in einem Jahr ist). Natürlich ist von
diesen Programmen nur ein kleiner Teil im Arbeitsspeicher dauernd vorhanden (engl. resident), die
übrigen Teile stehen in Hintergrundspeichern und werden nur bei Bedarf geholt.

Bei Großanlagen unterscheidet man zwischen dem Arbeiten im b a t c h   p r o c e s s i n g und im
t i m e - s h a r i n g, wobei die Zukunft den aus beiden gemischten Möglichkeiten gehört. Wir betrachten hauptsächlich das time-sharing. Beim b a t c h   p r o c e s s i n g (Stapel-Verarbeitung)
sind die Verhältnisse einfacher. Bis auf Betriebsoperationen wie Ein- und Ausgabe wird hier jeweils nur ein einziges Benutzerprogramm verarbeitet. Erst wenn dies beendet oder endgültig abgebrochen ist, kommt automatisch das nächste an die Reihe. Da dies schon vorher eingegeben
wird, ist ein pausenloses Arbeiten möglich.

Scheduling

Die Hauptaufgabe eines Betriebssystems im time-sharing-Betrieb besteht in der begrenzten Rechen-
zeitzuteilung an die einzelnen Benutzer. Das in Abschn. 8.3 betrachtete Rechenzeitverteilungspro-
gramm ist ein solches scheduling-Programm (engl. schedule = Fahrplan).

Die Rechenzeitverteilung besteht aus vier verschiedenen Aufgaben, die durch ein derartiges Programm zu bewältigen sind.

Zunächst sind die maschinentechnischen Charakteristika eines neuen Programms festzustellen. Der
Benutzer muß in die Maschine eingeben, wie viele Speicherplätze er etwa benötigt, welche Ein-
und Ausgabegeräte er braucht, welche Rechenzeiten er vorweg abschätzt usw.

Zweitens: Diese Angaben sind während des Rechenbetriebes zu überprüfen. Es muß also eine automatische Buchführung erfolgen über die bereits abgelaufene Rechenzeit und die „Materialverwen-
dung".

Die dritte und zugleich Hauptaufgabe eines scheduling-Programms besteht darin, die Rechenzeit
zu verteilen. Hierzu sind verschiedene Strategien erdacht worden, die hier nicht betrachtet werden können. Das einfachste Verfahren wurde oben beschrieben: Zeitscheiben von bestimmter
Dauer werden zugeteilt, nach deren Ablauf ein anderes Programm eingeführt wird. Dies ist aber
nicht allgemein anwendbar, da Benutzer die Anlage mit verschiedener Priorität beanspruchen können und außerdem manche Aufgaben im r e a l - t i m e - B e t r i e b ablaufen müssen, d.h. innerhalb einer festgesetzten Antwortzeit zu einer Reaktion der Maschine führen müssen. Diese sind
bevorzugt abzufertigen.

Der vierte Teil eines solchen scheduling-Programms besteht in dem eigentlichen Umschalten von einem Programm auf ein anderes, im wesentlichen also darin, daß eine Reihe von Hilfsspeichern umgeladen wird. Als letzter Teilschritt erfolgt der Start des neuen Programms.

scheduling-Programme erfordern Rechenzeit, die den Benutzerprogrammen verlorengeht. In günstigen Fällen (schnelle CPU, großer Arbeitsspeicher, relativ lange Zeitscheiben) liegt der Verlust bei einigen Prozent.

Statistik und interne Datenerfassung

Die beschriebene Rechenzeitzuweisung und auch das kaufmännische Abrechnen der Belastung der Anlage durch den einzelnen Benutzer (Kunden) ist nur möglich, wenn eine fortwährende interne Datenerfassung erfolgt, die feststellt, welche Zeiten, Speicherblöcke und externen Geräte verwendet wurden. Da die Benutzerprogramme ständig wechseln, ist eine solche Feststellung nur durch ein internes Programm durchführbar.

Die Feststellung der Belegungszeiten der verschiedenen Geräte, insbesondere der CPU, geschieht mit Hilfe einer Uhr, die in regelmäßigen Zeitabständen automatisch weitergeschaltet wird. Dies kann wie oben beschrieben vor sich gehen: Bei jedem Zeitzeichen (Takt, clock) wird in einem Speicher weitergezählt. Man kann auch in die Maschine eine R e a l z e i t u h r einbauen, deren Anzeige wie der Inhalt jedes anderen Registers in das Rechenwerk geladen werden kann. Bei Start und Stop eines Programms werden dann die beiden Stellungen dieser Uhr sichergestellt: Ihre Differenz gibt die Rechenzeit.

Eine entsprechende Verfolgung des Rechenbetriebes muß bei der Zuweisung von Daten an Ein- und Ausgabegeräte erfolgen, um z.B. Papierverbrauch und zeitliche Belegung von Druckwerken zu registrieren. Es sind hierzu Teilprogramme nötig, die in die Druckprogramme eingefügt sind.

Oft ist es nötig, einzelne Aktivitäten (z.B. von Speichern) automatisch zu erfassen. Man kann in verschiedene Teile des Gerätes automatische Zähler als Geräte einbauen, die zu registrierende Schaltvorgänge zählen. Auch deren Inhalt muß zu einem späteren Zeitpunkt in das Rechenwerk überführt werden können, um das Ergebnis auszuwerten.

Hilfsprogramme

Viele Unterprogramme und Hilfsprogramme müssen Bestandteil des Betriebssystems sein, damit sie jederzeit für die Benutzer zur Verfügung stehen. Sie müssen in der Lage sein, abwechselnd verschiedene Benutzer zu bedienen. Dabei kann u.U. ein Benutzer neu beginnen, während der Vorgänger das betreffende Hilfsprogramm noch nicht beendet hat. Diese Programme müssen daher ihrerseits im time-sharing-Betrieb arbeiten können, d.h. re-entrant sein.

Paging

Oft werden innerhalb einer Rechenanlage Programme bearbeitet, deren Umfang das Volumen des Arbeitsspeichers übersteigt. Es ist eine wesentliche Erleichterung für den Benutzer, wenn er scheinbar einen sehr viel größeren Arbeitsspeicher (einen großen „virtuellen Speicher") zur Verfügung hat. In Wirklichkeit wird sich nur ein Teil seines Programmes wirklich im Arbeitsspeicher befinden, die übrigen Teile werden in einen Hintergrundspeicher, z.B. einen Plattenspeicher, vorübergehend ausgelagert, bis sie wieder benötigt werden. Es ist dann ein automatisches Laden und Entladen der einzelnen Teile des Programms nötig.

Zu diesem Zweck unterteilt man den Speicher und damit automatisch auch die in ihm unterzubringenden Programme in einzelne „Seiten" (engl. pages). Das Volumen einer „Seite" könnte z.B. 1024 Worte sein (es sind allerdings auch wesentlich andere Volumina in Gebrauch).

Das Betriebssystem erhält nun die Aufgabe, die einzelnen Seiten bei Bedarf vom Hintergrundspeicher in den Arbeitsspeicher und umgekehrt zu transportieren. Dabei ergeben sich zwei Probleme. Das erste besteht darin, daß sich die richtige Seitenauswahl im Arbeitsspeicher befinden muß. Problematisch ist eigentlich nicht, die richtige Seite im richtigen Augenblick heranzuholen, da dies ja durch den Programmablauf eindeutig gefordert wird: Sobald ein Wort aus einem anderen Speicherbereich benötigt wird, muß dieser selbstverständlich herantransportiert werden. Problematischer ist umgekehrt die Frage, aus welchem Speicherbereich der Inhalt wieder auf den Hintergrundspeicher zurückgebracht werden soll, wenn Platz anderweitig benötigt wird. Es gibt sehr verschiedene Strategien, die versuchen, möglichst zweckmäßig zu arbeiten. Diese können hier nicht betrachtet werden. Sie basieren auf einer sorgfältigen internen Statistik des Rechners. Dieser sollte z.B. registrieren, wie oft die einzelnen Speicherbereiche in der Vergangenheit benutzt worden sind und sollte nur diejenigen entfernen, die sehr selten verwendet wurden.

Das zweite Problem des paging besteht darin, daß i. allg. Programme für bestimmte Speicheradressen geschrieben sind, die die Adreßteile der Befehle festlegen. Nun ist bei einem Programmtransport aber i. allg. nicht gewährleistet, daß der ursprünglich betrachtete Speicherbereich gerade frei ist. Man wird Programme also „verschieblich" gestalten müssen, damit sie in einem gerade verfügbaren Speicherbereich auch arbeitsfähig sind. Dies wird dadurch erschwert, daß andere „Seiten" des Programms oft z.B. für Daten zur gleichen Zeit gebraucht werden. Dabei ist die Reihenfolge der verschiedenen „Seiten" im Arbeitsspeicher nun ganz anders als früher. Es genügt also nicht, das Programm zu verschieben; die Adreßteile der Befehle müssen verschieden verändert werden, je nachdem, auf welchen Teil der Datenmengen oder der Programme sie sich beziehen. All dies soll automatisch geschehen.

Verschiedene Bedingungen müssen für paging-Techniken erfüllt sein. Es muß innerhalb der Befehle registriert werden, ob der Adreßteil überhaupt eine Adresse darstellt oder eine konstante Zahl. Es ist hierzu eine Kennzeichnung der Befehle nötig; z.B. kann innerhalb des Befehls ein gesondertes Bit vorgesehen sein, das angibt, ob es sich um einen umzurechnenden Adreßteil handelt. Dieses hätte keine unmittelbaren Auswirkungen auf die Ausführung des Befehls, sondern wird nur berücksichtigt, wenn das Programm in einen anderen Speicherbereich transportiert wird.

Als eine andere Möglichkeit wird außerhalb des Befehls registriert, welche Befehle verändert werden müssen. Hierzu genügt es, wenn innerhalb der betreffenden „Seite" an einer Spezialstelle eine Tabelle angebracht ist, an der die (relativen) Adressen aller umzurechnenden Befehle registriert werden. Man kann auch innerhalb eines speziellen Speicherbereiches jedem einzelnen Befehl ein einzelnes Bit zuordnen. Erhält dieses den Wert L, so muß der Adreßteil des entsprechenden Befehls geändert werden.

Die Umrechnung selbst ist relativ einfach, da sie nur Verschiebungen um ganze Seitenzahlen erfordert. Man kann also die letzten 10 Bits des Adreßteils unverändert lassen, wenn die Seitenlänge 1024 Worte (entsprechend diesen 10 Bits) umfaßt. Nur die höheren Dualstellen werden modifiziert. Dies kann immer dann stattfinden, wenn ein Speicherbereich aus dem Hintergrundspeicher in den Arbeitsspeicher transportiert wird.

Diese Aufgabe wird eleganter automatisch während des Rechenprozesses durchgeführt. Die Adreß-modifikation ist im Grunde ein einfaches Umcodieren der höheren Stellen des Adreßteils. Je nach deren fiktivem Wert muß der aktuelle Wert eingesetzt werden. Die schnellste Methode verwendet hierzu bei aufwendigen Maschinen Assoziativspeicher, die zu bestimmten Bitkombinationen dieser oberen Stellen des Adreßteils die aktuellen Werte liefern und in die Adresse einschleusen. Eine Verschiebung wird dadurch bewerkstelligt, daß der entsprechende Assoziativspeicher einen neuen Wert zugewiesen bekommt. Die Befehle selbst werden beim Transport nicht umgerechnet.

Benutzerzulassung

An morderne Rechenanlagen ist meistens eine Reihe von t e r m i n a l s angeschlossen, d.h. Schreibmaschinen, Fernschreiber oder Datensichtgeräte, an denen der Benutzer unmittelbar (on line) mit der Maschine arbeiten kann. Der Sinn des time-sharing-Betriebes liegt darin, daß eine große Zahl derartiger Stationen gleichzeitig arbeiten kann. Dabei ist zu gewährleisten, daß jeder Benutzer nur zu seinem eigenen Programm Zugriff hat sowie eventuell noch zu denjenigen Programmen, deren Gebrauch ihm ausdrücklich erlaubt wurde. Wenn dieses Verfahren sorgfältig überwacht wird, muß der Benutzer seinen Namen eintasten, woraufhin die Maschine automatisch feststellt, ob er in einer Zulassungsliste aufgeführt ist, die sich im Speicher der Maschine befindet. Neben seinem Namen wird der Benutzer noch eine Kennummer oder ein Kennwort angeben, das nur ihm bekannt ist. Erst wenn auch dieses mit einem vorher eingegebenen (in der Maschine befindlichen) Kennzeichen übereinstimmt, wird ihm die Maschine zur Benutzung freigegeben.

Das Bedienungspersonal der Maschine muß vorher den Namen jedes zugelassenen Benutzers in die Maschine eingeben; außerdem muß die Maschine Hinweise erhalten, wieviel Rechenzeit der betreffende Benutzer zugebilligt bekommt. Dies richtet sich nach finanziellen Möglichkeiten, nach der zur Verfügung stehenden Zeit sowie nach dem Umfang der gerade anliegenden anderen Aufgaben.

Im Laufe des Rechenganges muß überwacht werden, daß ein Zeitlimit, das dem betreffenden Benutzer zur Verfügung steht, nicht überschritten wird.

Darüber hinaus muß der Benutzer festlegen, ob die von ihm geschriebenen Programme nur ihm selbst oder auch anderen zur Verfügung stehen. Dies kann wieder in mehreren Stufen geschehen. Ein anderer Benutzer kann z.B. die Erlaubnis haben, nur Daten zu lesen oder Programme zu rechnen oder sie sogar abzuändern. Einige weitere Fälle sind möglich.

Am wichtigsten sind diese Hinweise für S y s t e m p r o g r a m m e. Bei diesen muß sehr streng darüber gewacht werden, daß sie nicht durch einen der vielen Benutzer geändert werden, damit nicht das ganze Betriebssystem gestört wird.

Datensicherung

Da sich im Arbeitsspeicher der Anlage zwangsläufig Programme und Daten verschiedener Benutzer sowie des Betriebssystems befinden, muß eine in das Gerät eingebaute D a t e n s i c h e r u n g angestrebt werden. Hierzu wird zweckmäßigerweise die p a g e - U n t e r t e i l u n g des Speichers verwendet. Für jeden Datensatz, der sich innerhalb einer „Seite" befindet, wird in einem speziellen Speicherplatz registriert, ob dieser Datensatz gelesen, geschrieben oder als Programm ausgeführt werden darf. Diese Angaben werden durch das Betriebssystem geändert, sobald ein anderer Benutzer rechnet. Man kann jeder „Seite" in einigen Registern je ein Bit zuordnen. Das erste dieser

Register könnte dann zuständig sein für die Schreiberlaubnis: Nur wenn für die betreffende „Seite" ein L gesetzt ist, kann eingeschrieben werden. Ein weiteres Register würde entsprechend die Leseerlaubnis erteilen usw.

Natürlich müssen auch diese Register geladen bzw. verändert werden, und dies darf auf keinen Fall den Benutzern erlaubt sein. Es sind einige Spezialbefehle erforderlich, die nur privilegierten Programmen zur Verfügung stehen, insbesondere dem Betriebssystem. Eingriffe in das Betriebssystem dürfen nur speziellen Datenstationen des Bedienungspersonals technisch möglich sein.

Nur die eben beschriebenen Maßnahmen der Datensicherung gestatten einen praktikablen, störungsfreien Betrieb, wenn sehr viele Benutzer die Rechenanlage beanspruchen. Darüber hinaus spielen auch juristische und kaufmännische Probleme eine große Rolle. In Zukunft werden große Datenbanken mit außerordentlich umfangreichen Unterlagen einem großen Benutzerkreis zur Verfügung stehen. Dabei werden viele eingespeicherte Daten Geheimhaltungsvorschriften unterliegen und nur bestimmten Benutzern zugänglich gemacht werden dürfen.

Dump und Restart

Auch in den besten heutigen Großanlagen lassen sich gelegentlich technische und auch unbeabsichtigt programmierte Störungen nicht vermeiden. Es kann vorkommen, daß „das System zusammenbricht", d.h. daß die Maschine nicht weiterrechnen kann. Wenn sich dies auf einzelne Programme bezieht, ist es u.U. nicht schwierig, das betreffende Programm neu einzulesen und wieder zu starten. Kritisch ist es bei Störung umfangreicherer Programme, die sehr lange Rechenzeiten haben, und insbesondere des Betriebssystems selbst.

Dann möchte man möglichst den letzten Stand vor Eintreten der Störung wiederherstellen. Da Fehler insbesondere auch in den Speichern auftreten können, ist dies nicht allgemein möglich. Man versucht, eine Sicherung durch den d u m p herzustellen: Sämtliche Speicherinhalte werden durch das Betriebssystem in einen Hintergrundspeicher, z.B. einen Bandspeicher, überführt (engl. to dump = auskippen).

Dies muß in regelmäßigen Zeitabständen geschehen. Erfolgt ein Zusammenbruch des Systems, so ist es immer möglich, diesen Zustand wieder herzustellen und von dort an ein zweites Mal zu rechnen.

Natürlich erfordert das Sicherstellen Zeit und muß auch bei einer einwandfreien Maschine in regelmäßigen Abständen wiederholt werden. Man kann den dump dadurch vereinfachen, daß man nicht vollständig alle Speicherinhalte sicherstellt, sondern in kürzeren Abständen nur die inzwischen vorgenommenen Veränderungen registriert. Hierzu müssen alle diejenigen Speicherblöcke möglichst automatisch registriert werden, in denen Veränderungen durch Einschreiben vorgenommen wurden. Bei einem solchen Zwischendump werden dann nur diese Speicherbereiche auf das Magnetband übernommen.

Es ist ein Kompromiß zu finden zwischen den Zeitabschnitten, innerhalb derer man die Mühe einer solchen Sicherstellung auf sich nimmt, und dem Zeitverlust, der für eine Wiederholung in Kauf zu nehmen ist, wenn das System zusammenbricht.

Natürlich sollte das Sicherstellen und auch das Wiederstarten automatisch geschehen, sofern die Maschine dazu noch in der Lage ist und nicht ein Bediener-Eingriff aus anderen Gründen erwünscht ist.

9.   Ergänzungen und Anwendungen

In Abschn. 9.1 werden Hilfsprogramme umrissen, die für die technische Arbeitsfähigkeit einer Anlage erforderlich sind. Die folgenden Abschnitte enthalten Überblicke über charakteristische Anwendungen, die den Rahmen des numerischen Rechnens verlassen.

9.1.   Ur- und Prüfprogramme

Unsere Betrachtungen über Assembler und Assemblersprachen scheinen einen Widerspruch zu enthalten. Wir führten aus, daß eine Rechenanlage ohne Programme nicht in der Lage ist, Zahlen, Befehle oder andere Informationen zu „verstehen", die von außen an sie herangetragen werden. Für dieses Lesen ist ein Assembler erforderlich. Gerade den Assembler haben wir aber als recht umfangreiches Programm von oft mehreren Tausend Befehlen kennengelernt. Da er nun zweckmäßigerweise in seiner eigenen Assemblersprache geschrieben wird, mutet dieses Arbeiten wie ein Münchhausen-Trick an. Wie kann ein Assembler in Betrieb genommen werden?

Man muß drei Fälle unterscheiden. Während des laufenden Betriebes kann ein Teil des Assemblers durch technische Störungen betriebsunfähig geworden sein. Dann muß man ihn neu in die Maschine hineinbringen. Hierfür wird es zweckmäßig sein, in den Assembler ein P r i m i t i v l e s e p r o - g r a m m aufzunehmen, das zwar nicht alle Programmiererleichterungen verarbeiten, aber speziell vorbereitete Programme lesen kann. Solange dies ungestört ist, kann man mit ihm den Assembler neu eingeben.

Der zweite Fall betrifft das Einlesen in eine neu in Betrieb zu nehmende Anlage oder bei zerstörtem Primitivleseprogramm. Hier wird man nach Möglichkeit ein sehr einfaches U r l e s e p r o - g r a m m verdrahtet einbauen, das Information von Lochkarten, Lochstreifen oder ähnlichen Medien aufnehmen kann. Es wird bei weitem nicht so kompliziert aufgebaut sein können wie der Assembler, sondern nur allereinfachste Leseprozesse durchführen. Besonders einfach wird es, wenn man jedem Bit innerhalb eines Wortes ein bestimmtes Loch auf dem Lochstreifen oder auf der Lochkarte zuordnet. Ist das Loch gestanzt, so erhält das entsprechende Bit den Wert L. Das setzt voraus, daß das einzulesende Programm schon „übersetzt" vorliegt. Man wird diese Lochstreifen daher kaum mit der Hand, sondern nur mit einem arbeitsfähigen Assembler herstellen können, zweckmäßigerweise auf einem anderen arbeitsfähigen Exemplar desselben Maschinentyps.

Der soeben beschriebene Fall erhält besondere Bedeutung bei den wahrscheinlich in Zukunft allgemein verwendeten i n t e g r i e r t e n S p e i c h e r n , die aus Flipflops aufgebaut sind, deren Stellung L bzw. O bei jedem Ausschalten der Anlage gestört wird. Man kann die Programme bei einer solchen Anlage auf einem Plattenspeicher o.ä. ungestört unterbringen; aber schon der Rücktransport von der Platte in den Arbeitsspeicher erfordert in letzterem ein arbeitsfähiges Programm. Das Urleseprogramm als erster Schritt dieses I n i t i a l i s i e r e n s benötigt dann eventuell einen unveränderlichen Festspeicher.

Im dritten Fall schließlich geht es um die Inbetriebnahme der ersten Anlage eines neuen Maschinentyps. Hier ist es allgemein üblich, schon während der Entwicklung und Planung der neuen Anlage ihre Eigenschaften, insbesondere auch ihre Maschinenoperationen und Befehle, an einer Maschine eines anderen Typs nachzubilden (zu „simulieren"). Abschn. 9.2 soll dies erläutern. Man kann dann mit dieser anderen Maschine wie mit der neuen arbeiten (allerdings mit Einschränkungen und sehr viel langsamer), insbesondere Programme ausprüfen und sie auch für das Urleseprogramm umwandeln. Zu ihnen wird auch der Assembler oder zumindest Teile von ihm gehören.

Prüfprogramme

Für den technischen Betrieb ist eine große Anzahl von Serviceprogrammen nötig, die insbesondere der Prüfung der Anlage dienen. In vielen Fällen gehören sie zum Betriebssystem, da solche Kontrollen oft während des normalen Rechenbetriebes automatisch ablaufen sollen. Es gibt aber auch Prüfprogramme, die nur im Störungsfall oder auf ausdrückliche Anforderung des Bedienungspersonals in Benutzung genommen werden. Zu diesen können insbesondere Speicherkontrollen gehören, die Speicher laden und den Inhalt nach einiger Zeit überprüfen. Bestimmte regelmäßige Kombinationen von L und O führen erfahrungsgemäß häufig zu Störungen, man wird diese also für den Test benutzen.

Ähnliche Kontrollen sind bei den Ein- und Ausgabegeräten möglich. Lochkarten oder Lochstreifen mit speziellen Informationen werden durch ein Prüfprogramm eingelesen und mit den Sollwerten verglichen. Viele Geräte haben kritische Geschwindigkeitsbereiche (häufiges Starten und Stoppen), die man beim Test einhält.

Da Prüfprogramme insbesondere bei Maschinenstörungen nötig sind, wird man sie oft genau so präparieren wie die erwähnten Urprogramme, so daß sie auch bei nicht funktionsfähigem Assembler eingelesen werden können. Noch günstiger werden sie verdrahtet eingebaut.

Störungsquellen

Häufigste Störungsquellen sind mechanische Ein- und Ausgabegeräte, die starkem Verschleiß unterliegen. Auch Speicher können gelegentlich gestört sein, insbesondere wenn sie wie Bandspeicher staubempfindlich sind. Andere elektronische Störungen sind selten. In Zweifelsfällen sollte man zu allererst nach Programmierfehlern (auch in den Betriebsprogrammen) suchen.

9.2. Simulation

Beim Studium komplizierter geplanter Abläufe spielen „Sandkastenspiele" an Modellen seit jeher eine große Rolle. Dabei wird versucht, das Vorgehen möglichst naturgetreu nachzubilden und die einzelnen Schritte nachzuvollziehen, um Engpässe in der Planung festzustellen, Zeitabläufe zu studieren usw. Mit Rechenanlagen läßt sich das besonders einfach durchführen, da diese auf Grund eines Programmes sorgfältig und zuverlässig alle Einzelschritte durchrechnen können. Diese S i m u l a t i o n bedeutet somit die Nachbildung der interessierenden Eigenschaften eines Systems mit Hilfe einer Rechenanlage. Besonders wichtig sind Simulationsmethoden in der Entwicklung und Konstruktion von Rechenanlagen selbst geworden.

Es lassen sich in der Informatik hauptsächlich drei Anwendungsmöglichkeiten von Simulationsverfahren unterscheiden. Erstens kann man das Innere einer Rechenanlage nachbilden, zweitens die Ausführung der einzelnen Rechenoperationen (Maschinenbefehle) mit Hilfe einer anderen Anlage durchführen. Drittens kann man zeitliche Abläufe studieren, also insbesondere Warteschlangenprobleme.

Schaltungssimulation

Elektronische Rechenanlagen sind aufgebaut aus l o g i s c h e n E l e m e n t e n wie Konjunktionen, Disjunktionen, Nands, Nors usw. Diese führen Operationen aus, die wir oben in Gestalt des logischen Und, des Oder, der Antivalenz usw. kennengelernt haben. Die Nachbildung ist relativ einfach durch die entsprechende Maschinenoperation (Intersektion, Oder, . . .) zu erreichen. Dies braucht nicht mit Hilfe einer Assemblersprache zu geschehen, sondern kann auch in höheren Programmiersprachen wie ALGOL 60 oder FORTRAN durchgeführt werden. Das ist vorzuziehen, wenn die Rechenzeit es erlaubt, da dann die Programme wesentlich einfacher erstellt werden können.

Elektronische Schaltungen werden meistens synchron und getaktet betrieben. Die meisten logischen Bauteile liefern fast sofort die ihren Eingangsspannungen entsprechenden Ausgangsspannungen. Man muß daher z.B. für jedes Bauteil eine Gleichung niederschreiben, die die Ausgangsspannung als Funktion der Eingangsspannung berechnet. Den Ausgangskontakten der Bauteile (und anderen interessierenden Kontakten) werden mathematische Variable (d.h. Speicherplätze) zugeordnet, die zwei Werte ('true' und 'false' oder 1 und 0 oder +1 und −1) annehmen können.

Bei diesem Vorgang sind aber in Gestalt der getakteten Elemente, nämlich der Flipflops, Grenzen gesetzt. Sie schalten erst dann um, wenn sie einen Taktimpuls erhalten.

Es treten zwei Schwierigkeiten auf. Der Signalfluß in einem solchen Netzwerk ist dadurch gegeben, daß die Ausgangsspannung jedes Elements wieder als Eingangsspannung anderer Elemente benutzt wird. Es ist auf jeden Fall darauf zu achten, daß die Programmierreihenfolge mit der Signalflußrichtung der wirklichen Schaltung übereinstimmt, denn man kann die Ausgangsspannung eines Bausteins natürlich nicht berechnen, bevor seine Eingangsspannungen bekannt sind.

Eine zweite Schwierigkeit besteht in der Nachbildung der Flipflops. Im allgemeinen handelt es sich um Master-Slave- oder Vorspeicherflipflops. Sie registrieren in einem ersten Teil, dem Master, diejenige Stellung, die ihnen durch die Eingangsmeldungen signalisiert wird. Wegen der Taktung dürfen sie diese Eingangsmeldung aber nicht sofort weitergeben, sondern müssen sie nur aufbewahren und die alte Stellung beibehalten, bis eine Taktmeldung erfolgt. Erst dann können sie die Eingangsmeldungen an den Ausgang weiterführen.

Das Simulieren eines Master-Slave-Flipflops wird also mit Hilfe von zwei mathematischen Variablen geschehen müssen: Die erste entspricht der Eingangsspannung, die zweite der Ausgangsspannung.

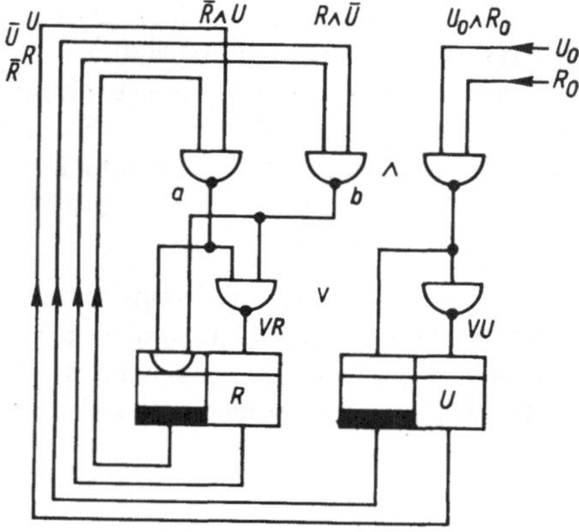


```
. . .
boolean u, r, vu, vr, a, b, . . . ;
. . .
a := not (not r and u ) ;
b := not ( r and not u ) ;
vr := not ( a and b ) ;
vu := not ( not ( ro and uo ) ) ;
. . .
comment uebernahme vom vorspeicher : ;
r := vr ;
u := vu ;
. . .
```

9.2 Programmausschnitt zu Bild 9.1 (ALGOL 60)

9.1

Eine zu simulierende Schaltung (Rechenwerk). Unten zwei Flipflops, oben Nands. Diese haben die logische Funktion „Ausgang := nicht (Eingang 1 und Eingang 2)"

Beide müssen unabhängig voneinander registriert werden, da sie zeitweilig verschiedenen Werte haben. Die Simulation wird beim Durchrechnen der Schaltung der Reihe nach die Spannungen an den einzelnen Elementen als logische Variable „wahr" oder „falsch" ausrechnen. Unter diesen befinden sich auch die Eingangsvariablen der Flipflops. Das geschieht in Wirklichkeit zwischen den Taktimpulsen, im Z w i s c h e n t a k t .

Der zweite Teil des Programms wird dann dem Taktimpuls zugeordnet sein und die Eingangsspannungen der Flipflops „auf die Ausgänge übernehmen", also die Werte der zugeordneten Variablen übertragen. Dies darf erst geschehen, nachdem der erste Teil völlig beendet ist. Bild 9.1 zeigt eine derartige Teilschaltung (mit Nands) und Bild 9.2 das entsprechende Programmstück.

Erhebliche Schwierigkeiten bereitet die Schaltungssimulation, wenn verschiedene Taktimpulse an verschiedenen Stellen benutzt werden, wenn also nicht alle Flipflops gleichzeitig schalten, oder wenn vom Takt unabhängige Zeitkonstanten auftreten.

Befehlssimulation

Die Simulation von Maschinenoperationen, also Assemblerbefehlen, einer Rechenanlage auf einer anderen (oder manchmal auch auf derselben) ist außerordentlich wichtig und wird häufig benutzt. Man ist durch sie in der Lage, Programme einer Anlage auf einer anderen rechnen zu lassen. Insbesondere bei Neuplanung und Entwurf muß man Programme der künftigen Rechenanlage schon ausprobieren können, bevor diese selbst arbeitet. Hierdurch ist eine erhebliche Zeitersparnis möglich. Darüber hinaus lassen sich ungeschickte zukünftige Befehlcodes rechtzeitig feststellen und korrigieren.

Eine Simulation ist besonders dann einfach, wenn die Wortlänge des zu simulierenden Gerätes kleiner oder gleich der Wortlänge des zur Simulation benutzten Rechners ist. Man kann dann bei den Speicherplätzen eine eineindeutige Zuordnung mit möglichst derselben Adresse vornehmen. Ist die Wortlänge der benutzten Maschine kleiner, muß man zu Doppelwortdarstellungen greifen, wie wir sie ähnlich auch bei Gleitpunktzahlen betrachtet haben.

Die Maschinenbefehle des nachzubildenden Rechners werden in den Speicher der arbeitenden Maschine möglichst in derselben Form eingebracht, wie sie später einmal in Dualdarstellung auftreten sollen. Der Lauf des Programms in dem späteren Rechner wird nun so nachgebildet, daß das Simulationsprogramm in einer I n t e r p r e t a t i o n s s c h l e i f e einen dieser P s e u d o b e f e h l e nach dem anderen holt und analysiert. Jeder einzelne Pseudobefehl wird durch ein zugehöriges Teilprogramm des Simulationsprogramms ausgeführt.

Der Operationsteil des Pseudobefehls wird durch Intersektion herausgeschnitten und (nach Verschieben) als Index für eine Tabelle benutzt, in der Sprungbefehle stehen. Auf diese Weise erhält man zu jedem der verschiedenen Operationsteile der nachgebildeten Maschine einen Sprung in ein entsprechendes Unterprogramm der simulierenden Anlage, das nun in einzelnen Schritten dieselbe Operation durchführt, die der zukünftige bzw. nachgebildete Rechner an dieser Stelle durchführen soll. Hierzu wird selbstverständlich auch der Adreßteil so benutzt, wie er später einmal verwendet werden soll.

Im Grunde werden hierbei alle Schritte, die später in dem nachgebildeten Rechner eine Mikroprogramm- oder ähnliche Ablaufsteuerung durchführen wird, durch ein gespeichertes Programm ausgeführt. Es handelt sich also um denselben Ablauf, allerdings auf einer anderen Stufe der Steuerung.

Simulationen dieser Art sind außerordentlich zeitaufwendig, da jeder einzelne spätere Befehl durch ein Unterprogramm ersetzt wird. Sie sind oft um das 10- bis 100-fache langsamer. Da jedoch Simulationsverfahren in erster Linie zum Ausprüfen von Programmen und nicht zu langen Berechnungen verwendet werden, ist der Einsatz sinnvoll. Zum Einlesen von Programmen ist natürlich ein S i m u l a t i o n s - A s s e m b l e r nötig.

In kleineren Rechenanlagen kann gelegentlich sogar die Selbstsimulation von Bedeutung sein. Dann werden die Maschinenbefehle der Anlage nicht durch die normale Ablaufsteuerung, sondern durch Unterprogramme ausgeführt. Auf den ersten Blick scheint dies sinnlos. Der Zweck kann darin liegen, daß man die einzelnen Befehle in ihrer Wirkungsweise überwachen will. So ist es z.B. möglich, jeden einzelnen Befehl mit seinen Rechenergebnissen, seiner Adresse und ähnlichen Angaben auszudrucken, um später detailliert feststellen zu können, in welcher Reihenfolge das Programm durchgerechnet wurde. Mit einer normalen Ablaufsteuerung ist dies nicht zu erreichen. Eine andere Anwendung liegt vor, wenn man ein Programm rechnen will, dabei aber um jeden Preis verhindern muß, daß es in fremde Speicherplätze eingreift. Sofern nicht Hardwarekontrollen (wie vorläufig leider nur bei großen Anlagen) vorgesehen sind, muß dies durch Software erreicht werden und kann dann nur durch Selbstsimulation geschehen.

Warteschlangensimulation

Ein anderes Simulationsprinzip liegt überall dort vor, wo man bei komplizierten Abläufen die zeitlichen Bedingungen näher untersuchen will. Es kann sich hier z.B. um Fragen der Leitungsbelegung in einem Telefonnetz ebenso handeln wie um die Belegung eines Bankschalters, an dem Kunden bedient werden. Insbesondere können Engpässe untersucht werden.

Derartige Simulationen sollen und können nicht alle Einzelheiten exakt durchspielen. Sie müssen ein Modell wiedergeben, das die wesentlichen Züge des wirklichen Vorgangs darstellt.

Derartige Modelle lassen sich meistens als ein System von Vorratsbehältern veranschaulichen, denen ein mehr oder weniger kontinuierlicher Strom (von Materie oder Information o.ä.) zu- und von denen ein zweiter Strom abfließt. Ein Behälter bildet eine Warteschlange nach, die aufgefüllt und geleert wird. In der Simulation wird ein solcher Behälter im allgemeinen durch einen Speicherplatz repräsentiert, in dem die Füllung durch eine Zahl angegeben wird. Die Transportoperationen bestehen nun darin, daß kontinuierlich bestimmte Mengen von einem dieser Behälter abgezogen und einem zweiten zugeführt werden.

Innerhalb der Rechenanlage ist ein kontinuierliches gleichzeitiges T r a n s p o r t i e r e n von vielen Strömen nicht möglich, man muß hier immer eine Transportoperation nach der anderen ausführen. Man wird getaktet arbeiten, also den wirklichen Vorgang in kleine Z e i t s c h e i b e n aufteilen und die Vorgänge, die in einer Zeitscheibe durchgeführt werden müssen, im Programm ausführen. Dies wird also in einer Zeitscheibe von einem B e h ä l t e r (Speicherplatz) eine bestimmte Zahl abziehen und eine andere Zahl (meistens dieselbe) einem zweiten Behälter (Speicherplatz) hinzufügen. Das sind einfache Additionen und Subtraktionen. Wenn auf diese Weise das ganze System durchgerechnet ist, muß die nächste Zeitscheibe behandelt und somit eine Schleife gebildet werden.

Wollte man nur stationäre Ablaufvorgänge beschreiben, so wäre eine Programmierung unnötig aufwendig, denn diese lassen sich einfacher mit anderen Methoden studieren. Interessant wird Simulation in erster Linie bei An- und Abschaltvorgängen und bei unregelmäßig verlaufenden Ereignissen. Man kann in ein derartiges Simulationsprogramm durch Eingriff von außen besondere Vorkommnisse einbringen, z.B. das „Verstopfen" einzelner Ströme oder das stoßweise Anfüllen einzelner Behälter. Natürlich müssen derartige Eingriffe schon bei der Programmierung eingeplant werden.

Besonders interessant ist Simulation, wenn bestimmte Ereignisse unregelmäßig, aber doch nach gewissen Gesetzmäßigkeiten auftreten. Man denke an die Anhäufung von Kraftfahrzeugen vor einer Verkehrsampel oder von Kunden vor einem Bankschalter. Hier treffen die Ankommenden unregelmäßig, aber nach statistischen Gesetzmäßigkeiten ein. Solche Vorkommnisse lassen sich simulieren durch Z u f a l l s z a h l e n, die beispielsweise die Anzahl der Kunden angeben, die einen Bankraum innerhalb einer Zeitscheibe betreten. In den meisten Fällen wird dies eine Durchschnittszahl sein, es kann aber durch Zufall eine plötzliche Häufung zustande kommen. Die Nachbildung innerhalb des Simulationsprogramms wird also den entsprechenden Stapel mit einer schwankenden Zahl auffüllen.

Zufallszahlen

Zahlen, die innerhalb eines bestimmten Bereichs nach einer vorgegebenen statistischen Verteilung streuende Werte annehmen können, bei denen weitere Gesetzmäßigkeiten nicht feststellbar sind, nennt man Z u f a l l s z a h l e n. Sie wurden früher aus Roulette-Ergebnissen gewonnen. Die großen Spielbanken veröffentlichen seit langer Zeit die im Spiel sich ergebenden Zahlen. Man kann sie benutzen, um Vorgänge der betrachteten Art zu simulieren. Die hierauf beruhenden mathematischen Methoden haben denn auch die Bezeichnung M o n t e - C a r l o - V e r f a h r e n erhalten.

Einfacher ist es, nicht wirkliche Zufallszahlen zu benutzen, sondern in der Maschine durch ein kleines Programm P s e u d o z u f a l l s z a h l e n herzustellen. Sie werden nach einer Gesetzmäßigkeit berechnet, sind aber trotzdem so gleichmäßig verteilt, daß man sie praktisch als Zufallszahlen ansprechen kann. Meistens zerlegt man das Problem ihrer Erzeugung in zwei Stufen. In der ersten werden Zahlen berechnet, die innerhalb eines Bereiches von z.B. 0 bis 1 (oder 0 bis 10 000) gleichmäßig verteilt sind. Diese Verteilung entspricht aber meistens nicht dem Bedarf. So ist ja das Eintreffen von Kunden an einem Bankschalter an einem Mittelwert orientiert, der häufig auftritt, wobei große Abweichungen selten sind. Durch ein Modell ist eine Wahrscheinlichkeitsverteilung vorzugeben. Der zweite Teil der Aufgabe besteht darin, aus den anfangs gleichverteilten Zufallszahlen diese gewünschte Wahrscheinlichkeitsverteilung herzustellen.

Der erste Teil, die Erzeugung von gleichverteilten Zufallszahlen, ist relativ einfach, wenn man keine gar zu hohen Ansprüche bezüglich der Korrelation der Zahlen untereinander stellt. Ein einfaches Verfahren multipliziert die letzte (als ganzzahlig vorausgesetzte) Pseudozufallszahl mit einer vorgegebenen geeigneten Konstanten und schneidet aus dem sich ergebenden Produkt dann einige (z.B. die untersten) Stellen heraus. (Man macht also durch Intersektion die übrigen Stellen zu Null und schiebt eventuell dann noch die so gewonnenen Stellen nach rechts.) So erhält man schnell die nächste Zufallszahl.

Etwas umständlicher läßt sich das ganze auch in Programmiersprachen wie ALGOL 60 durchführen. Die Intersektion kann man nachbilden mit Hilfe der Funktion entier(x), die die größte ganze Zahl sucht, die im Argument x enthalten ist. Dabei werden die Stellen nach dem Dezimalpunkt (wie bei einer Intersektion) „abgeschnitten".

Ein Programm dafür (mit z als Pseudozufallszahl):

```
h := z x k;
z := h − p x entier (h/p);
```

Die geschickte Wahl von Konstanten p und k und des allerersten z muß zu kurze Zyklen sich 1 wiederholender Zahlen z vermeiden. Solche Zyklen treten leicht auf und sind unerwünscht. Wählt man p als Primzahl, dann (und nur dann) existieren nach dem „kleinen Fermatschen Satz" der mathematischen Zahlentheorie Zyklen, in denen jedes $1 \leqslant z < p$ genau einmal vorkommt. Man kann z.B. p := 10007; k := 7947; z := 4341 setzen. z streut dann zwischen einschließlich 1 und 10006; für anders gewünschte Wertebereiche muß man es mit einem geeigneten Faktor multiplizieren oder durch eine Bedingungsabfrage unerwünschte z auslassen (und dann sofort das nächste z be rechnen).

Als zweites soll nun die gleichmäßige Werteverteilung (umgerechnet auf Werte zwischen 0 und a) auf eine beliebig vorgegebene Verteilung umgerechnet werden. In dieser sollen einige Wertebereiche (entsprechend z.B. der Kurvenform in Bild 9.3) relativ selten und andere häufiger vorkommen. Da alle Bereiche vorläufig gleich häufig auftreten, wird man in den relativ unerwünschten Bereichen gelegentlich eine Zahl auslassen und sofort die nächste Zufallszahl berechnen. Welche Zahlen muß man wie oft auslassen?

Dies kann man wieder mit der jeweils nächsten Zufallszahl entscheiden.

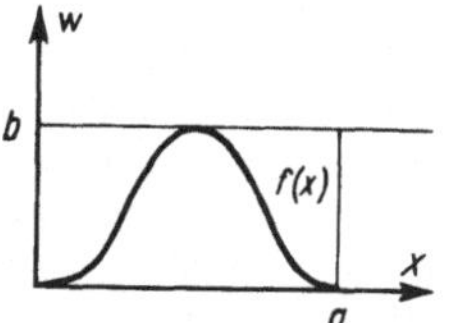

9.3
Beispiel für eine gewünschte Wahrscheinlichkeitsverteilung.
(w = f(x) = gewünschte Wahrscheinlichkeitsdichte
der Verteilung der x-Werte)

Das Verfahren: Man berechne jeweils nacheinander zwei Pseudozufallszahlen z1 und z2. Durch Multiplikation wird die erste auf den Bereich zwischen 0 und a und die zweite zwischen 0 und b umgerechnet. f(x) sei die gewünschte Wahrscheinlichkeitsverteilung (mit f(x) = 0 außerhalb $0 \leqslant x \leqslant a$ und mit $f(x) \leqslant b$ wie in Bild 9.3). Ist nun z2 > f(z1), so läßt man das Zahlenpaar aus und berechnet die nächsten zwei Pseudozufallszahlen, ohne z1 und z2 zu verwenden. Andernfalls ist z1 die nächste Zahl der gewünschten Verteilung. Die Zahlen z1 werden dadurch gerade mit der gewünschten Wahrscheinlichkeit ausgewertet oder aber fortgelassen.

Das Programm dazu:

```
zuza: h := z x k;
z1  := h − p x entier (h / p);
h   := z1 x k;
z   := z2 := h − p x entier ( h / p );
z1  := z1 x a / p ;
z2  := z2 x b / p ;
if z2 greater f(z1) then go to zuza;
. . .
goto zuza;
```

9.3. Lernende Programme

Interessant sind Methoden, bei denen die Maschine selbst „lernt". Das Wort „lernen" ist in diesem Zusammenhang natürlich nicht ernst gemeint, sondern deutet nur Analogien an.

„Lernen" besteht bei einer Maschine darin, daß sie (bzw. in ihr enthaltene Programme) sich vorliegenden Verhältnissen anpaßt. Aus den eingegebenen Daten, die „Sinneseindrücken" entsprechen, sind Konsequenzen für weiteres Verhalten zu ziehen. Es muß also der Maschine eine Entscheidungsmöglichkeit darüber gegeben sein, ob sie „richtig" oder „falsch" reagiert hat.

Ein Beispiel. Auf einem Datenträger seien viele Zahlen 0 und 1 aufgetragen. Die Aufeinanderfolge der Zahlen ist beliebig. Jedoch sollte ein bestimmtes „Muster" häufiger auftreten als andere, z.B. „001100110011 . . ." oder „011011011 . . .". Das zu schreibende Programm erhält die Aufgabe, Zeichen vorherzusagen, also vor der Kenntnisnahme eines Zeichens anzugeben, ob als nächstes eine 0 oder eine 1 auftreten wird.

Für das „Lernen" wird anschließend das wirkliche Zeichen zur Kenntnis genommen und mit der Vorhersage verglichen. Dadurch werden künftige Vorhersagen verbessert.

Die Maschine soll bei relativ gleichmäßigem Eingabemuster nach kurzer Zeit vorhersagen können, welche Zahl zu erwarten ist. Darüber hinaus soll sie aber auch die Möglichkeit haben, „umzulernen": Wenn bei den Eingabezahlen auf einen anderen Rhythmus (ein anderes Muster) umgeschaltet wird, soll die Maschine sich bei den ersten abweichenden Meldungen noch nicht irritieren lassen, denn diese könnten vorübergehenden Charakter haben. Tritt aber der neue Rhythmus genügend häufig auf, so soll die Maschine ihn zur Kenntnis nehmen.

Natürlich ist die „Lernfähigkeit" unseres Programms zu begrenzen. Wir werden uns darauf beschränken, daß die Maschine Wiederholungen von etwa vier aufeinanderfolgenden Zeichen erkennen kann. Würden nur Vierergruppen in die Anlage eingegeben, so brauchte die Maschine nur das jeweilig viertletzte Zeichen als Prognose zu verwenden. Dieser sehr einfache Fall soll hier nicht gelten.

Die Maschine braucht ein zweifaches „Gedächtnis". In einem „kurzfristigen Gedächtnis" soll sie registrieren, welches die letzten drei vorhergehenden Zahlen a_1, a_2, a_3 waren. Ein „langfristiges Gedächtnis" soll den Rhythmus der bisher eingegebenen Zeichen erfassen. Es setzt voraus, daß die Anlage für jede Dreiergruppe (a_1, a_2, a_3) eine Vorhersage des nächsten Zeichens a_4 registriert. Wir haben für die letzten drei eingegebenen Zahlen je zwei Möglichkeiten (0 und 1), für drei Zeichen daher $2^3 = 8$. Für alle diese 8 Varianten muß die Maschine registrieren, mit welchen Vorhersagen sie bisher Erfolg bzw. Mißerfolg hatte. Wir werden ihnen also jeweils einen Speicherplatz zuordnen.

Es genügt nicht, die günstigste Vorhersage für jeden der 8 Fälle zu registrieren. Zusätzlich muß sich die Maschine (innerhalb gewisser Grenzen) „merken", wie oft die einzelnen Kombinationen zum Erfolg bzw. zum Mißerfolg geführt haben. Wir werden dazu den Vorhersagen 1 bzw. 0 das positive bzw. negative Vorzeichen des betreffenden Speicherinhalts zuordnen. Die Größe der betreffenden Zahl gibt den Sicherheitsgrad (die bisherige Häufigkeit) der jeweiligen Prognose an. Das Einlesen des nächsten Zeichens und dessen Vergleich mit der vorausgegangenen Vorhersage führt zur Modifizierung dieses „Lernspeichers", im günstigen Fall zu einer Bestärkung des bisher „Gelernten".

Es soll aber auch die Möglichkeit des „Umlernens" gegeben sein. Die Maschine muß dazu die bisherigen „Erfahrungen" in dem Maße verkleinern, in dem neue auftreten. Am besten werden vorhandene Kenntnisse im Laufe der Zeit exponentiell abklingen. Dies läßt sich durchführen, indem man die Bewertung der bisher eingespeicherten Informationen bei jedem neuen Lernvorgang mit einem festen Faktor verkleinert. Die jeweils neue Information wird zum Ergebnis der Multiplikation addiert. In Formeln:

$$\text{memory [fall]} := 0.8 \times \text{memory [fall]} \pm 1$$

Die Zahl fall ist durch die Kombination der letzten vorhergehenden Eingabezahlen gegeben. m e m o r y soll den jeweils betrachteten „Lernspeicher" bezeichnen. Sein alter Inhalt wird mit 0.8 multipliziert, um das Vergessen zu simulieren (Eine größere Zahl ergibt langsameres Vergessen.) Das Neulernen wird durch Addition bzw. Subtraktion der letzten 1 rechts erreicht. Ihr Vorzeichen richtet sich dabei — wie erwähnt — nach dem wirklich eingetroffenen Eingabezeichen.

```
'begin'
'integer' a1, a2, a3, a4, fall, vorhersage, k;
'array'  memory[o:7];
write(''
vorhersageprogramm  fuer  o  und  1.
vorhersagen: '');

'comment' anfangswerte;
a1 := a2 := a3 := a4 := o;
'for' k:=o 'step' 1 'until' 7 'do'
        memory[k] := o;

zyklus:
'comment' vorhersageteil;
a1 := a2;   a2 := a3;   a3 := a4;
fall := a1 x 4 + a2 x 2 + a3;
'if' memory[fall] 'less' o
        'then' vorhersage := o
        'else' vorhersage := 1;
print(vorhersage);

'comment' ergebniskontrolle;
read(a4);
'if' a4 'equal' vorhersage
        'then' write('' r '')
        'else' write(''     f '');

'comment' lernteil;
'if' a4 'equal' 1
        'then' memory[fall] := o.8 x memory[fall] + 1
        'else' memory[fall] := o.8 x memory[fall] - 1;
'goto' zyklus;

'end';
```

9.4 ALGOL 60-Programm zur Vorhersage von eingegebenen Daten mit den Werten 1 und 0

Bild 9.4 und Bild 9.5 zeigen ein ALGOL 60-Programm und die damit bearbeiteten Eingabezahlen.
Die vom Programm falsch vorhergesagten wurden eingerahmt.

```
'comment'  daten  zu  Lernprogramm;
(0)(1) 1, (0) 1, 1, o, 1, 1, o, 1, 1, o, 1, 1,
o, 1,
(0) 1, 1, o, 1, 1, o, 1, 1,

o, (0) 1, 1, o, (0) 1, 1, o, (0) 1, 1, o, o, 1, 1,
o, o, 1, 1, o, o, 1, 1, o, o, 1, 1, o, o, 1, 1,

o, (1)(0) 1, (0) 1, (0) 1, o, 1, o, 1, o, 1, o, 1,
o, 1, o, 1, o, 1, o, 1, o, 1, o, 1, o, 1, o, 1,

o, (0) 1, 1, o, o, 1, 1, o, o, 1, 1, o, o, 1, 1,

o, (1) o, 1, o, 1, o, 1, o, 1, o, 1,

o, 1, (1) o, (1)(1) o, 1, (1) o, 1, 1,
o, 1, 1, o, 1, 1, o, 1, 1, o, 1, 1,
```

9.5
Eingabedaten zum Programm
aus Bild 9.4. Die vom Programm falsch vorhergesagten
Werte sind eingerahmt.

Das Programm gestattet eine hübsche Anwendung: Man schreibe willkürlich eine größere Anzahl
von 1 und 0 auf den Datenstreifen. Wenn man dabei „schlechte Zufallszahlen erzeugt" und unbe-
wußt und ungewollt bestimmte Folgen bevorzugt, so „hat das Programm das schnell heraus", d.h.
es treten Trefferhäufigkeiten von deutlich mehr als 50 % auf.

Parameteranpassung

Das betrachtete Beispiel illustriert die einfachsten Lernvorgänge. Sie werden durchgeführt durch
eine P a r a m e t e r a n p a s s u n g. Es ist eine Reihe von variablen Größen (Parameter) gegeben,
die den einzelnen Situationen zugeordnet sind und in denen das Verhalten in dieser Situation registriert wird (sie wurden oben mit memory bezeichnet).

Als zweites besteht die Möglichkeit zum Umlernen. Umlernen bedeutet „vergessen" (wir werden
später sehen, daß dies nicht ganz zutrifft). Damit die neue Lerninformation mit dem ihr zustehen-
den Gewicht registriert werden kann, muß das Gewicht früherer Erfahrungen verkleinert werden.

Die Parameteranpassung an eine bestimmte Situation kann man schon bei mathematischen Iterationsverfahren betrachten. Man denke an die Auflösung einer Gleichung

$$8x^5 + 2x^3 - x^2 + 5x - 28 = 0$$

etwa nach der Newtonschen Näherungsmethode. Hier werden versuchsweise Zahlen für x eingesetzt, und diese (als „Lernparameter") werden nun Schritt für Schritt auf Grund von Versuchen
dem richtigen Ergebnis mehr und mehr angepaßt.

Experimente

Zu einem Lernvorgang gehört oft, daß die Maschine selbst Experimente durchführt, also versuchsweise den einen oder anderen Fall durchrechnet bzw. ausprobiert. Wollen wir das Umlernen mit

dieser „Eigeninitiative" kombinieren, so kommen wir zu folgendem weiteren, entscheidenden Punkt. Soll zu einem späteren Zeitpunkt überprüft werden, ob ein einmal ermitteltes Optimum noch besteht, so muß die Maschine von sich aus andere Fälle untersuchen. Dazu muß sie eine einmal erreichte optimale Lösung „absichtlich" verlassen und sich vorübergehend verschlechtern.

Vorgänge dieser Art kennt man aus der Prozeßsteuerung, bei der eine Rechenanlage automatisch einen Produktionsprozeß beeinflussen kann. Wenn sich nun (für die Maschine nicht direkt feststellbar) unbeeinflußbare Eingabeparameter des Prozesses von selbst ändern, so muß nach und nach die Prüfung wiederholt werden, ob die durchgeführten Steuerungsmaßnahmen noch optimal sind. Ein Beispiel soll illustriert werden durch Bild 9.6.

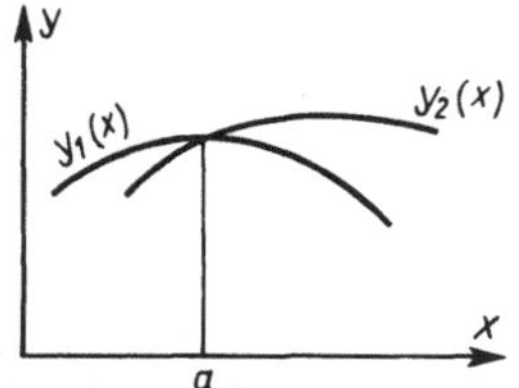

9.6
Ein Maximum der Kurve y_1 sei bei x = a gefunden. Wenn sich durch unbemerkte äußere Einflüsse die Kurve in die Gestalt y_2 ändert, kann dies bei x = a nicht festgestellt werden, obwohl das Maximum gewandert ist.

Dort ist nach oben eine meßbare Größe (z.B. der Ausstoß eines Produktionsprozesses) dargestellt, deren Maximum angesteuert werden soll. Die Maschine hat die Möglichkeit, den auf der x-Achse aufgetragenen Parameter zu verändern und anzupassen. Die genaue Form der Kurve y_1 ist der Maschine unbekannt. Sie wird in einer Reihe von Punkten schrittweise prüfen, wie die Werte der zu optimierenden Größe sich ändern, und sich schrittweise an das Optimum x = a herantasten.

Später kann sich durch äußere Einflüsse das Optimum verändert haben, ohne daß die Anlage an ihren Meßergebnissen dies feststellt. Die zweite Kurve y_2 in Bild 9.6 zeigt einen solchen Fall. Für x = a hat sich der Meßwert nicht geändert. Trotzdem ist jetzt eine günstigere Möglichkeit vorhanden, denn das Maximum hat sich seitlich verschoben.

Die Maschine kann hiervon nur Kenntnis erlangen, wenn sie nach einiger Zeit zu „experimentieren" beginnt. Sie muß „bewußt" von dem einmal ermittelten Maximum abweichen und Nachbarpunkte abtasten.

Höhere Stufen

Ein wesentlicher Schritt ist das „Lernen, wie man lernt". Andeutungsweise kann auch dies an unserem bisherigen Beispiel illustriert werden. Wenn die Maschine häufig gezwungen ist, immer wieder einen neuen Wert des Optimums zu suchen, kann sie nach und nach feststellen, welche Abtastschrittweiten hierzu am günstigsten sind. Diese sollten weder zu groß noch zu klein sein; aber auch ihr Optimum kann sich allmählich ändern. Auch hier gilt, daß von Zeit zu Zeit Experimente mit einer anderen Schrittweite gemacht werden sollten, um das Optimum festzustellen. Dies bedeutet aber schon ein Anpassen des „Lernvorganges" selbst.

Dafür darf aber nicht „Umlernen = Vergessen" gesetzt werden, sondern frühere Lerninformationen müssen zu einer Auswertung „auf höherer Stufe" nach wie vor zur Verfügung stehen. Ein besseres „Lernen" setzt voraus, daß man nicht nur auf der niedrigsten und einer der nächsthöheren Stufen Parameter verändert, sondern in möglichst vielen Stufen (einer großen Hierarchie) Konsequenzen zieht und sich anpaßt. Dies dürfte innerhalb von Programmen außerordentlich schwierig sein.

Änderung von Verfahren

Gegen die besprochenen Methoden ist einzuwenden, daß bei ihnen nur Parameter angepaßt werden, aber nicht das Optimierungsverfahren selbst variiert wird. Auch hier kann man zu Studienzwecken eine primitive Möglichkeit angeben. Man kann für das Suchen von optimalen Lösungen mehrere Verfahren programmieren und bei jedem automatisch registrieren, wie oft es zu Erfolg bzw. Mißerfolg geführt hat. Dadurch ist die Verfahrensvariation wieder auf die Variation von Parametern zurückgeführt. Zu Experimentierzwecken muß von Zeit zu Zeit immer wieder eines der „schlechten" Verfahren zur Anwendung kommen, damit festgestellt wird, ob es bei veränderten Bedingungen nun eventuell besser angepaßt ist.

Damit ist die Maschine noch nicht befähigt, eigene Verfahren zu entwickeln. Ein erster Versuch hierzu könnte für alle Teilaufgaben mehrere Teilprogramme zur Verfügung stellen, die in gewissen Grenzen kombinationsfähig sind. Durch Parameteranpassung wird jetzt die Maschine einzelne Teilprogramme auslesen, die sich bewährt haben, und wird sie zu einem Gesamtverfahren kombinieren, das dadurch einer gewissen Variabilität unterliegt.

Pattern recognition

Wir haben die Reaktion der Maschine auf einige wenige „Reize" (wenige mögliche Eingabeinformationen) betrachtet. Für viele Anwendungen ist man aber (auf allen oben betrachteten Stufen) nicht nur an der optimalen Reaktion, also gewissermaßen an einem „Lernen von Handlungen", sondern ebensosehr am Erkennen von Situationen, also am „Lernen der Bedeutung von Informationen", interessiert. Ein Beispiel: Wenn eine Rechenanlage von einem Brief eine (handgeschriebene) Postleitzahl liest, so kann sie „nach und nach lernen", in welches Fach sie den Brief zu sortieren hat. Dieser Vorgang wird aber zweckmäßigerweise in zwei Teile zerlegt: Im ersten „lernt" sie, die Postleitzahl richtig zu lesen. Im zweiten kann sie dann zu jeder Zahl das gewünschte Sortierfach lernen (sofern man diesen Teil der Arbeit nicht lieber fest programmiert).

Wichtigstes Gebiet des „Lernens bei Informationsaufnahme" ist wie in unserem Beispiel p a t t e r n r e c o g n i t i o n (Mustererkennung oder Zeichenerkennung), wobei unter einem Muster eine Anordnung von schwarzen Flecken auf dem Papier o.ä. zu verstehen ist. Das Problem besteht darin, „ähnliche" Muster als gleichwertig zu erkennen. Wie erwähnt läßt sich hier die gleiche Stufeneinteilung mit den gleichen Methoden und Problemen wie oben angeben.

Programmierbarkeit

Es ist sinnvoll, die Unterschiede zwischen programmierbaren und (im obigen Sinne) lernfähigen Gebilden zusammenzustellen.

Programmierbarkeit setzt voraus, daß das betreffende Gerät zuverlässig einmal vorgegebene Schritte wiederholt, ohne zu experimentieren. Dazu gehört vor allen Dingen ein einwandfrei und unbedingt zuverlässig arbeitendes „Gedächtnis" (ein Speicher). Alle Einzelschritte müssen bis ins letzte Detail vorprogrammiert werden. Geschieht hierbei ein Fehler, so wird das Gerät diesen Fehler bis zur letzten Konsequenz durchführen.

Ein lernfähiges Gebilde hat demgegenüber einen gewissen Grad an Unzuverlässigkeit. Es muß ja, um „auf der Höhe zu bleiben", von Zeit zu Zeit Experimente durchführen und von einer bisher eingeübten Lösung „bewußt" abweichen. Andererseits sind aber gute lernfähige Gebilde in der

Lage, primitive (und eventuell auch komplizierte) Fehler im Laufe der Zeit zu erkennen und zu beseitigen. Je nach dem „Intelligenzgrad" können sie darüber hinaus selbst Methoden entwickeln und sich so vorhandenen Aufgaben anpassen.

Wenn man keine hohen Ansprüche stellt, kann man jedes programmierbare System nach den oben beschriebenen Methoden dazu bringen, lernfähig zu sein. Umgekehrt kann jedes lernfähige Gebilde darin geübt werden, Programme auszuführen. Es muß dazu lernen, in einem gewissen begrenzten Bereich keine Experimente durchzuführen, und es muß weiterhin das Maß an Zuverlässigkeit lernen, das für Programmierbarkeit wesentlich ist.

Das Wort „Lernen" muß in diesem Zusammenhang mit Vorbehalt verwendet werden. Die Parameteranpassung erlaubt keinen direkten Vergleich mit dem Lernen des Menschen. Die beschriebenen Methoden gestatten lediglich eine Imitation (Simulation) der primitivsten Schritte.

Darüber hinaus darf das betrachtete Lernen nicht mit „Auswendiglernen" verwechselt werden. Letzteres können Rechenanlagen nahezu perfekt, wenn sie einen genügend großen und zuverlässigen Speicher haben. Das gilt nicht nur für Fakten in Gestalt von Daten, sondern auch für Verhaltensweisen, Verfahren und Methoden in Gestalt von Programmen. Wesentlich an den oben betrachteten Lernvorgängen ist, daß die Anlage unvorbereitete Informationen erhält, die sie (im Gegensatz z.B. zu fertig vorbereiteten Programmen) erst auswerten muß. Man bezeichnet daher lernende Programme besser als c o g n i t i v e , d.h. e r k e n n e n d e Programme.

9.4. Prozeßsteuerung

Sehr viele Rechenanlagen werden in Zukunft für DDC (direct digital control, direkte digitale Computersteuerung) eingesetzt werden. Dabei erhält der Rechner einerseits Meßergebnisse unmittelbar von einem zu steuernden Prozeß bzw. fordert sie selbst an, andererseits greift er in diesen steuernd ein durch entsprechende Ausgabemöglichkeiten. Charakteristisch ist die große Zahl von Ein- und Ausgabeanschlüssen, die dem betreffenden Prozeß angepaßt sein müssen, und eine sehr scharfe Zeitkalkulation, da ja in r e a l t i m e gearbeitet werden muß, d.h. alle Rechenprozesse so schnell ablaufen müssen, wie der betreffende Produktionsprozeß es erfordert. Die Entwicklung der nötigen Ein- und Ausgabegeräte, z.B. Meßgeräte mit Analog-Digital-Wandlern, Kontaktfühler, Digital-Analog-Wandler und Steuerleitungen für Ventile, Kontakte usw., stellt ein umfangreiches Hardwareproblem dar. Ebenfalls gilt dies für Fernleitungen und Untergeräte für F e r n w i r k t e c h - n i k über weite Entfernungen.

Die Abfrage von Meßergebnissen wird nach Möglichkeit zyklisch erfolgen: Der Rechner fragt reihum eine große Anzahl von Meßstellen ab und erhält von diesen als Rückmeldung die Meßwerte. Dieses Verfahren ist das einfachste, wenn genügend Zeit vorhanden ist.

Getrennt davon ist es meistens nötig, spezielle Messungen durch äußere Geräte ausführen und überwachen zu lassen und in kritischen Augenblicken Vorrang-Interrupts auszulösen. Diese werden dann durch eine Programm-Unterbrechung bearbeitet, die in Abschn. 8.2 näher betrachtet wurde.

Das erforderliche Programm muß zunächst alle Meßwerte in Gleitpunktzahlen oder eine andere interne Datendarstellung umformen. Ähnliches haben wir oben beim Aufbau von Gleitpunktzahlen nach einem Einleseprozeß durchgeführt (siehe Abschn. 5.4).

Das Ermitteln von „Konsequenzen", also bei chemischen Steuerungsprozessen z.B. das Berechnen wünschenswerter Volumina, Temperaturen, Drücke usw., kann mit Hilfe geeigneter mathematischer Verfahren normal programmiert werden. Dies setzt ein „Modell" des entsprechenden Herstellungsprozesses voraus, dem man die nötige mathematische Beschreibung entnehmen kann. Die gewünschten Werte von Steuersignalen, Eingangsparametern (z.B. zugeführten Mengen von Heizstoffen oder chemischen Reaktionsstoffen) usw. können dann berechnet werden. Sie werden anschließend umgeformt in die Zahlendarstellung (Codierung) der Ausgabegeräte, bei Analogausgaben z.B. als Festpunkt-Dualzahlen.

Für Prozeßsteuerung wäre das Benutzen einer der gängigen Programmiersprachen wünschenswert, da weitgehend logische und mathematische Bedingungen zu formulieren sind. Dem stehen zwei Schwierigkeiten entgegen. Erstens sollten Programme, die so lange wie in der Prozeßsteuerung üblich benutzt werden, stark optimiert sein. Es ist daher günstig, sie „per Hand" zu fertigen, um Rechenzeit zu sparen, zumal oft scharfe Zeitbedingungen bestehen.

Zweitens gestatten es die gängigen für mathematische Zwecke konzipierten problemorientierten Sprachen nicht, Unterbrechungsprozesse einfach und übersichtlich zu formulieren.

Von besonderer Bedeutung ist das Problem der Zuverlässigkeit. Das Versagen einer Rechenanlage bedingt normalerweise, daß Berechnungen falsch werden, wiederholt werden müssen und teure Rechenzeit benötigen. In der Prozeßsteuerung besteht darüber hinaus die Gefahr, kostspielige Produktionsanlagen durch falsche Steuersignale zu zerstören. Man versucht oft, zwei (oder mehr) Rechner gleichzeitig arbeiten zu lassen und bei Ausfall einer Anlage durch die Diskrepanz der Ergebnisse eine Störungsmeldung auszulösen. Der zweite Rechner ist somit ein Reservegerät, das von Hand oder automatisch bei Störungen eingesetzt werden kann. Er muß ständig mitlaufen, um jeweils über den letzten Stand der Meßergebnisse informiert zu sein.

Bei äußerst kritischen Fällen läßt man drei Rechner gleichzeitig arbeiten, so daß bei Störungen eines Gerätes automatisch entschieden werden kann, wie der richtige Wert ist („Mehrheit entscheidet"). Dazu sind Prüfanlagen erforderlich, und man muß das System so gestalten, daß auch diese automatisch überprüft werden.

Das einzugehende Risiko hat dazu geführt, daß größere Prozeßsteuerungsanlagen meistens schrittweise in Betrieb genommen werden. Der erste Schritt ist häufig eine offline-Datenerfassung, die Modelle untersucht und Daten sammelt. Später folgt ein automatisches Überwachen und Protokollieren durch den Rechner, das zwar die Meßstationen einbezieht, aber noch keine direkte Steuerung vornimmt. Diese kann im nächsten Schritt indirekt erfolgen, wenn der Rechner Steueranweisungen an das Bedienungspersonal ausgibt, wobei die Verantwortung aber immer noch bei diesem liegt. Anschließend werden zuerst kleinere Regelkreise und später der ganze Steuerungsprozeß an die Anlage angeschlossen.

Die Arbeit mit einem Prozeßsteuerungssystem wird erleichtert durch spezialisierte Ein- und Ausgabegeräte wie Spezialtastaturen, die dem Verwendungszweck entsprechend angelegt und beschriftet sind, oder spezielle Anzeigegeräte wie Schautafeln mit Leuchtzeichen.

Begriffe und Bezeichnungen der Prozeßsteuerung sind durch DIN 66 201 genormt.

9.5. Information retrieval

Bei vielen Anwendungen ist das U n t e r b r i n g e n und W i e d e r f i n d e n (engl. to retrieve = wiederfinden) von großen Datenmengen wichtig. Man denke an den Einsatz einer Rechenanlage für die Aufnahme eines Bibliothekskatalogs, einer Einwohnerkartei oder einer Versandhaus-Kundenkartei. Hierfür sind außerordentlich große Hintergrundspeicher nötig (früher Magnetbänder, heute eher Magnetplatten, Trommelspeicher u.ä., die kürzere Zugriffszeiten erlauben).

Das Aufsuchen einer Information geschieht am einfachsten durch eine Hierarchie von Kennworten (z.B. Name – Vorname – Geburtsdatum). Dazu muß eine erste Liste existieren, in der sämtliche Namen (als Kennworte der obersten Stufe) aufgeführt sind. Suchmethoden haben wir in Abschn. 3.3 kennengelernt. Die zu einem Kennwort gelieferte Übersetzung ist eine Adresse, die aber noch nicht auf die endgültige Information hinweist, sondern nur auf eine zweite Tabelle zeigt, in der das zweite Kennwort zu finden ist (im Beispiel der Vorname). So lassen sich nach mehreren Schritten sämtliche Informationen mit einer Reihe von Kennworten wiederfinden. Spezielle Maßnahmen können auch den richtigen Begriff erfassen, wenn er etwa wegen eines Schreibfehlers nicht ganz genau mit dem Suchwort übereinstimmt.

Zu einem i n f o r m a t i o n - r e t r i e v a l - S y s t e m gehört eine Anzahl von Unterprogrammen für das Eintragen einer Information in Verzeichnisse, für das Aufsuchen von Informationen, für das Ändern, das Löschen und ähnliche Schritte sowie für Kontrollen, ob der Anfragende berechtigt ist, Auskünfte zu erhalten.

Ein besonderes Problem stellen die E i n t r a g - L ä n g e n dar. Wegen Platzersparnis wird man nicht für jede Eintragung eine feste Anzahl von Speicherplätzen reservieren, sondern stets nur die unbedingt nötige Anzahl wählen. Dann bedeutet aber jede Änderung der Eintragungen eine Änderung der Speichereinteilung. Kurze Listen können in Teilstücken entsprechend verschoben werden und dadurch in ihrer Mitte freien Platz erhalten. Bei langen Listen ist dies zu umständlich. Man wird dann an das Ende einer nicht vollständig untergebrachten Eintragung in einem Speicherplatz eine Sonderinformation mit der Adresse des zweiten Eintragteils ablegen. Dies wird noch problematischer, wenn Informationen gelöscht werden und man den dadurch frei werdenden Platz bald wieder benutzen möchte.

Besondere Bedeutung gewinnt das automatische I n d e x i n g. Hierunter ist die S c h l a g w o r t - e r m i t t l u n g zu verstehen, die für einen Schlagwortkatalog oder das Sachwortverzeichnis eines Buches erforderlich ist (und nicht etwa der programmiertechnische Index!).

Insbesondere bei der Einordnung von wissenschaftlichen Veröffentlichungen soll die Maschine automatisch Sachgebiet und Stichworte ermitteln. Man kann z.B. sämtliche Hauptworte (d.h. großgeschriebene Worte) des Titels als Schlagworte wählen und sie in eine Liste eintragen; es können aber auch die innerhalb der Abhandlung am häufigsten auftretenden Fachworte gewählt werden. Zu diesen werden Informationen über die Abhandlung (Zitat), über das Auftreten der Worte usw. hinzugefügt. Die Fachworte werden anschließend alphabetisch sortiert und in eine Liste eingetragen, die als Schlagwortkatalog dienen kann.

Eine andere Aufgabe des i n f o r m a t i o n r e t r i e v a l besteht darin, Texte nach vorgegebenen Worten oder Wortkombinationen zu durchsuchen. Der Benutzer gibt eine Reihe von Stichworten in die Maschine ein und erteilt an spezielle Unterprogramme den Auftrag, diejenigen Abhandlungen herauszuziehen, in denen diese Worte einzeln oder in einer bestimmten Kombination auftreten. „Kombinationen" sind dabei eine vorgegebene Reihenfolge oder Verknüpfungen wie Und, Oder, Antivalenz usw.

In den vergangenen Jahrzehnten haben sich elektronische Rechenanlagen bei mathematisch-technischen Berechnungen und bei kaufmännischen Aufgaben allgemein durchgesetzt. Der Einsatz wird hier durch billigere und rentablere Geräte zweifellos noch wachsen. Man darf außerdem vermuten, daß die beiden in diesem Buch zuletzt betrachteten Gebiete, die automatische Steuerung von Maschinen und Anlagen sowie das Speichern und bequeme Bereitstellen großer Datenmengen, als weitere ausgedehnte Arbeitsgebiete der elektronischen Datenverarbeitung hinzukommen werden.

Anhang

Lösungen zu den Übungsaufgaben

Aufgabe 1.

```
 5000 = OOOL OOLL LOOO LOOO
-5000 = LLLO LLOO OLLL LOOO
```

Aufgabe 2. a hat 10 001 mögliche Werte, benötigt werden 14 Bits (2^{14} = 16 384). Für b (601 Möglichkeiten) werden 10 Bits benötigt. Darstellung beider Zahlen am besten als Dualzahl, falls negativ als B-Komplement. Die Zahl 1033 − 34j kann dann z.B. so dargestellt werden:

$$\vdash\!\!\!-\!\!\!- a = 1033 \!\!\!-\!\!\!-\!\!\!-\!\!\!+\!\!\!-\ b = -34\!\!\!-\!\!\!\dashv$$

```
OOOL OOOO OOLO OLLL LLOL LLLO
```

Aufgabe 4. Als Beispiel die komplexe Addition:
Lade von (re a) − Addiere aus (re b) − Speichere nach (re z) − Lade von (im a) − Addiere aus
(im b) − Speichere nach (im z)

Aufgabe 5. Lade von (x) − Verschiebe 1mal nach links − Addiere aus (x) − Verschiebe 1mal nach
links − Addiere aus (x) − Verschiebe 1mal nach links − Speichere nach (y)

Aufgabe 6. Lade von (a) − Komplementiere − Speichere nach (y) − Lade von (b) − Komplementiere − Intersektion aus (y) − Speichere nach (y) − Lade von (a) − Intersektion aus (b) − Addiere
aus (y) − Speichere nach (y)
(Die Terme A ∧ B und $\overline{A} \wedge \overline{B}$ können nicht gleichzeitig den Wert L haben, statt der Disjunktion
ist also die Addition erlaubt.)

Aufgabe 7. Lade von (p) − Wenn negativ, go to (stop) − Subtrahiere die Zahl 1 − Wenn Null, go
to (frei) − Lade von (a) − Wenn Null, go to (frei) − Subtrahiere die Zahl 2 − Wenn Null, go to
(stop) − Lade von (s) − Subtrahiere die Zahl 30 − Wenn negativ, go to (frei) − go to (stop)

Aufgabe 8. Benötigt wird ein Speicherinhalt m = OOO . . . OOLLLL. Das Ergebnis soll x heißen.
Die Tabelle (t) enthält der Reihe nach die Zahlen:

```
0 1 1 2  1 2 2 3  1 2 2 3  2 3 3 4
```

Das Programm: Lade von (a) − Verschiebe 20mal nach rechts − Intersektion aus (m) − Lade Indexregister von Akku − Lade von „(t) plus Index" − Speichere nach (x) − Lade von (a) − Verschiebe 16mal nach rechts − Intersektion aus (m) − Lade Indexregister von Akku − Lade von
„(t) plus Index" − Addiere aus (x) − Speichere nach (x) − Lade von (a) − Verschiebe 12mal nach
rechts − usw.

Aufgabe 9. x sei die gesuchte Anzahl der L, (z) ein Hilfsspeicher zum Zählen. Das Programm:

Lade die Zahl 0 − Speichere nach (x) − Lade die Zahl „−24" − Speichere nach (z) − (sℓ) Lade von (a) − Wenn positiv, go to (null) − Lade von (x) − Addiere die Zahl 1 − Speichere nach (x) − (null) Lade von (a) − Verschiebe 1mal nach links − Speichere nach (a) − Lade von (z) − Addiere die Zahl 1 − Speichere nach (z) − Wenn negativ, go to (sℓ) − Lade von (x) − Stop

Aufgabe 10.

$$\text{Adr}(a_{ik}) := \text{Adr}(a_{00}) + (13i - i^2) / 2 + k$$
$$\text{oder } \text{Adr}(a_{ik}) := \text{Adr}(a_{11}) + (13i - i^2) / 2 + k - 7$$
$$\text{mit } \text{Adr}(a_{00}) = 1993 \text{ und } \text{Adr}(a_{11}) = 2000$$

Aufgabe 11. Lade das Indexregister von (i) − Lade von „1999 plus Index" − Addiere aus (k) − Lade das Indexregister vom Akku − Lade von „0 plus Index"

Aufgabe 12. Die Tabelle enthält ab Speicher Nr. 2000 die Zahlen:

$$2002, 2004, 2006; \quad 2008, 2010; \quad 2012, 2014; \quad 2016, 2018;$$
$$a_{111}, a_{112}; \quad a_{121}, a_{122}; \quad a_{211}, a_{212}; \dots$$

(Nach jedem Semikolon beginnt ein neuer Knoten). Das Programm: Lade das Indexregister von (i) − Lade von „1999 plus Index" − Addiere aus (k) − Lade das Indexregister vom Akku − Lade von „0 plus Index" − Addiere aus (m) − Lade das Indexregister vom Akku − Lade von „0 plus Index"

Aufgabe 13. Reihenfolge nach dem ersten Durchlauf:

$$250 \quad 27 \quad 55 \quad 230 \quad 17 \quad 18 \quad 20 \quad 33 \quad 1 \quad 4 \quad 5 \quad 6 \quad 7 \quad 300$$

Nach dem zweiten Durchlauf:

$$27 \quad 55 \quad 230 \quad 250 \quad 1 \quad 4 \quad 5 \quad 6 \quad 7 \quad 17 \quad 18 \quad 20 \quad 33 \quad 300$$

Aufgabe 14.

$$a \geqslant b > c \; : \; (\text{f1}) \; c:=a \; ; \quad a > c \geqslant b \; : \; (\text{f2}) \; c:=b \; ;$$
$$b > a > c \; : \; (\text{f2}) \; c:=b \; ; \quad b > c \geqslant a \; : \; (\text{f1}) \; c:=a \; ;$$
$$c \geqslant a \geqslant b \; : \; (\text{f1}) \; c:=a \; ; \quad c \geqslant b > a \; : \; (\text{f2}) \; c:=b$$

Aufgabe 15. Der absolute Fehler der Näherung $y_1 = ax + b$ ist $\Delta = ax + b - \sqrt{x}$, seine Ableitung $\Delta' = a - 1 / (2\sqrt{x})$. Sein relatives Maximum liegt bei $x_{max} = 1 / (4a^2)$. Wegen $\Delta(0{,}25) = - \Delta(x_{max}) = \Delta(1)$ folgt

$$\left(\frac{a}{4} + b - \frac{1}{2}\right) = - \left(a\,\frac{1}{4a^2} + b - \frac{1}{2a}\right) = a + b - 1$$

mit $a = 0{,}667$ und $b = 0{,}354$.

Der relative Fehler $\qquad \Delta_r = \Delta/\sqrt{x}$

hat die Ableitung $\qquad \Delta_r' = \dfrac{a}{2\sqrt{x}} - \dfrac{b}{2x\sqrt{x}}$

und das Maximum bei $x_{r\,max} = b/a$

Aus $\Delta_r(0.25) = - \Delta_r(x_{r\,max}) = \Delta_r(1)$ folgt

$$\frac{\frac{a}{4} + b - \frac{1}{2}}{\frac{1}{2}} = -\left(\frac{a\,\frac{b}{a} + b - \sqrt{\frac{b}{a}}}{\sqrt{\frac{b}{a}}}\right) = \frac{a + b - 1}{1}$$

mit $a = 0{,}686$ und $b = 0{,}343$.

Aufgabe 16. In

$$y_{n+1} = \frac{1}{3}\left(2y_n + \frac{x}{y_n^2}\right)$$

wird eingesetzt:

$$y_{n+1} = \sqrt[3]{x} + \Delta_{n+1}$$
$$y_n = \sqrt[3]{x} + \Delta_n$$

mit dem Ergebnis:

$$\sqrt[3]{x} + \Delta_{n+1} = \frac{1}{3}\left(2\sqrt[3]{x} + 2\Delta_n + \frac{x}{(\sqrt[3]{x} + \Delta_n)^2}\right)$$

$$= \frac{2}{3}\sqrt[3]{x} + \frac{2}{3}\Delta_n + \frac{x}{3\sqrt[3]{x^2}}\left(1 + \frac{\Delta_n}{\sqrt[3]{x}}\right)^{-2}$$

$$= \frac{2}{3}\sqrt[3]{x} + \frac{2}{3}\Delta_n + \frac{x}{3\sqrt[3]{x^2}}\left(1 - 2\frac{\Delta_n}{\sqrt[3]{x}} + 3\left(\frac{\Delta_n}{\sqrt[3]{x}}\right)^2 \mp \ldots\right)$$

Daraus folgt

$$\Delta_{n+1} \approx \frac{\Delta_n^2}{\sqrt[3]{x}} \approx \frac{\Delta_n^2}{y_n}$$

Aufgabe 17. Aus

$$x_2 \leqslant \pi/4$$

folgt

$$\frac{x_2^{12}}{12!} \leqslant 1.15 \times 10^{-10}$$

und

$$\frac{x_2^{14}}{14!} \leqslant 3.9 \times 10^{-13}$$

Literaturverzeichnis

[1] B r a u c h , W; D r e y e r; H. - J.; H a a c k e , W.: Mathematik für Ingenieure. 3 Tle. 3. Aufl. Stuttgart 1971

[2] D o t z a u e r , E. : Einführung in die Grundlagen der Datenverarbeitung. 2 Tle. München 1968/70

[3] F o s t e r , J. M. : Automatische Syntax-Analyse. München 1971.

[4] B a u e r , F. L.; G o o s , G. : Informatik. 2 Tle. Berlin — Heidelberg — New York 1971

[5] G e r m a i n , C. B. : Programmier-Handbuch der IBM/360. 3. Aufl. München 1971

[6] G r a u , A. A. ; H i l l , U.; L a n g m a a c k , H.: Translation of ALGOL 60, Handbook for Automatic Computation. Vol. I, Part b. Berlin — Heidelberg — New York 1967

[7] H e i n r i c h , W. ; S t u c k y , W.: Programmierung mit ALGOL 60. Stuttgart 1971

[8] H e r s c h e l , R.: Anleitung zum praktischen Gebrauch von ALGOL. 5. Aufl. München — Wien 1971

[9] H o p g o o d , F. R. A.: Compiler. Die Übersetzung von Programmiersprachen. München 1970

[10] H o t z , G.: Informatik: Rechenanlagen. Stuttgart 1972 = Teubner Studienbücher Informatik, Leitfäden der angewandten Mathematik und Mechanik Bd. 16

[11] K o m a r n i c k i , O.: Programmiermethodik. Berlin — Heidelberg — New York 1972

[12] K u n s e m ü l l e r , H.: Digitale Rechenanlagen. Stuttgart 1971.

[13] L a m p r e c h t , G.: Einführung in die Programmiersprache FORTRAN IV. Braunschweig 1971.

[14] M e i n a r d u s , G.: Approximation von Funktionen und ihre numerische Behandlung. Berlin — Heidelberg — New York 1964

[15] R a l s t o n , A.; W i l f , H. S.: Mathematische Methoden für Digitalrechner, 2 Bde. München 1967/1969

[16] R e c h e n b e r g , P.: Grundzüge digitaler Rechenautomaten. 2. Aufl. München — Wien 1968

[17] S c h n e i d e r , C.: Handlexikon Datenverarbeitung. Frankfurt 1972

[18] S i n g e r , F.: Programmierung mit COBOL. Stuttgart 1972

[19] W i n k l e r , H.: Anleitung zum praktischen Gebrauch von PL/1. 2. Aufl. München — Wien 1969

Sachverzeichnis

Abfragekette 46
Ablauf | plan 21, 112
– steuerung 2
Abspeichern, zeilenweises 76
Adresse 16
–, symbolische 94, 160
Adressen | rechnung 13
– stop 92
– substitution 20, 51
– zuordnungsfunktion 60
Adreßteil 16, 158
Akkumulator 6, 16
akzeptabel 178
ALGOL 60 98
Änderungsverzeichnis 114
Anfangsadresse, fiktive 76
Antivalenz 33
APL 104
Arbeiten, interpretatives 166
Arbeitsschritte 106
Arcusstangens 146
array 100
Assembler 18, 157
–, one-pass- 164
–, Simulations- 206
– sprache 93
–, two-pass- 164
Aufruf 68
Auftragsbeschreibung 115
Ausdrucken (Gleitpunktzah-
len) 135
Ausgabe 14, 30
Ausprüfen 109
Ausschnitt-Kennwert 48

Backus-Notation 177
Bahnverfolgung 109
Basisadresse 17
batch processing 197
Bauelemente 7
Baum 45, 83
Bedingung 43, 182
Bedingungsschleife 72
Befehl 15
–, Ein-Adreß- 20
–, interne Darstellung 17
–, Maschinen- 15
–, privilegierter 92
–, Pseudo- 205
–, Sprung- 43
–, Steuer- 159
–, Variationsteil 17
Befehls | liste 16
– umrechnung 18
– zählregister 44
– zyklus 7
Begleitinformation 89
Bereichs | überschreitung 139
– unterschreitung 124
Bereitschaftsmeldung 196

Betriebs | programm 1
– system 197
Bezeichnungen 21
Binär | stelle 8
– zahl 9
Binder 164
Bit 8
– kette 31
– muster 31
B-Komplement 11
(B−1)-Komplement 12
Block | struktur 182
– transfer 70
Boolean 102
bootstrapping 185
bottom-up 179
branch 43
Byte 8

call by name 68
– – reference 68
– – value 68
central processing unit 6
Check-Liste 184
Codieren 22
Compiler 18, 167
– -Compiler 184
Computer Science 1
Cosinus 150
CPU 6

Daten | erfassung, interne 198
– satz 15
– sicherung 200
DDC 214
declaration 103
delimiter 99
de-Morgansche-Regel 42
Dereferenzierung 116
Dialogsprachen 104
Differenzen, kleine 118
Division 37
Dokumentation 110
Dualzahl 9
–, Aufbauen einer 28
–, negative 11
dump 184, 201
dynamisch 78

EA-Geräte 3
– -Verzeichnis 113
Ein-Adreß-Befehl 20
Eingabe 14, 30
Exponent 128
Exponentialfunktion 148

Fallzerlegung 44
Fehler, Abbrech- 120
– kontrolle 184

Fehler, relativer 117
Feld 15
Fernwirktechnik 214
file 15
Flipflop 204
Formelzerlegung 27
Formularsprachen 105
for-statement 102
FORTRAN 98
Füllungsgrad 82

Genauigkeit 117
Gleitpunktzahl 128
go to 43
Grammatik 178
–, rekursive 178
Graph 84, 176, 180

Hardware 1
Hash-Tabelle 81
Hilfsmittel 92

IC 7
identifier 172, 175
if-statement 101
Index-Fortschaltung 184
– –, lineare 77
Indexing 216
Indexregister 50
Indizes 50
–, mehrfache 79
Informatik 1
Information, alphanumerische 3
–, Zerlegen 35
information retrieval 215
Initialisieren 202
in-line-code 96
Interpretationsschleife 205
Interrupt 30
Intersektion 31
Intersektionsmuster 35

jump 43

K 4
Kanäle 7
Keller 27, 59, 167, 174
Klammergebirge 174
Knoten 84
Komma 175
Kommentar 97, 101, 159
Komplement 11
Konstante, Zahlenwerte 104
kontextfrei 178
Kontrolle 92

label 43
Laden 20, 25
Laufanweisung 182

lexikalisch 81
linkage editor 164
Liste 15, 80
Loch | kartensortieren 86
− streifen 34
Logarithmus 144
Logik, zweiwertige 8
loop 69

Makro 96, 159
Mannjahr 197
Mantisse 128
Marke 43
Maschine, Mehr-Adreß- 20
Maschinenbefehl 15
Maskenregister 187
Matrizenmultiplikation 77
Methodik 106
Mikro | operation 2
− programmwerk 7
Mischverfahren 90
Monoid 174
Monte-Carlo-Verfahren 207
Multiplikation 36
multiprocessing 6

Name 99, 116
Norm 93
Normieren 128
−, Nach- 137
Notation, Polnische 166

Oder, exklusives 33
−, logisches 33
operating system 197
Operation, logische 41
−, Maschinen- 25
−, Rechen- 25
Operationsteil 16, 158
OS 197

paging 198
Parameter | anpassung 211
−, formaler 183
−, globaler 65
− übernahme hinter Absprung 65
− übernahme im Akku 64
parser 181
parsing 181
pattern recognition 213
Pflichtenheft 115
Phrasen-Struktur 178
Polynomberechnung 28
Position 13
post mortem 109
− − -dump 97
Prioritätsfunktion 170
Produktionsregel 180
Programm | ablaufpläne 112
−, cognitives 214
−, Haupt- 61
−, lernendes 209
−, Mikro- 2
−, Ober- 61
−, privilegiertes 201
−, Prüf- 202
−, residentes 185
−, Unter- 60
− unterbrechung 185
−, Unterbrechungs- 189
−, Ur- 202
−, Veranschaulichung 22
−, verschiebbares 199
−, wiederstartbares 110
−, Zeitzeichen- 193

Prozedur 68, 100, 183
− aufruf, rekursiver 68, 183
Prozeß | peripherie 3
− steuerung 214
Pseudo-Zufallszahl 207
Puffer, zyklischer 57

queue 57

RAM 5
random-access-memory 5
read-only-memory 5
real-time 197
Realzeit 194
Rechen | operation 25
− werk 6
− zeitverteilung 193
Rechnen, dezimales 38
re-entrant 195
Referenz 116
Regel 178
Register 4
resident 185
restart 201
ROM 5
Rücksprung | adresse 61
− verzweigung 67
Rundung 118

Sackgasse 179
Satz 178
−, kleiner Fermatscher 208
Scheduling 197
Schlagwortermittlung 216
Schleife 69
−, mehrfache 75
−, Warte- 74
Schnittstelle 7
Sequenz 90
shift 31
Simulation 203
− von Befehlen 205
− − Schaltungen 204
− − Warteschlangen 206
Simultanbetrieb 7
Sinus 149
skip 43
Software 1
Sortieren 86
Speicher 4
−, Arbeits- 4
−, Assoziativ- 200
−, Band- 4
−, Festwert- 5
−, gesplitteter 33
−, Kern- 4
−, Platten- 5
− platz 4, 16
−, random-access- 5, 87
− schutz 30, 92
−, serieller 5, 89
−, Trommel- 4
−, virtueller 198
− zuordnung 75
− −, dynamische 78, 182
Speichern 20, 25
speicherprogrammiert 19
Splitten 31, 33
Sprung 43
−, indirekter 44
stack 27
Standardfunktion 140
Stapelverarbeitung 197
statisch 78
Stellenzahl, höhere 127

Stellvertreter 89
Steuer | anweisung 24
− befehl 95
− karte 24
− wort 48
Störungs | meldung 114
− quelle 203
stream 165
Subroutine 68
subset 185
Such | länge 82
− schleife 73
− wort 73
Summen | bildung 72
− kontrolle 73
Syntaxanalyse 177

Tabelle, gemischte 56
−, Sprung- 55
Tabellen | decodierung 53
− suchen 80
− verfahren 80
− zugriff, direkter 80
terminal 200
Terminplanung 110
time-sharing 193, 197
top-down 180
Transfer 26
Tschebyscheff-Approximation 151
− -Polynom 152

Übersetzen 170
Umcodieren 52
Unterbrechungsebene 189
Unterprogramm 60
− sprung 61
− verzeichnis 114

Variablen | plan 113
− typen 181
Variantensteuerung 48
Variationsteil 17
Vektor 51
Veranschaulichung 22
Vereinbarung 103, 161
−, Typ- 181
Verschieben 31
Verschiebung, arithmetische 32
Vertauschen, Speicherinhalte 20
Verteilungsbaum 83
Verzehnfachen 35
Verzweigung 43
Vormerkung 162
Vorrangregister 187

Warteschlange 57
Weiche 49
Wertzuweisung 165
−, Schreibweise 115
Wort 4
− aufteilungsvordruck, 42, 114
− länge 8
− −, mehrfache 121
Wurzelziehen 140

Zähler 69
Zählschleife 69
Zahl, größte 71
−, kleinste 71
−, komplexe 29
−, Zufalls- 207
Zeichenstrom 165
Zeit | scheibe 194, 206
− zeichen 186
Zerlegungsbaum 45, 180
Ziffernzähler 133